高职高专机电类专业规划教材

U0289811

电气控制技术

吕　品　主　编
邱军海　赵　杰　副主编

电子工业出版社·
Publishing House of Electronics Industry
北京·BEIJING

内 容 简 介

为突出项目教学法，本书在结构上采用"项目"化的体例，全书主要分为三个项目，在项目下又细分若干任务。本书主要内容包括：电力拖动基本控制线路及其安装、调试与维修，常用生产机械常见故障诊断与维修，PLC 程序设计与应用电路的安装与调试。

本书集电力拖动基本控制的应用于一体，可供职业教育电气自动化、机电一体化等机电类专业的教材，也可作为企业岗位培训教材。

图书在版编目（CIP）数据

电气控制技术 / 吕品主编. —北京：电子工业出版社，2017.8

ISBN 978-7-121-31966-2

Ⅰ. ①电… Ⅱ. ①吕… Ⅲ. ①电气控制-高等学校-教材

Ⅳ. ①TM921.5

中国版本图书馆 CIP 数据核字（2017）第 139673 号

策划编辑：朱怀永
责任编辑：朱怀永
文字编辑：李　静
特约编辑：王　纲
印　　刷：北京捷迅佳彩印刷有限公司
装　　订：北京捷迅佳彩印刷有限公司
出版发行：电子工业出版社
　　　　　北京市海淀区万寿路 173 信箱　邮编　100036
开　　本：787×1092　1/16　印张：16.25　字数：416 千字
版　　次：2017 年 8 月第 1 版
印　　次：2021 年 8 月第 9 次印刷
定　　价：39.80 元

前　言

本书是职业教育规划教材，可供职业教育电气自动化、机电一体化等相关专业的教学用书。建议总学时数为 180～210 学时。

本教材的特点：

（1）采用项目教学法，将全书设置为三个教学项目，在每个项目下设置具体的教学任务，每个教学任务前有详细的学习目标、学习任务和背景知识，任务末有习题，便于学生自学。

（2）为体现教学做一体化，每个教学任务中设置具体的环境设备、详细的操作指导和质量评价标准，指导学生规范操作，有利于学生技能水平的拓展与提高。

（3）书中内容浅显易懂，以定性阐述为主。本着"必需、够用"的原则，侧重介绍元器件、线路的外特性，突出应用。

（4）不拘形式，以知识面宽而浅且实用为宗旨，反映了日常生活、生产技术领域的新知识、新技术、新器件。

根据职业教育机电类专业改革方案提出的构建综合课程的设想，特设计"电气控制技术"综合课，将传统教材《常用低压电器及其基本控制电路》和《机床线路故障排除》有机整合，并增加入门级 PLC 控制项目，有利于加强应用型人才的培养，是一次大胆的尝试。所以，本书主要突出常用低压电器、电力拖动基本控制线路、机床线路故障排除、PLC 控制技术等基础知识与应用。

根据人才培养方案，本课程安排在二年级，分两学期完成。各校可根据自己的实际情况制订教学方案。

本书由烟台工程职业技术学院吕品任主编并统稿，烟台工程职业技术学院邱军海、赵杰任副主编，其中项目一的前五个教学任务由吕品编写，后四个教学任务由邱军海、张波编写，由赵杰、蒋家响编写项目二共四个教学任务，陈杨、史晓华编写项目三。

在编写过程中，得到了兄弟院校及本校多位老师、领导的支持与帮助，在此表示衷心的感谢。

由于编者水平有限，书中难免存在疏漏与不足之处，敬请读者批评指正。

编　者
2017 年 6 月

目　录

项目一　电力拖动基本控制线路及其安装、调试与维修

任务一　三相异步电动机手动正转控制线路的安装与调试

知识目标：

① 熟悉三相异步电动机手动正转控制线路的电路组成结构，了解相关低压电器的结构、原理及选用标准。

② 掌握三相异步电动机手动正转控制线路的工作原理，熟悉线路的安装步骤及工艺要求。

能力目标：

① 培养学生识别、选用常用低压电器的能力。

② 培养学生动手安装、布线的能力。

③ 培养学生识读、分析电路的能力。

情感目标：

培养学生严谨、认真的工作态度，安全、文明的操作习惯。

手动正转控制线路，包括用刀开关控制、用组合开关控制和用低压断路器控制的三相异步电动机电路。对这些电路进行分析、安装、调试。

① 根据电动机的额定参数合理选择低压电器，并对元器件的质量好坏进行检验，核对元器件的数量。在规定时间内，按电路图的要求，正确、熟练地安装，准确、安全地连接电源，

进行通电试车。

② 正确使用工具、仪表，安装质量可靠，安装、布线技术符合工艺要求。

③ 做到安全操作、文明生产。

背景知识

低压电器是组成电动机基本控制线路的控制电器，而电动机的基本控制线路又是组成各种机床及机械设备的电气控制线路的基本环节。因此，学习与掌握本任务的内容和要求，对掌握各种机床及机械设备的电气控制线路的安装、调试与维修具有很重要的意义。

生产机械的电气图中，常用来表示电气线路的有电路图（也称原理图）和接线图（也称互联图）两种。

电气系统的原理图根据生产机械运动形式对电气设备的要求绘制而成，用来协助理解电气设备的各种功能。它是采用国家规定的图形符号和文字符号并按工作顺序排列，详细表示电路、设备或成套装置的全部基本组成和连接关系，而不考虑其实际位置的一种简图。图中各元件、器件和设备的可动部分通常应表示在非激励或不工作的状态或位置。同时，各图形符号表示的方法可以采用集中表示法，也可以采用半集中表示法和分开表示法，但属于同一个电器的各元件应该用相同的文字符号表示。

电气系统的原理图通常由主电路和辅助电路两部分组成。

主电路（也称动力电路）是通过强电流的电路。它包括电源电路、受电的动力装置及其控制、保护电器支路等，由电源开关、电动机、熔断器、接触器主触点、热继电器热元件等组成。

辅助电路是通过弱电流的电路。对于一般生产机械设备的辅助电路，通常包括控制电路、照明电路和信号电路等，由各类接触器、继电器的线圈、辅助触点、按钮、限位开关的触点及照明、信号灯等组成。

在原理图上，主电路、控制电路、照明电路和信号电路应按功能分开绘出。一般将主电路绘在图纸的左侧，控制电路绘在主电路的右侧，照明、信号电路、主电路和控制电路分开绘出。主电路中的电源电路绘成水平线，相序 L1、L2、L3 自上而下排列，中线 N 和保护地线 PE 依次放在相线下面。每个受电的负载及控制、保护电路支路，应垂直电源电路画出。控制电路和信号电路应垂直绘在两条或几条水平电源线之间。耗电元件（如线圈、电磁离合器、信号灯等）应直接连接在下方的水平电源线上。而控制触点、信号灯等应连接在上方水平电源线与耗能元件之间，并应尽可能减少线条和避免线条交叉。为了看图方便，一般应自左至右或自上至下表示操作顺序。

电气原理图能充分表达电气设备和电器的用途、作用及工作原理，给电气线路的安装、调试和检修提供依据。

电气接线图是根据电气设备和电器元件的实际位置和安装情况绘制的，以表示电气设备各个单元之间的接线关系，主要用于安装接线、线路检查、线路维修和故障处理。在实际应用中，接线图通常需要与原理图和位置图一起使用。

接线图中一般表示出：项目的相对位置、项目代号、端子号、导线号、导线类型、导线截面积、屏蔽和导线绞合等内容。图中各个项目（如元件、器件、部件、组件、成套设备等）的表示方法，应采用简化外形（如正方形、矩形、圆形）表示，必要时也可用图形符号表示，符号旁应标注项目代号并应与原理图中的标注一致。

接线图中的导线可用连接线和中断线来表示，也可用线束来表示。在用线束来表示导线组、电缆等时可用加粗的线条表示，在不引起误解的情况下也可部分加粗。

生产机械的电气图，除电路图和接线图以外，一般还应有安装图，在必要时还要绘出系统图或框图、位置图、逻辑图等。

安装图是为用户提供安装电气设备所需的资料和参数。当未提供接线图时，安装图上还必须标明电源线的详细情况和控制柜外面分散安装的其他控制电器的位置等。

对于简单的电气设备，不一定要求绘出上面所提及的各种电气图，但通常应有电气原理图、接线图和安装图。

一、常用低压电器的识别

低压电器广泛应用于电力输配系统、电力拖动系统和自动控制设备中，它对电能的产生、输送、分配与应用起着开关、控制、保护与调节等作用。

正确识别常用低压电器，是维修电工在日常维修工作中，进行选用、更换、购置和领用低压电器时的基本要求。

1. 低压电器的分类

（1）根据低压电器在线路中所处的地位和作用可分为两类

① 低压控制电器。主要用于电力拖动系统中。这类电器有：接触器、控制继电器、启动器、主令电器、控制器、电阻器、变阻器、电磁铁等。

② 低压配电电器。主要用于低压配电系统及动力设备中。这类电器有：刀开关、熔断器、低压断路器等。

（2）根据低压电器的动作方式可分为两类

① 自动切换电器。这类电器的特点是：它们完成接通、切断等动作，是依靠本身参数的变化或外来信号自动进行的，而不是用人工来直接操作的，例如接触器、控制继电器等。

② 非自动切换电器。它们主要是依靠外力来进行切换的，例如刀开关、主令控制器等。

2. 低压电器的型号及意义

低压电器的种类繁多，我国编制的低压电器产品型号适用于下列 12 大类产品：刀开关和转换开关、熔断器、断路器（又称空气开关）、控制器、接触器、启动器、控制继电器、主令电器、电阻器、变阻器、调整器、电磁铁。

（1）低压电器的型号及组成形式

具体如图 1-1 所示。

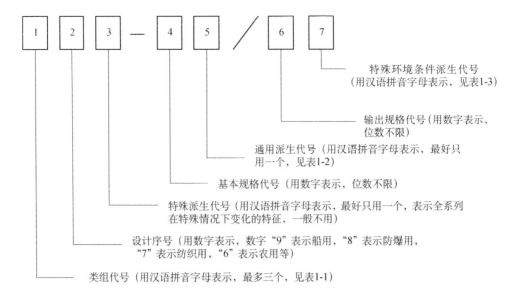

图 1-1 低压电器的型号及组成形式

表 1-1 低压电器产品型号中的类组代号表

名称	H 刀开关和转换开关	R 熔断器	D 断路器	K 控制器	C 接触器	Q 启动器	J 控制继电器	L 主令电器	Z 电阻器	B 变阻器	T 调整器	M 电磁铁	A 其他
A						按钮式		按钮					
B										板形元件			保护器
C		插入式				磁力			冲片元件	旋臂式			插销
D	刀开关										电压		灯
G				鼓形	高压				管形元件				
H	封闭式负荷开关	汇流排式											接线盒
J					交流	减压							
K	开启式负荷开关							主令控制器					
L		螺旋式	照明					电流		励磁			铃
M		密闭管式	灭磁										
P				平面	中频					频敏			
Q										启动		牵引	
R	熔断器式刀开关						热						
S	刀形转换开关	快速	快速		时间	手动	时间	主令开关	烧结元件	石墨			
T		有填料管式		凸轮			通用	足踏开关	铸铁元件	启动调速			
U						油浸		旋钮		油浸启动			
W			框架式				温度	万能转换开关		液体启动		起重	
X		限流	限流			星三角		行程开关	电阻器	滑线式			
Y		其他	其他	其他	其他	其他	其他	其他	其他	其他			其他
Z	组合开关		塑壳式		直流	综合	中间					制动	

表1-2　通用派生代号

派生字母	代表意义
A, B, C, D…	结构设计稍有改进或变化
J	交流，防溅式
Z	直流、自动复位、防震、重任务
W	无灭弧装置
N	可逆
S	有锁住机构、手动复位、防水式、三相、三个电源、双线圈
P	电磁复位、防滴式、单相、两个电源、电压
K	开启式
H	保护式、带缓冲装置
M	密封式、灭磁
Q	防尘式、手牵式
L	电流的
F	高返回、带分励脱扣

表1-3　特殊环境条件派生代号

派生字母	工作环境	注释
T	按湿热带临时措施制造	
TH	湿热带	
TA	干热带	此项派生代号加注在产品全型号后面
G	高原	
H	船用	
Y	化工防腐用	

（2）低压电器型号意义举例

① RL1—15/2。RL 为类组代号，表示螺旋式熔断器；1 表示设计代号；15 表示熔断器的额定电流为 15A，2 表示熔体的额定电流为 2A。全型号表示：15A 螺旋式熔断器，熔体额定电流为 2A。

② HZ10—10/3。表示额定电流为 10A 的三极组合开关。

③ LA10—2H。表示按钮数为 2 的保护式按钮。

④ CJ10—20。表示额定电流为 20A 的交流接触器。

⑤ JR16—20/3D。表示额定电流为 20A 的带有断相保护的三极结构热继电器。

二、低压开关

低压开关主要用于隔离、转换及接通和分断电路，多数用作机床电路的电源开关和局部照明电路的控制开关，有时也可用来直接控制小容量电动机的启动、停止和正、反转。

低压开关一般为非自动切换电器，常用的主要类型有刀开关、组合开关和低压断路器。

（一）刀开关

刀开关的种类很多，在电力拖动控制线路中最常用的是由刀开关和熔断器组合而成的负荷开关。负荷开关分为开启式负荷开关和封闭式负荷开关两种。

1. 开启式负荷开关

开启式负荷开关又称瓷底胶盖刀开关，简称闸刀开关。生产中常用的是 HK 系列开启式负荷开关，适用于照明、电热设备及小容量电动机控制线路，供手动不频繁地接通和分断电路，并起短路保护作用。

（1）型号及含义（见图 1-2）

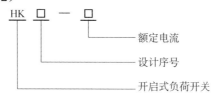

图 1-2　开启式负荷开关的型号及含义

（2）结构

HK 系列开启式负荷开关由刀开关和熔断器组合而成，结构如图 1-3（a）所示。开关的瓷底座上装有进线座、静触头、出线座和带瓷质手柄的刀式动触头，上面盖有胶盖以防止操作时触及带电体或分断时产生的电弧飞出伤人。

开启式负荷开关在电路图中的符号如图 1-3（b）所示。

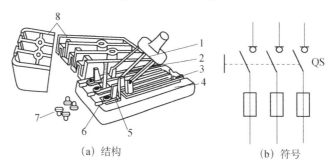

（a）结构　　　　　　　（b）符号

图 1-3　HK 系列开启式负荷开关的结构与符号

1—瓷质手柄；2—动触头；3—出线座；4—瓷底座；5—静触头；6—进线座；7—胶盖紧固螺钉；8—胶盖

（3）选用

开启式负荷开关的结构简单、价格便宜，在一般的照明电路和功率小于 5.5kW 的电动机控制线路中被广泛采用。但这种开关没有专门的灭弧装置，其刀式动触头和静夹座易被电弧灼伤而引起接触不良，因此不宜用于操作频繁的电路。具体选用方法如下：

① 用于照明和电热负载时，选用额定电压为 220V 或 250V，额定电流不小于电路所有负载额定电流之和的两极开关。

② 用于控制电动机的直接启动和停止时，选用额定电压为 380V 或 500V，额定电流不小于电动机额定电流 3 倍的三极开关。

（4）安装与使用

① 开启式负荷开关必须垂直安装在控制屏或开关板上，且合闸状态时手柄应朝上。不允许倒装或平装，以防发生误合闸事故。

② 开启式负荷开关控制照明和电热负载使用时，要装接熔断器作为短路和过载保护。接线时应把电源进线接在静触头一边的进线座，负载接在动触头一边的出线座，这样在开关断开后，闸刀和熔体上都不会带电。开启式负荷开关用作电动机的控制开关时，应将开关的熔体部分用铜导线直连，并在出线端另外加装熔断器作为短路保护。

③ 更换熔体时，必须在闸刀断开的情况下按原规格更换。

④ 在分闸和合闸操作时，应动作迅速，使电弧尽快熄灭。

常用的开启式负荷开关有 HK1 和 HK2 系列，HK1 系列为全国统一设计产品，其基本技术参数见表 1-4。

表 1-4　HK1 系列开启式负荷开关基本技术参数

型号	极数	额定电流值（A）	额定电压值（V）	可控制电动机最大容量值（kW）		配用熔丝规格			
				220V	380V	熔丝成分（%）			熔丝线径（mm）
						铅	锡	锑	
HK1—15	2	15	220	—	—	98	1	1	1.45～1.50
HK1—30	2	30	220	—	—				2.30～2.52
HK1—60	2	60	220	—	—				3.36～4.00
HK1—15	3	15	380	1.5	2.2				1.45～1.59
HK1—30	3	30	380	3.0	4.0				2.30～2.52
HK1—60	3	60	380	4.5	5.5				3.36～4.00

常见故障及处理方法：开启式负荷开关的常见故障及处理方法见表 1-5。

表 1-5　开启式负荷开关的常见故障及处理方法

故障现象	可能的原因	处理方法
合闸后，开关一相或两相开路	静触头弹性消失，开口过大，造成动、静触头接触不良 熔丝熔断或虚连 动、静触头氧化或尘污 开关进线或出线线头接触不良	修整或更换静触头 更换熔丝或紧固 清洁触头 重新连接
合闸后，熔丝熔断	外接负载短路 熔体规格偏小	排除负载短路故障 按要求更换熔体
触头烧坏	开关容量太小 拉、合闸动作过慢，造成电弧过大，烧坏触头	更换开关 修整或更换触头

2. 封闭式负荷开关

封闭式负荷开关是在开启式负荷开关的基础上改进设计的一种开关。其灭弧性能、操作性能、通断能力和安全防护性能都优于开启式负荷开关。因其外壳多为铸铁或用薄钢板冲压而成，故俗称铁壳开关。可用于手动不频繁的接通和断开带负载的电路以及作为线路末端的短路保护，也可用于控制 15kW 以下的交流电动机不频繁的直接启动和停止。

（1）型号及含义（见图 1-4）

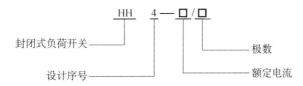

图 1-4　封闭式负荷开关的型号及含义

（2）结构

常用的封闭式负荷开关有 HH3、HH4 系列，其中 HH4 系列为全国统一设计产品，它的结构如图 1-5 所示。它主要由刀开关、熔断器、操作机构和外壳组成。这种开关的操作机构具有以下两个特点：一是采用了储能分合闸方式，使触头的分合速度与手柄的操作速度无关，有利于迅速熄灭电弧，从而提高开关的通断能力，延长其使用寿命；二是设置了联锁装置，保证开关在合闸状态下开关盖不能开启，而当开关盖开启时又不能合闸，确保操作安全。

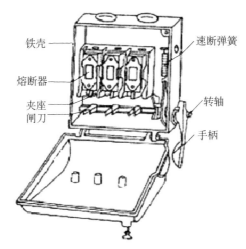

铁壳

熔断器

夹座
闸刀

速断弹簧

转轴

手柄

图 1-5 HH4 系列封闭式负荷开关的结构

封闭式负荷开关在电路图中的符号与开启式负荷开关相同。

（3）选用

① 封闭式负荷开关的额定电压应不小于线路工作电压。

② 封闭式负荷开关用于控制照明、电热负载时，开关的额定电流应不小于所有负载额定电流之和；用于控制电动机时，开关的额定电流应不小于电动机额定电流的 3 倍，或根据表 1-6 选择。

（4）安装与使用

① 封闭式负荷开关必须垂直安装，安装高度一般离地不低于 1.3～1.5m，并以操作方便和安全为原则。

② 开关外壳的接地螺钉必须可靠接地。

③ 接线时，应将电源进线接在静夹座一边的接线端子上，负载引出线接在熔断器一边的接线端子上，且进出线都必须穿过开关的进出线孔。

④ 分合闸操作时，要站在开关的手柄侧，不准面对开关，以免因意外故障电流使开关爆炸，铁壳飞出伤人。

⑤ 一般不用额定电流 100A 及以上的封闭式负荷开关控制较大容量的电动机，以免发生飞弧灼伤手事故。

表 1-6 HH4 系列封闭式负荷开关技术数据

型号	额定电流（A）	刀开关极限通断能力（在110%额定电压时）			熔断器极限分断能力			控制电动机最大功率（kW）	熔体额定电流（A）	熔体（紫铜丝）直径（mm）
		通断电流（A）	功率因数	通断次数	分断电流（A）	功率因数	分断次数			
HH4—15/3Z	15	60	0.5	10	750	0.8	2	3.0	6	0.26
									10	0.35
									15	0.46
HH4—30/3Z	30	120			1500	0.7		7.5	20	0.65
									25	0.71
									30	0.81
HH4—60/3Z	60	240	0.4		3000	0.6		13	40	0.92
									50	1.07
									60	1.20

（5）常见故障及处理方法（见表1-7）

表1-7　封闭式负荷开关常见故障及处理方法

故障现象	可能原因	处理方法
操作手柄带电	外壳未接地或接地线松脱 电源进出线绝缘损坏碰壳	检查后，加固接地导线 更换导线或恢复绝缘
夹座（静触头）过热或烧坏	夹座表面烧毛 闸刀与夹座压力不足 负载过大	用细锉修整夹座 调整夹座压力 减轻负载或更换大容量开关

（二）组合开关

组合开关又叫转换开关，它体积小、触头对数多、接线方式灵活、操作方便，常用于交流50Hz、380V以下及直流220V以下的电气线路中，供手动不频繁的接通和断开电路、换接电源和负载以及控制5kW以下小容量异步电动机的启动、停止和反转。

1. 组合开关的型号及含义（见图1-6）

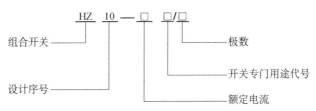

图1-6　组合开关的型号及含义

2. 组合开关的结构

HZ系列组合开关有HZ1、HZ2、HZ3、HZ4、HZ5以及HZ10等系列产品，其中HZ10系列是全国统一设计产品，具有性能可靠、结构简单、组合性强、寿命长等优点。目前在生产中广泛应用的是HZ10系列。

HZ10—10/3型组合开关的外形、结构如图1-7（a）和（c）所示。开关的三对静触头分别装在三层绝缘垫板上，并附有接线桩，用于电源及用电设备相接。动触头由磷铜片（或硬紫铜片）和具有良好灭弧性能的绝缘钢纸板铆合而成，并和绝缘垫板一起套在附有手柄的方形绝缘转轴上。手柄和转轴能在平行于安装面的平面内沿顺时针或逆时针方向每次转动90°，带动三个动触头分别与三对静触头接触或分离，实现接通或分断电路的目的。开关的顶盖部分是由滑板、凸轮、扭簧和手柄等构成的操作机构。由于采用了扭簧储能，可使触头快速闭合或分断，从而提高了开关的通断能力。

组合开关的绝缘垫板可以一层层组合起来，最多可达六层。按不同方式配置动触头和

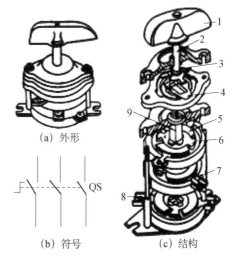

（a）外形

（b）符号

（c）结构

图1-7　HZ10—10/3型组合开关

1—手柄；2—转轴；3—弹簧；4—凸轮；5—绝缘垫板；

6—动触头；7—静触头；8—接线端子；9—绝缘杆。

静触头，可得到不同类型的组合开关，以满足不同的控制要求。

组合开关在电路图中的符号如图1-7（b）所示。

组合开关中，有一类是专为控制小容量三相异步电动机的正、反转而设计生产的，如 HZ3—132 型组合开关，俗称倒顺开关或可逆转换开关，如图 1-8（a）和（b）所示。开关的两边各装有三副静触头，右边标有符号 L1、L2 和 W，左边标有符号 U、V 和 L3。转轴上固定着六副不同形状的动触头，其中Ⅰ1、Ⅰ2、Ⅰ3 和Ⅱ1 是同一形状，而Ⅱ2、Ⅱ3 为另一形状，六副动触头分成两组，Ⅰ1、Ⅰ2 和Ⅰ3 为一组，Ⅱ1、Ⅱ2 和Ⅱ3 为另一组。开关的手柄有"倒"、"停"、"顺"三个位置，手柄只能从"停"位置左转 45°或右转 45°。当手柄位于"停"位置时，两组动触头都不与静触头接触；手柄位于"顺"位置时，动触头Ⅰ1、Ⅰ2、Ⅰ3 与静触头接通；而手柄处于"倒"位置时，动触头Ⅱ1、Ⅱ2、Ⅱ3 与静触头接通，如图 1-8（c）所示。触头的通断情况见表 1-8。表中"×"表示触头接通，空白处表示触头断开。

倒顺开关在电路图中的符号如图 1-8（d）所示。

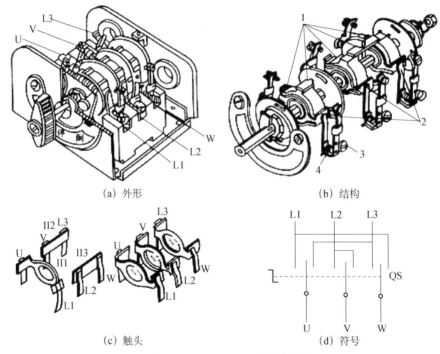

(a) 外形   (b) 结构

(c) 触头   (d) 符号

图 1-8　HZ3—132 型组合开关

1—动触头；2—静触头；3—调节螺钉；4—触头压力弹簧

表 1-8　倒顺开关触头分合表

触头	手柄位置		
	倒	停	顺
L1—U	×		×
L2—W	×		
L3—V	×		×
L3—W	×		×

3. 组合开关的选用

组合开关应根据电源种类、电压等级、所需触头数、接线方式和负载容量进行选用。用于直接控制异步电动机的启动和正、反转时，开关的额定电流一般取电动机额定电流的 1.5～2.5 倍。

HZ10 系列组合开关的主要技术数据见表 1-9。

表 1-9　HZ10 系列组合开关的主要技术数据

型号	额定电压（V）	额定电流（A）	极数	极限操作电流（A）		可控制电动机最大容量和额定电流		在额定电压、电流下通断次数	
				接通	分断	最大容量（kW）	额定电流（A）	交流	
								≥0.8	≥0.3
HZ10—10	交流 380	6	单极	94	62	3	7	20000	10000
HZ10—25		10							
HZ10—60		25	2、3	155	108	5.5	12		
HZ10—100		60							
		100						10000	5000

4. 组合开关的安装与使用

① HZ10 系列组合开关应安装在控制箱（或壳体）内，其操作手柄最好在控制箱的前面或侧面。开关为断开状态时应使手柄在水平旋转位置。HZ3 系列组合开关外壳上的接地螺钉应可靠接地。

② 若需要在箱内操作，开关最好装在箱内右上方，并且在它的上方不安装其他电器，否则应采取隔离或绝缘措施。

③ 组合开关的通断能力较低，不能用来分断故障电流。用于控制异步电动机的正、反转时，必须在电动机完全停止转动后才能反向启动，且每小时的接通次数不能超过 15～20 次。

④ 当操作频率过高或负载功率因数较低时，应降低开关的容量使用，以延长其使用寿命。

⑤ 倒顺开关接线时，应将开关两侧进出线中的一相互换，并看清开关接线端标记，切忌接错，以免产生电源两相短路故障。

5. 组合开关的常见故障及处理方法

组合开关常见故障及处理方法见表 1-10。

表 1-10　组合开关常见故障及处理方法

故障现象	可能原因	处理方法
手柄转动后，内部触头未动	手柄上的轴孔磨损变形 绝缘杆变形（由方形磨为圆形） 手柄与方轴，或轴与绝缘杆配合松动 操作机构损坏	调换手柄 更换绝缘杆 紧固松动部件 修理更换
手柄转动后，动、静触头不能按要求动作	组合开关型号选用不正确 触头角度装配不正确 触头失去弹性或接触不良	更换开关 重新装配 更换触头或清除氧化层或尘污
接线柱间短路	因铁屑或油污附着在接线柱间，形成导电层，将胶木烧焦，绝缘损坏而形成短路	更换开关

 环境设备（一）

① 工具：尖嘴钳、螺钉旋具、活扳手、镊子等。

② 仪表：万用表、绝缘电阻表。

③ HZ10 系列组合开关一只。

操作指导（一）

1. 组合开关的拆装与维修

记录组合开关的极数，用万用表测量各触点的通断；转动手柄再次测量每个触点的通断情况，并记录手柄断开的位置。将结果记录在表 1-11 中。

拆装组合开关，观察组合开关的基本结构，了解各部分的作用并进行维护。操作步骤及工艺要求如下：

① 卸下手柄紧固螺钉，取下手柄。

② 卸下支架上紧固螺母，取下顶盖、转轴弹簧和凸轮等操作机构。

③ 抽出绝缘杆，取下绝缘垫板上盖。

④ 拆卸三对动、静触头。

⑤ 检查触头有无烧毛、损坏，视损坏程度进行修理或更换。

⑥ 检查转轴弹簧是否松脱和消弧垫是否有严重磨损，根据实际情况确定是否调换。

⑦ 按拆卸的逆序进行装配。

⑧ 装配时，应注意动、静触头的相互位置是否符合改装要求及叠片连接是否紧密。

⑨ 装配结束后，先用万用表测量各对触头的通断情况，如果符合要求，按图 1-9 所示连接线路进行通电校验。

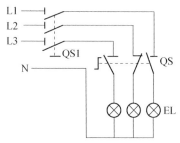

图 1-9　组合开关触头通断情况校验图

⑩ 通电校验必须在 1min 时间内，连续进行 5 次分合试验。5 次试验全部成功为合格，否则须重新拆装。

注意：拆下的零部件应放入容器，以免丢失；拆卸过程中，不允许硬撬，以防损坏电器；通电校验时，必须将组合开关紧固在校验台上，并有教师监护，以确保用电安全。

表 1-11　组合开关拆装记录

型号	额定电流（A）	极数	操作位置及通断情况
	名称	作用	检查记录
主要零部件			

质量评价标准（一）

实训考核及成绩评定（评分标准）见表 1-12。

表 1-12　评分标准

项目内容	要求	评分标准	得分
手柄通断位置	手柄通断判断位置正确　10 分	不会判断　扣 10 分	
拆卸与装配	拆卸方法正确　20 分 保持零件完好　20 分 触点检修正确　10 分 手柄转动灵活　10 分 用万用表检查通断试验成功　30 分	顺序错一次　扣 10 分 丢失零件每个　扣 5 分 检修不正确　扣 10 分 手柄不能转动　扣 10 分 一次不成功　扣 10 分	
安全文明操作	工具的正确使用 执行安全操作规定	损坏工具　扣 50 分 违反安全规定　扣 50 分	
工时	120 分钟	每超过 5 分钟扣 5 分	

（三）低压断路器

　　低压断路器又叫自动空气开关或自动空气断路器，简称断路器，是低压配电网络和电力拖动系统中常用的一种配电电器。它集控制和多种保护功能于一体，在正常情况下可用于不频繁地接通和断开电路以及控制电动机的运行。当电路中发生短路、过载和失压等故障时，能自动切断故障电路，保护线路和电气设备。

　　低压断路器具有操作安全、安装使用方便、工作可靠、动作值可调、分断能力高、兼顾多种保护、动作后不需要更换元件等优点，因此得到广泛应用。

　　低压断路器按结构形式可分为塑壳式（又称装置式）、框架式（又称万能式）、限流式、直流快速式、灭磁式和漏电保护式六类。

　　在电力拖动控制系统中常用的低压断路器是 DZ 系列塑壳式断路器，如 DZ5 系列和 DZ10 系列。其中，DZ5 为小电流系列，额定电流为 10～50A。DZ10 为大电流系列，额定电流有 100A、250A、600A 三种。下面以 DZ5—20 型低压断路器为例进行介绍。

1. 低压断路器的型号及含义（见图 1-10）

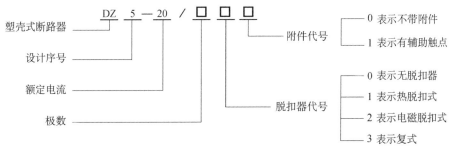

图 1-10　低压断路器的型号及含义

2. 低压断路器的结构及工作原理

DZ5—20 型低压断路器的外形和结构如图 1-11 所示。

　　断路器主要由动触头、静触头、灭弧装置、操作机构、热脱扣器、电磁脱扣器及外壳等部分组成。其结构采用立体布置，操作机构在中间，上面是由加热元件和双金属片等构成的热脱扣器，作过载保护，配有电流调节装置，调节额定电流。下面是由线圈和铁芯等组成的电磁脱扣器，作短路保护，它也有一个电流调节装置，调节瞬时脱扣整定电流。主触头在操作机构后面，由动触头和静触头组成，配有栅片灭弧装置，用以接通和分断主回路的大电流。另外还有常开和常闭触头各一对，主、辅助触头的接线柱均伸出壳外，以便于接线。在外壳顶部还伸出接通（绿色）和分断（红色）按钮，通过储能弹簧和杠杆机构实现断路器的手动接通和分断操作。

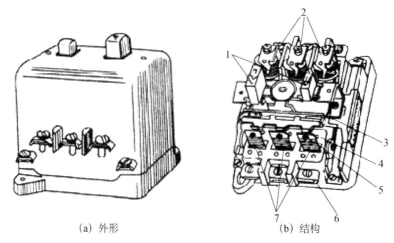

(a) 外形   (b) 结构

图 1-11　DZ5—20 型低压断路器的外形和结构

1—按钮；2—电磁脱扣器；3—自由脱扣器；4—动触头；5—静触头；6—接线柱；7—热脱扣器

低压断路器的工作原理如图 1-12（a）所示。使用时断路器的三副主触头串联在被控制的三相电路中，按下接通按钮时，外力使锁扣克服反作用弹簧的反力，将固定在锁扣上面的动触头与静触头闭合，并由锁扣锁住搭钩使动静触头保持闭合，开关处于接通状态。

当线路发生过载时，过载电流流过热元件产生一定的热量，使双金属片受热向上弯曲，通过杠杆推动搭钩与锁扣脱开，在反作用弹簧的推动下，动、静触头分开，从而切断电路，使用电设备不致因过载而烧毁。

当线路发生短路故障时，短路电流超过电磁脱扣器的瞬时脱扣整定电流，电磁脱扣器产生足够大的吸力将衔铁吸合，通过杠杆推动搭钩与锁扣分开，从而切断电路，实现短路保护。低压断路器出厂时，电磁脱扣器的瞬时脱扣整定电流一般整定为 $10I_\mathrm{N}$（I_N 为断路器的额定电流）。

欠压脱扣器的动作过程与电磁脱扣器恰好相反。当线路电压正常时，欠压脱扣器的衔铁被吸合，衔铁与杠杆脱离，断路器的主触头能够闭合；当线路上的电压消失或下降到某一数值时，欠压脱扣器的吸力消失或减小到不足以克服拉力弹簧的拉力时，衔铁在拉力弹簧的作用下撞击杠杆，将搭钩顶开，使触头分断。由此也可看出，具有欠压脱扣器的断路器在欠压脱扣器两端无电压或电压过低时，不能接通电路。

需要手动分断电路时，按下分断按钮即可。

低压断路器在电路图中符号如图 1-12（b）所示。

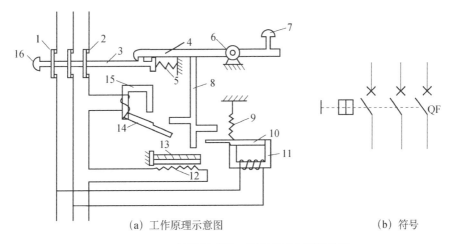

（a）工作原理示意图　　　　　　　　　（b）符号

图 1-12　低压断路器工作原理示意图及符号

1—动触头；2—静触头；3—锁扣；4—搭钩；5—反作用弹簧；6—转轴座；7—分断按钮；8—杠杆；9—拉力弹簧；10—欠压脱扣器衔铁；11—欠压脱扣器；12—热元件；13—双金属片；14—电磁脱扣器衔铁；15—电磁脱扣器；16—接通按钮。

在需要手动不频繁地接通和断开容量较大的低压网络或控制较大容量电动机（40～100kW）的场合，经常采用框架式低压断路器。这种断路器有一个钢制或压缩的框架，断路器的所有部件都装在框架内，导电部分加以绝缘。框架式低压断路器中安装有过电流脱扣器和欠电压脱扣器，可对电路和设备实现过载、短路、失压等保护。它的操作方式有手柄直接操作、杠杆操作、电磁铁操作和电动机操作四种。其代表产品有 DW10 和 DW16 系列，外形如图 1-13 所示。

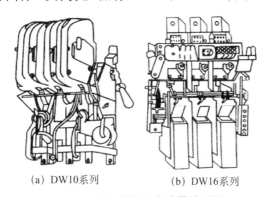

（a）DW10系列　　　　　（b）DW16系列

图 1-13　框架式低压断路器外形图

3. 低压断路器的一般选用原则

① 低压断路器的额定电压和额定电流应不小于线路的正常工作电压和计算负载电流。

② 热脱扣器的整定电流应等于所控制负载的额定电流。

③ 电磁脱扣器的瞬时脱扣整定电流应大于负载正常工作时可能出现的峰值电流。用于控制电动机的断路器，其瞬时脱扣整定电流可按下式选取：

$$I_Z \geqslant KI_{ST}$$

式中，K 为安全系数，可取 1.5～1.7；I_{ST} 为电动机的启动电流。

④ 欠压脱扣器的额定电压应等于线路的额定电压。

⑤ 断路器的极限通断能力应不小于电路最大短路电流。

DZ5—20 型低压断路器的技术数据见表 1-13。

表 1-13 DZ5—20 型低压断路器的技术数据

型号	额定电压（V）	主触头额定电流（A）	极数	脱扣器形式	热脱扣器额定电流（括号内为整定电流调节范围）（A）	电磁脱扣器瞬时动作整定值（A）
DZ5—20/330 DZ5—20/330			3 2	复式	0.15（0.10～0.15） 0.20（0.15～0.20） 0.30（0.20～0.30）	
DZ5—20/330 DZ5—20/330			3 2	电磁式	0.45（0.30～0.45） 0.65（0.45～0.65） 1（0.65～1） 1.5（1～1.5） 2（1.5～2） 3（2～3）	为电磁脱扣器额定电流的 8～12 倍（出厂时整定于 10 倍）
DZ5—20/330 DZ5—20/330	AC380 DC220	20	3 2	热脱扣式	4.5（3～4.5） 6.5（4.5～6.5） 10（6.5～10） 15（10～15） 20（15～20）	
DZ5—20/330 DZ5—20/330			3 2	无脱扣式		

4. 低压断路器的选择与使用

① 低压断路器应垂直于配电板安装，电源引线应接到上端，负载引线应接到下端。

② 低压断路器用作电源总开关或电动机的控制开关时，在电源进线侧必须加装刀开关或熔断器等，以形成明显的断开点。

③ 低压断路器在使用前应将脱扣器工作面的防锈油脂擦拭干净；各脱扣器动作值一经调整好，不允许随意变动，以免影响其动作值。

④ 使用过程中，若遇到分断短路电流，应及时检查触头系统，若发现电灼烧痕，应即使修理或更换。

⑤ 断路器上的积尘应定期清除，并定期检查各脱扣器动作值，给操作机构添加润滑剂。

5. 低压断路器的常见故障及处理方法

低压断路器的常见故障及处理方法见表 1-14。

表 1-14 低压断路器的常见故障及处理方法

故障现象	故障原因	处理方法
不能合闸	（1）欠压脱扣器无电压或线圈损坏 （2）储能弹簧变形 （3）反作用弹簧力过大 （4）机构不能复位再扣	（1）检查施加电压或更换线圈 （2）更换储能弹簧 （3）重新调整 （4）调整再扣接触面至规定值
电流达到整定值，断路器不动作	（1）热脱扣器双金属片损坏 （2）电磁脱扣器的衔铁与铁芯距离太大或电磁线圈损坏 （3）主触头熔焊	（1）更换双金属片 （2）调整衔铁与铁芯的距离或更换断路器 （3）检查原因并更换主触头
启动电动机时断路器立即分断	（1）电磁脱扣器瞬动整定值过小 （2）电磁脱扣器某些零件损坏	（1）调高整定值至规定值 （2）更换脱扣器
断路器闭合后经一定时间自行分断	热脱扣器整定值过小	调高整定值至规定值
断路器温升过高	（1）触头压力过小 （2）触头表面过分磨损或接触不良 （3）两个导电零件连接螺钉松动	（1）调整触头压力或更换弹簧 （2）更换触头或休整接触面 （3）重新拧紧

三、熔断器

熔断器是一种保护电器，广泛应用于配电电路的严重过载和短路保护。它具有结构简单、使用维护方便、动作可靠等优点。

（一）熔断器的结构及类型

1. 熔断器的结构

熔断器主要由熔体、熔管和熔座三部分组成。

熔体的材料有两种，一种由铅、铅锡合金或锌等熔点较低的材料制成，多用于小电流电路；另一种由银或铜等熔点较高的材料制成，主要用于大电流电路。熔体的形状多制成片状、丝状或栅状。

熔管是安装熔体的外壳，用绝缘耐热材料制成，在熔体熔断时兼有灭弧作用。

熔座是用来固定熔管和外接引线的底座。

2. 熔断器的类型

熔断器按结构形式分可分为半封闭插入式、无填料封闭管式、有填料封闭管式和自复式四类。

（1）RCIA 系列插入式熔断器

RCIA 系列插入式熔断器也叫瓷插式熔断器，如图 1-14 所示。主要用于交流 50Hz、额定电压 380V 及以下、额定电流 200A 及以下的低压分断电路的短路保护，作为电气设备的短路保护及一定程度的过载保护。

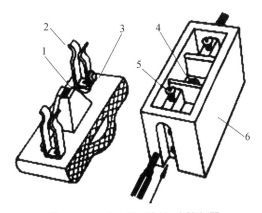

图 1-14　RCIA 系列插入式熔断器

1—熔丝；2—动触头；3—瓷盖；4—空腔；5—静触头；6—瓷座。

（2）螺旋式熔断器

常用产品有 RL1、RL6、RL7、RLS2 等系列。图 1-15 为 RL1 系列螺旋式熔断器的外形与结构。该系列熔断器的熔断管内填充着石英砂，以增强灭弧性能。螺旋式熔断器具有熔断指示器，当熔体熔断时指示器会自动脱落，为检修提供了方便。该系列产品具有较高的分断能力，主要用于交流 50Hz、额定电压 380V 或直流额定电压 440V 及以下电压等级的电力拖动电路或成套配电设备中，作为短路和连续过载保护。

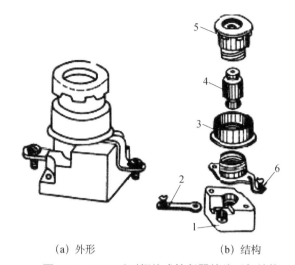

(a) 外形   (b) 结构

图 1-15 RL1 系列螺旋式熔断器的外形与结构

1—瓷座；2—下接线座；3—瓷套；4—熔断管；5—瓷帽；6—上接线座

（3）封闭管式熔断器

封闭管式熔断器可分为有填料和无填料两种，RM10 系列为无填料的，其外形与结构如图 1-16 所示。该种熔断器具有两个特点：一是其熔管是钢管制成的，当熔体熔断时熔管内壁会产生高压气体，加快电弧熄灭；二是熔体是用锌片制成变截面形状的，在短路故障时，锌片的狭窄部位同时熔断，形成较大空隙，使电弧容易熄灭。RT0、RT12 等系列为有填料的熔断器，它们的熔管用高频电工瓷制成。熔体是用网状紫铜片制成的，具有较大的分断能力，广泛用于短路电流较大的电力输配电系统中，还可用于熔断器式隔离器、开关熔断器等开关电路中。

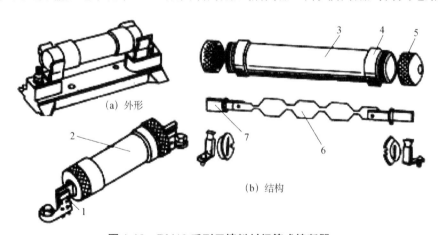

(a) 外形

(b) 结构

图 1-16 RM10 系列无填料封闭管式熔断器

1—夹座；2—熔断管；3—钢管；4—黄铜套管；5—黄铜帽；6—熔体；7—刀型夹头

（4）自复式熔断器

自复式熔断器的熔体是用非线性电阻元件制成的。当电路发生短路时，短路电流产生的高温使熔体迅速气化，阻值剧增，从而限制了短路电流。当故障清除后，温度下降，熔体重新固化恢复其良好的导电性。它具有限流作用显著、动作时间短、动作后不必更换熔体、可重复使用等优点；但因为它熔而不断，不能真正分断电路，只能限制故障电流，所以实际应用中一般与断路器配合使用，常用产品有 RZ1 系列。

（5）新型产品介绍

① 快速熔断器。快速熔断器主要用于半导体功率元件的过电流保护。半导体元件承受过电流能力差，耐热性差，快速熔断器可满足其需要。常用的快速熔断器有 RS0、RS3、RLS2等系列。RS0 和 RS3 系列适用于半导体整流元件和晶闸管的短路保护。RLS2 系列适用于小容量硅元件的短路保护。

② 高分断能力熔断器。根据德国 AEG 公司制造技术标准生产的 NT 型系列产品属高分断能力熔断器，其额定电压可达 660V，额定电流至 1000A，分断能力可达 120kA，适用于工业电气装置、配电设备的过载和短路保护。

（二）熔断器的保护特性及主要技术参数

1. 保护特性曲线

熔断器的保护特性曲线亦称安秒特性曲线，在规定条件下，表征流过熔体的电流与熔体的熔断时间的曲线。图1-17 为熔断器的保护特性曲线。即熔断器通过的电流越大，熔断时间越短。普通熔断器的熔断时间与熔断电流的关系见表 1-15。

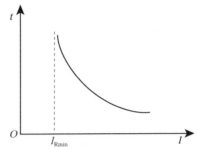

图 1-17　熔断器的保护特性曲线

表 1-15　熔断器的熔断时间与熔断电流的关系

熔断电流（A）	1.25～1.3	1.6	2.0	2.5	3.0	4.0	10.0
熔断时间（s）		3600	40	8	4.5	2.5	0.4

2. 常用熔断器的主要技术参数

常用熔断器的主要技术参数见表 1-16。

表 1-16　常用熔断器的主要技术参数

类别	型号	额定电压(V)	额定电流(A)	熔体额定电流等级（A）	极限分断能力（kA）	功率因数
插入式熔断器	RC1A	380	5	2.5	0.25	0.8
			10 15	2、4、6、10 6、10、15	0.5	
			30	20、25、30	1.5	0.7
			60 100 200	40、50、60 80、100 120、150、200	3	0.6
螺旋式熔断器	RL1	500	15 60	2、4、6、10、15 20、25、30、35、40、50、60	2 3.5	≥0.3
			100 200	60、80、100 100、125、150、200	20 50	
	RL2	500	25 60	2、4、6、10、15、20、25 25、35、50、60	1 2	
无填料封闭管式熔断器	RM10	380	15	6、10、15	1.2	0.8
			60	15、20、25、35、45、60	3.5	0.7
			100 200 350	60、80、100 100、125、160、200 200、225、260、300、350	10	0.35
			600	350、430、500、600	12	0.35
有填料封闭管式熔断器	RT0	交流 380 直流 440	100 200 400 600	30、40、50、60、100 120、150、200、250 300、350、400、450 500、550、600	交流 50 直流 25	>0.3

续表

类别	型号	额定电压（V）	额定电流（A）	熔体额定电流等级（A）	极限分断能力（kA）	功率因数
快速熔断器	RLS2	500	30	16、20、25、30	50	0.1～0.2
			63	35、（45）、50、63		
			100	（75）、80、（90）、100	50	0.1～0.2
高分断能力熔断器	NT	500	160 250 400	4、10、16、25、40、125、160 80、125、160、200、224、250 125、160、200、250、200、400	120	0.1～0.3
		380	1000	800、1000	100	

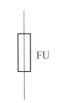

图 1-18　熔断器的符号

熔断器在电路图中的符号如图 1-18 所示，其文字符号为 FU。

（三）熔断器的选择

1. 熔断器的类型选择

熔断器类型的选择应根据使用环境、负载性质和各类熔断器的适用范围来选择。例如，用于照明电路或容量较小的电热负载，可选用 RC1A 系列瓷插式熔断器；在机床控制电路中，较多选用 RL1 系列螺旋式熔断器；用于半导体元件及晶闸管保护时，可选用 RLS2 或 RS0 系列快速熔断器；在一些有易燃气体或短路电流相当大的场合，则应选用 RT0 系列具有较大分断能力的熔断器等。

2. 熔断器的额定电压和额定电流的选择

熔断器的额定电压必须大于或等于被保护电路的额定电压，熔断器的额定电流必须大于或等于所装熔体的额定电流。

3. 熔体额定电流的选择

① 对阻性负载电路（如照明电路或电热负载）的短路保护，熔体的额定电流应等于或稍大于负载的额定电流。

② 对电动机负载、熔体额定电流的选择要考虑冲击电流的影响，对一台不经常启动且启动时间不长的电动机的短路保护，熔体的额定电流（I_{fu}）应大于或等于 1.5～2.5 倍的电动机额定电流 I_N，即

$$I_{fu} \geqslant （1.5～2.5）I_N$$

式中，I_N——电动机的额定电流。

当电动机频繁启动或启动时间较长时，上式的系数应增加到 3～3.5。

对于多台电动机的短路保护，熔体的额定电流应大于或等于最大容量电动机的额定电流加上其余电动机额定电流的总和，即

$$I_{fu} \geqslant （1.5～2.5）I_{Nmax} + \sum I_N$$

式中，I_{Nmax}——容量最大的一台电动机的额定电流；

$\sum I_N$——其他电动机的额定电流的总和。

4. 额定分断能力的选择

熔断器的分断能力应大于电路中可能出现的最大短路电流。

5. 熔断器选择性保护的选择

在电路系统中，为了把故障影响缩小到最小范围，电器应具备选择性的保护特性，即要求电路中某一支路发生短路或过载故障时，只有距离故障点最近的熔断器动作，而主回路的熔断器或断路器不动作，这种合理的选配称为选择性配合。在实际应用中可分为熔断器上一级和下一级的选择性配合以及断路器与熔断器的选择性配合等。对于熔断器上下级之间的配合，一般要求上一级熔断器的熔断时间至少是下一级的 3 倍；当上下级选用同一型号的熔断器时，其电流等级以相差 2 级为宜；若上下级所用的熔断器型号不同，则应根据保护特性上给出的熔断时间来选择。对于断路器与熔断器的选择性配合，具体选择要参考各电器的保护特性。

四、电动机控制线路安装步骤和方法

安装电动机控制线路时，必须按照有关技术文件执行，并应适应安装环境的需要。

电动机的控制线路包含电动机的启动、制动、反转和调速等，大部分控制线路采用各种有触点的电器，如接触器、继电器、按钮等。一个控制线路可以比较简单，也可以相当复杂。但是，任何复杂的控制线路总是由一些比较简单的环节有机组合起来的。因此，在安装不同复杂程度的控制线路时，所需要技术文件的内容也不相同。对于简单电气设备，一般可把有关资料归在一个技术文件里（如原理图），但该文件应能表示电气设备的全部器件，并能实施电气设备和电网的连接。

电动机控制线路的安装步骤和方法如下。

1. 按元件明细表配齐电器元件，并进行检验

所有电气控制元器件，至少应具有制造厂的名称或商标、型号或索引号、工作电压性质和数值等标志。若工作电压标志在操作线圈上，则应使装在器件上的线圈的标志是显而易见的。

2. 安装控制箱（柜或板）

控制板的尺寸应根据电器的安排情况决定。

（1）电器的安排

尽可能组装在一起，使其成为一台或几台控制装置。只有那些必须安装在特定位置上的器件，如按钮、手动控制开关、位置传感器、离合器、电动机等，才允许分散安装在指定的位置上。

安装发热元件时，必须使箱内所有元件的温升保持在它们的容许极限内。对发热很大的元件，如电动机的启动、制动电阻等，必须隔开安装，必要时可采用风冷。

（2）可接近性

所有电器必须安装在便于更换、检测方便的地方。为了便于维修或调整，箱内电气元件的部位，必须离地 0.4～2m。所有接线端子，必须离地至少 0.2m，以便于装拆导线。

（3）间隔和爬电距离

安排器件必须符合规定的间隔和爬电距离，并应考虑有关的维修条件。控制箱中的裸露、无电弧的带电零件与控制箱导体壁板的间隙为：对于 250V 以下的电压，间隙应不小于 15mm；对于 250～500V 的电压，间隙应不小于 25mm。

（4）控制箱内电器的安排

除必须符合上述有关要求外，还应做到：

① 除了手动控制开关、信号灯和测量器件外，门上不要安装任何器件。

② 由电源电压直接供电的电器最好装在一起，使其与只由控制电压供电的电器分开。

③ 电源开关最好装在箱内右上方，其操作手柄应装在控制箱前面或侧面。电源开关的上方最好不安装其他电器，否则，应把电源开关用绝缘材料盖住，以防电击。

④ 箱内电器（如接触器、继电器等）应按原理图上的编号顺序，牢固地安装在控制箱（板）上，并在醒目处贴上各元件相应的文字符号。

⑤ 控制箱内电器安装板的大小必须能自由通过控制箱或壁龛的门，以便于装卸。

3. 布线

（1）选用导线

导线的选用要求如下。

① 导线的类型。

硬线只能用在固定安装于不动部件之间，且导线的截面积应小于 0.5mm^2。若在有可能出现振动的场合或导线的截面积在大于或等于 0.5mm^2 时，必须采用软线。

电源开关的负载侧可采用裸导线，但必须是直径大于 3mm 的圆导线或者是厚度大于 2mm 的扁导线，并应有预防直接接触的保护措施（如绝缘、间距、屏蔽等）。

② 导线的绝缘。

导线必须绝缘良好，并应具有抗化学腐蚀能力。在特殊条件下工作的导线，必须同时满足使用条件的要求。

③ 导线的截面积。

在必须能承受正常条件下流过的最大稳定电流的同时，还应考虑到线路允许的电压降、导线的机械强度和与熔断器相配合。

（2）敷线方法

所有导线从一个端子到另一个端子的走线必须是连续的，中间不得有接头。有接头的地方应加装接线盒。接线盒的位置应便于安装与维修，而且必须加盖，盒内导线必须留有足够的长度，以便于拆线和接线。

敷线时，对明露导线必须做到平直、整齐、走线合理等要求。

（3）接线方法

所有导线的连接必须牢固，不得松动。在任何情况下，连接器件必须与连接导线截面积和材料性质相适应。

导线与端子的接线，一般一个端子只连接一根导线。有些端子不适合连接软导线时，可在导线端头上采用针形、叉形等冷压接线头。如果采用专门设计的端子，可以连接两根或多根导线，但导线的连接方式，必须是工艺上成熟的各种方式，如夹紧、压接、焊接、绕接等。这些连接工艺应严格按照工序要求进行。

导线的接头除必须采用焊接方法外，所有导线应当采用冷压接线头。如果电气设备在正常运行期间承受很大振动，则不许采用焊接的接头。

（4）导线的标志

① 导线的颜色标志。

保护导线（PE）必须采用黄绿双色；动力电路的中线（N）和中间线（M）必须是浅蓝

色的；交流或直流动力电路应采用黑色导线；交流控制电路采用红色导线；直流控制电路采用蓝色导线；用作控制电路联锁的导线，如果是与外边控制电路连接，而且当电源开关断开仍带电时，应采用橘黄色或黄色导线；与保护导线连接的电路采用白色导线。

② 导线的线号标志。

导线线号的标志应与原理图和接线图相符合。在每一根连接导线的线头上必须套上标有线号的套管，位置应接近端子处。线号的编制方法如下。

主电路三相电源按相序自上而下编号为 L1、L2、L3；经过电源开关后，在出线端子上按相序依次编号为 U11、V11、W11。主电路中各支路的编号，应从上至下、从左至右，每经过一个电器元件的线桩后，编号要递增，如 U11、V11、W11，U12、V12、W12…。单台三相交流电动机（或设备）的三根引出线按相序依次编号为 U、V、W（或用 U1、V1、W1 表示），多台电动机引出线的编号，为了不致引起误解和混淆，可在字母前冠以数字来区别，如 1U、1V、1W，2U、2V、2W…。在不产生矛盾的情况下，字母后应尽可能避免采用双数字，如单台电动机的引出线采用 U、V、W 的线号标志时，三相电源开关后的出线端编号可为 U1、V1、W1。当电路编号与电动机线端标志相同时，应三相同时跳过一个编号来避免重复。

控制电路与照明、指示电路，应从上至下、从左至右，逐行用数字依次编号，每经过一个电器元件的接线端子，编号要递增。编号的起始数字，除控制电路必须从阿拉伯数字 1 开始外，其他辅助电路依次递增 100 作为起始数字，如照明电路编号从 101 开始，信号电路编号从 201 开始等。

（5）控制箱（板）内部配线方法

一般采用从正面修改配线的方法，如板前线槽配线或板前明线配线，较少采用板后配线的方法。

采用线槽配线时，线槽装线不要超过容积的 70%，以便安装和维修。线槽外部的配线，对装在可拆卸门上的电器接线必须采用互连端子板或连接器，它们必须牢固固定在框架、控制箱或门上。从外部控制、信号电路进入控制箱内的导线超过 10 根，必须接到端子板或连接器件过渡，但动力电路和测量电路的导线可以直接接到电器的端子上。

（6）控制箱（板）外部配线方法

除有适当保护的电缆外，全部配线必须一律装在导线通道内，使导线有适当的机械保护，防止液体、铁屑和灰尘的侵入。

① 对导线通道的要求。

导线通道应留有余量，允许以后增加导线。导线通道必须牢固可靠，内部不得有锐边和远离设备的运动部件。

导线通道采用钢管，壁厚应不小于 1mm，如用其他材料，壁厚必须有等效于壁厚为 1mm 钢管的强度。若用金属软管时，必须有适当的保护。当利用设备底座作导线通道时，无须再加预防措施，但必须能防止液体、铁屑和灰尘的侵入。

② 通道内导线的要求。

移动部件或可调整部件上的导线必须用软线。运动的导线必须支撑牢固，使得在接线点上不致产生机械拉力，又不出现急剧的弯曲。

不同电路的导线可以穿在同一线管内，或处于同一个电缆之中。如果它们的工作电压不同，则所用导线的绝缘等级必须满足其中最高一级电压的要求。

为了便于修改和维修，凡安装在同一机械防护通道内的导线束，需要提供备用导线的根数为：当同一管中相同截面积导线的根数在3～10根时，应有1根备用导线，以后每递增1～10根增加1根备用导线。

4. 连接保护电路

电气设备的所有裸露导体零件（包括电动机、机座等），必须接到保护接地专用端子上。

（1）连续性

保护电路的连续性必须用保护导线或机床结构上的导体可靠结合来保证。

为了确保保护电路的连续性，保护导线的连接件不得作任何别的机械紧固用，不得由于任何原因将保护电路拆断，不得利用金属软管作保护导线。

（2）可靠性

保护电路中严禁用开关和熔断器。除采用特低安全电压电路外，在接上电源电路前必须先接通保护电路，在断开电源电路后才断开保护电路。

（3）明显性

保护电路连接处应采用焊接或压接等可靠方法，连接处要便于检查。

5. 通电前检查

控制线路安装好后，在接电前应进行如下项目的检查。

① 各个元部件的代号、标记是否与原理图上的一致和齐全。

② 各种安全保护措施是否可靠。

③ 控制电路是否满足原理图所要求的各种功能。

④ 各个电气元件安装是否正确和牢靠。

⑤ 各个接线端子是否连接牢固。

⑥ 布线是否符合要求、整齐。

⑦ 各个按钮、信号灯罩、光标按钮和各种电路的绝缘导线的颜色是否符合要求。

⑧ 电动机的安装是否符合要求。

⑨ 保护电路导线连接是否正确、牢固可靠。测试外部保护导线端子与电气设备任何裸露导体零件和外壳之间的电阻应不大于0.1Ω。

⑩ 检查电气线路的绝缘电阻是否符合要求。其方法是：短接主电路、控制电路和信号电路，用500V兆欧表测量与保护电路导线之间的绝缘电阻不得小于$1M\Omega$。当控制电路或信号电路不与主电路连接的，应分别测量主电路与保护电路、主电路与控制和信号电路、控制和信号电路与保护电路之间的绝缘电阻。

6. 空载例行试验

通电前应检查所接电源是否符合要求。通电后应先点动，然后验证电气设备的各个部分的工作是否正确和操作顺序是否正常，特别要注意验证急停器件的动作是否正确。验证时，如有异常情况，必须立即切断电源查明原因。

7. 负载形式试验

在正常负载下连续运行，验证电气设备所有部分运行的正确性，特别要验证电源中断和恢复时是否会危及人身安全、损坏设备。同时要验证全部器件的温升不得超过规定的允许温升和在有载情况下验证急停器件是否仍然安全有效。

五、手动正转控制线路的工作原理

如图 1-19 所示的手动正转控制电路。它通过低压开关来控制电动机的启动和停止，在工厂中常被用来控制三相电风扇和砂轮机等设备。

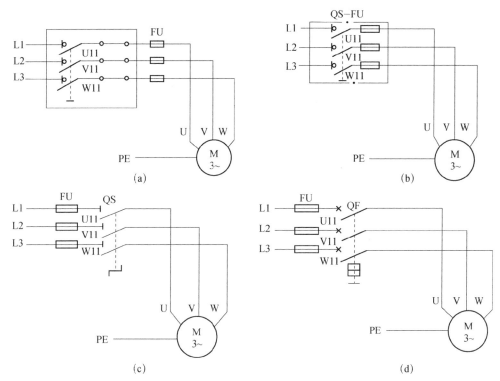

图 1-19 手动正转控制电路图

以上线路中，低压开关起接通、断开电源用，熔断器作短路保护用。

线路的工作原理如下：

启动 合上低压开关 QS 或 QF，电动机 M 接通电源启动运转。

停止 拉开低压开关 QS 或 QF，电动机 M 脱离电源失电停转。

环境设备（二）

1. 电工常用工具

测电笔、螺钉旋具、尖嘴钳、斜口钳、剥线钳、电工刀等。

2. 仪表

5050 型兆欧表、T301—A 型钳形电流表、MF—47 型万用表。

3. 器材

① 控制网板一块（500mm×400mm×10mm）。

② 导线规格：动力电路采用 BVR1.5mm²（黑色）塑铜线；接地线采用 BVR（黄绿双线）塑铜线，截面积大于或等于 1.5mm²；导线数量按板前线槽布线方式预定。

③ 电器元件见表 1-17。

表 1-17　手动正转控制线路元件明细表

代号	名称	型号	规格	数量
M	三相异步电动机	Y100L2	3kW、380V、6.8A、Y 接法、1420r/min	1
QS	开启式负荷开关	HK1—30/3	三极、380V、30A、熔体直连	1
QS	封闭式负荷开关	HH4—30/3	三极、380V、30A、配熔体 20A	1
QS	组合开关	HZ10—25/3	三极、380V、25A	1
QS	低压断路器	DZ5—20/330	三极复式脱扣器、380V、20A、整定 10A	1
FU	瓷插式熔断器	RC1A—30/20	380V、30A、配熔体 20A	3

操作指导（二）

安装与调试手动正转控制线路。

1. 安装步骤及工艺要求

① 按表 1-17 配齐所用电器元件，并进行质量检验。

· 根据电动机的规格检验选配的低压开关、熔断器及导线的型号和规格是否满足要求。

· 所选用的电器元件的外观应完整无损，附件、备件齐全。

· 用万用表、兆欧表检测电器元件及电动机的有关技术数据是否符合要求。

② 在控制网板上按图 1-19 所示安装电器元件。电器元件应牢固，并符合工艺要求。

③ 连接控制开关至电动机的导线。控制开关必须安装在操作时能看到电动机的地方，以保证操作。

④ 连接好接地线。电动机和控制开关的金属外壳，按规定要求必须接到保护接地专用的端子上。

⑤ 检查安装质量，并进行绝缘电阻测量。

⑥ 将三相电源接入控制开关。

⑦ 经教师检查后进行通电试车。

2. 注意事项

① 当控制开关远离电动机而看不到电动机的运转情况时，必须另设开车的信号装置。

② 电动机使用的电源电压和绕组的接法必须与铭牌上规定的相一致。

③ 接线时，必须先接负载端，后接电源端；先接接地线，后接三相电源相线。

④ 通电试车时，必须先空载点动后再连续运行；当运行正常时再接上负载运行，若出现异常情况应立即切断电源，进行检查。

⑤ 安装开启式负荷开关时，应将开关的熔体部分用导线直连，并在出线端另外加装熔断器作短路保护；安装组合开关、低压断路器时，在电源进线侧加装熔断器。

质量评价标准（二）

实训考核及成绩评定（评分标准）见表 1-18。

表 1-18　评分标准

项目内容	配分	评分标准	扣分
装前检查	20	（1）电动机质量漏检查，每处扣 5 分 （2）低压开关漏检或错检，每处扣 5 分	
安装	30	（1）控制板或开关安装位置不适当或松动，扣 20 分 （2）紧固螺钉松动，每个扣 5 分	
接线及试车	40	（1）不会使用仪表及测量方法不正确，每个仪表扣 5 分 （2）各接点松动或不符合要求，每个扣 5 分 （3）接线错误造成通电试车一次不成功，扣 40 分 （4）控制开关进、出线接错，扣 20 分 （5）电动机接线错误，扣 30 分 （6）接线程序错误，扣 15 分 （7）漏接接地线，扣 30 分	
安全与文明生产	10	违反安全文明生产规程，扣 5～10 分	
定额时间		每超时 10 分钟，扣 5 分计算	
备注		除定额时间外，各项内容的最高扣分不应超过配分数	成绩
开始时间		结束时间	实际时间

复习题

1. 什么是电器？什么是低压电器？
2. 按动作方式不同，低压电器可分为哪几类？
3. 组合开关的用途有哪些？如何选用？
4. 在安装和使用封闭式负荷开关时，应注意哪些问题？
5. 简述低压断路器的选用原则。
6. 简述安装与调试电动机基本控制电路的一般步骤。

任务二　具有过载保护的接触器自锁正转控制线路的安装与调试

学习目标

知识目标：

① 掌握具有过载保护的接触器自锁正转控制线路的工作原理。

② 了解相关低压电器的结构、原理及选用标准。

③ 掌握板前明线布线的工艺要求。

能力目标：

① 提高学生识别、检修、选用常用低压电器的能力。

② 提高学生分析电路的能力。

③ 培养学生按工艺要求规范安装、调试电路的能力。

情感目标：

① 培养学生严谨、认真的工作态度。

② 养成安全、文明的操作习惯。

③ 树立团结、协作的团队精神。

学习任务

单向启动正转控制电路包括上节已经介绍过的手动正转控制电路，还有点动正转控制电路、接触器自锁正转控制电路、具有过载保护的接触器自锁正转控制电路以及连续与点动混合正转控制电路。本次任务我们选择一个最有代表意义的具有过载保护的接触器自锁正转控制电路，作为项目任务进行学习。

对于这个电路，我们要学会分析、安装电路，并且还要对安装好的电路进行调试。任务要求：

① 根据电动机的额定参数合理选择低压电器，并对元器件的质量好坏进行检验，核对元器件的数量。

② 在规定时间内，依据电路图，按照板前明线布线的工艺要求，正确、熟练地安装布线；准确、安全地连接电源，在教师的监护下通电试车。

③ 正确使用工具、仪表，安装质量要可靠，布线技术要符合工艺要求。

④ 做到安全操作、文明生产。

背景知识

一、接触器

接触器是一种自动的电磁式开关，适用于远距离频繁地接通或断开交直流主电路及大容量控制电路。其主要控制对象是电动机，也可用于控制其他负载，如电热设备、电焊机以及电容器组等。它不仅能实现远距离自动操作和具有欠电压释放保护功能，而且具有控制容量大、工作可靠、操作频率高、使用寿命长等优点。因而在电力拖动系统中得到了广泛应用。接触器按主触头通过的电流种类，分为交流接触器和直流接触器两种。

（一）交流接触器

1. 交流接触器的型号及含义（见图 1-20）

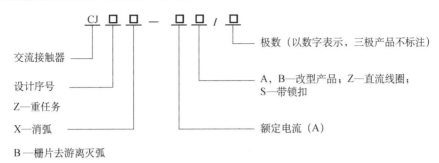

图 1-20　交流接触器的型号及含义

2. 交流接触器的结构

交流接触器主要由电磁系统、触头系统、灭弧装置及辅助部件等组成。CJ10—20 型交流接触器的结构和工作原理如图 1-21（a）所示。

（1）电磁系统

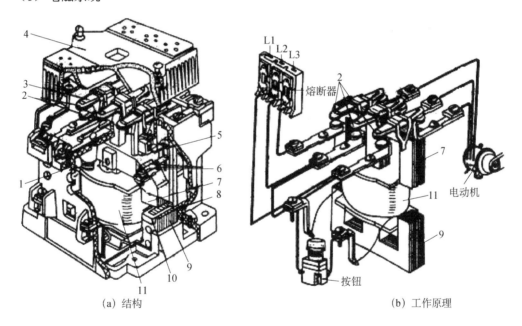

（a）结构　　　　　　　　　　　　　　　（b）工作原理

图 1-21　交流接触器的结构和工作原理图

1—反作用弹簧；2—主触头；3—触头压力弹簧；4—灭弧罩；5—辅助常闭触头；6—辅助常开触头；
7—动铁芯；8—缓冲弹簧；9—静铁芯；10—短路环；11—线圈

交流接触器的电磁系统主要由线圈、铁芯（静铁芯）和衔铁（动铁芯）三部分组成。其作用是利用电磁线圈的通电和断电，使衔铁和铁芯吸合或释放，从而带动动触头与静触头闭合或分断，实现接通或断开电路的目的。

为了减少工作过程中交变磁场在铁芯中产生的涡流及磁滞损耗，避免铁芯过热，交流接触器的铁芯和衔铁一般用 E 形硅钢片叠压铆成。尽管如此，铁芯仍是交流接触器发热的主要部件。为增大铁芯的散热面积，又避免线圈与铁芯直接接触而受热烧毁，交流接触器的线圈一般做成粗而短的圆筒形，并且绕在绝缘骨架上，使铁芯与线圈之间有一定间隙。另外，E 形铁芯的中柱端面须留有 0.1～0.2mm 的间隙，以减小剩磁影响，避免线圈断电后衔铁黏住不能释放。

交流接触器在运行过程中，线圈中通入的交流电在铁芯中产生交变的磁通，因而铁芯与衔铁间的吸力也是变化的。这会使衔铁产生振动，发出噪声。为消除这一现象，在交流接触器铁芯和衔铁两个不同端部各开一个槽，槽内嵌装一个用铜、康铜或镍铬合金材料制成的短路环，又称减振环或分磁环，如图 1-22（a）所示。铁芯装短路环后，当线圈通交流电时，线圈电流 I_1 产生磁通 Φ_1，Φ_1 的一部分穿过短路环，在环中产生感生电流 I_2，I_2 又会产生一个磁通 Φ_2，由电磁感应定律知，Φ_1 和 Φ_2 的相位不同，即 Φ_1 和 Φ_2 不同时为零，则由 Φ_1 和 Φ_2 产生的电磁吸力 F_1 和 F_2 不同时为零，如图 1-22（b）所示。这就保证了铁芯与衔铁在任何时刻都有吸力，衔铁始终被吸住，振动和噪声会显著减小。

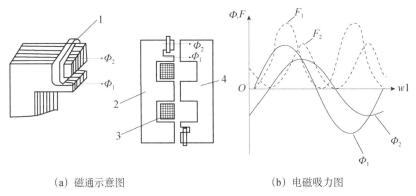

（a）磁通示意图 　　　　　　（b）电磁吸力图

图 1-22　加短路环后的磁通和电磁吸力图

1—短路环；2—铁芯；3—线圈；4—衔铁。

（2）触头系统

交流接触器的触头按接触情况可分为点接触式、线接触式和面接触式三种，分别如图 1-23（a）、（b）、（c）所示。按触头的结构形式划分，有双断点桥式触头和指形触头两种，如图 1-24 所示。

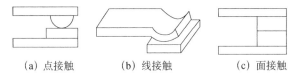

（a）点接触　　　　（b）线接触　　　　（c）面接触

图 1-23　触头的三种接触形式

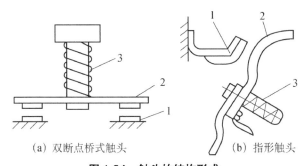

（a）双断点桥式触头　　　　　　（b）指形触头

图 1-24　触头的结构形式

1—静触头；2—动触头；3—触头压力弹簧。

CJ10 系列交流接触器的触头一般采用双断点桥式触头，其动触头桥用紫铜片冲压而成。由于铜的表面易氧化并形成一层导电性能很差的氧化铜，而银的接触电阻小且其黑色氧化物对接触电阻的影响不大，所以在触头桥的两端镶有银基合金制成的触头块。静触头一般用黄铜板冲压而成，一端镶焊触头块，另一端为接线座。在触头上装有压力弹簧以减小接触电阻并消除开始接触时产生的有害振动。

按通断能力划分，交流接触器的触头分为主触头和辅助触头。主触头用以通断电流较大的主电路，一般由三对接触面较大的常开触头组成。辅助触头用以通断电流较小的控制电路，一般由两对常开和两对常闭触头组成。所谓触头的常开和常闭，是指电磁系统未通电动作时触头的状态。常开触头和常闭触头是联动的。当线圈通电时，常闭触头先断开，常开触头随后闭合。而线圈断电时，常开触头首先恢复断开，随后常闭触头恢复闭合。两种触头在改变工作状态时，先后有个时间差，尽管这个时间差很短，但对分析线路的控制原理却起着很重要的作用。

（3）灭弧装置

交流接触器在断开大电流或高电压电路时，在动、静触头之间会产生很强的电弧。电弧是触头间气体在强电场作用下产生的放电现象，电弧的产生，一方面会灼伤触头，减少触头的使用寿命；另一方面会使电路切断时间延长，甚至造成弧光短路或引起火灾事故。因此我们希望触头间的电弧能尽快熄灭。实验证明，触头开合过程中的电压越高、电流越大、弧区温度越高，电弧就越强。低压电器中通常采用拉长电弧、冷却电弧或将电弧分成多段等措施，促使电弧尽快熄灭。在交流接触器中常用的灭弧方法有以下几种。

① 双断口电动力灭弧。

双断口结构的电动力灭弧装置如图 1-25（a）所示。

这种灭弧方法是将整个电弧分割成两段，同时利用触头回路本身的电动力 F 把电弧向两侧拉长，使电弧热量在拉长的过程中散发、冷却而熄灭。容量较小的交流接触器，如 CJ10—10 型等，多采用这种方法灭弧。

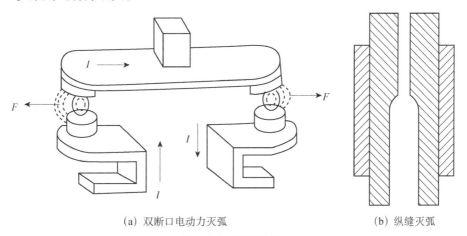

（a）双断口电动力灭弧　　　　　　　　　　（b）纵缝灭弧

图 1-25　灭弧装置

② 纵缝灭弧。

纵缝灭弧装置如图 1-25（b）所示。由耐弧陶土、石棉水泥等材料制成的灭弧罩内每相有一个或多个纵缝，缝的下部较宽以便放置触头；缝的上部较窄，以便压缩电弧，使电弧与灭弧室壁有很好的接触。当触头分断时，电弧被外磁场或电动力吹入缝内，其热量传递给室壁，电弧被迅速冷却熄灭。CJ10 系列交流接触器额定电流在 20A 及以上的，均采用这种方法灭弧。

③ 栅片灭弧。

栅片灭弧装置如图 1-26 所示。金属栅片由镀铜或镀锌铁片制成，形状一般为人字形，栅片插在灭弧罩内，各片之间相互绝缘。当动触头与静触头分断时，在触头间产生电弧，电弧电流在其周围产生磁场。由于金属栅片的磁阻远小于空气的磁阻，因此电弧上部的磁通容易通过金属栅片而形成闭合磁路，这就造成了电弧周围空气中的磁阻上疏下密。这一磁场对电弧产生向上的作用力，将电弧拉到栅片间隙中，栅片将电弧分割成若干个串联的短电弧。每个栅片成为短电弧的电极，将总电弧压降分成几段，栅片间的电弧电压都低于燃弧电压，同时栅片将电弧的热量吸收散发，使电弧迅速冷却，促使电弧尽快熄灭。容量较大的交流接触器多采用这种方法灭弧，如 CJ10—40 型交流接触器。

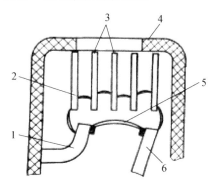

图 1-26　栅片灭弧装置

1—静触头；2—短电弧；3—灭弧栅片；4—灭弧罩；5—电弧；6—动触头

（4）辅助部件

交流接触器的辅助部件有反作用弹簧、缓冲弹簧、触头压力弹簧、传动机构及底座、接线柱等。

反作用弹簧安装在动铁芯和线圈之间，其作用是线圈断电后，推动衔铁释放，使各触头恢复原状态。缓冲弹簧安装在静铁芯和线圈之间，其作用是缓冲衔铁在吸合时对静铁芯和外壳产生的冲击力，保护外壳。触头压力弹簧安装在动触头上面，其作用是增加动、静触头间的压力，从而增大接触面积，以减小接触电阻，防止触头过热灼伤。传动机构的作用是在衔铁或反作用弹簧的作用下，带动动触头实现与静触头的接通或分断。

3. 交流接触器的工作原理

当接触器的线圈通电后，线圈中流过的电流产生磁场，使铁芯产生足够大的吸力，克服反作用弹簧的反作用力，将衔铁吸合，通过传动机构带动辅助常闭触头先断开，三对主触头和辅助常开触头后闭合。当接触器线圈断电或电压显著下降时，由于电磁吸力消失或过小，衔铁在反作用弹簧力的作用下复位，通过传动机构带动三对主触头和辅助常开触头先恢复断开，辅助常闭触头后恢复闭合。

常用的 CJ0、CJ10 等系列的交流接触器在 0.85～1.05 倍的额定电压下，能保证可靠吸合。电压过高，磁路趋于饱和，线圈电流会显著增大；电压过低，电磁吸力不足，衔铁吸合不上，线圈电流会达到额定电流的十几倍。因此，电压过高或过低都会造成线圈过热而烧毁。

交流接触器在电路图中的符号如图 1-27 所示。

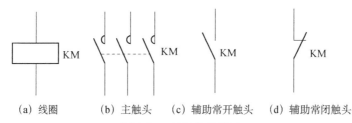

(a) 线圈　　　(b) 主触头　　(c) 辅助常开触头　(d) 辅助常闭触头

图 1-27　接触器的符号

4. 交流接触器的选用

电力拖动系统中，交流接触器可按下列方法选用。

① 选择接触器主触头的额定电压。接触器主触头的额定电压应大于或等于控制线路的额定电压。

② 选择接触器主触头的额定电流。接触器控制电阻性负载时，主触头的额定电流应等于负载的额定电流。控制电动机时，主触头的额定电流应等于或稍大于电动机的额定电流。或按下列经验公式计算（仅适用于 CJ0、CJ10 系列）：

$$I_C = \frac{P_N \times 10^3}{KU_N}$$

式中，K——经验系数，一般取 1~1.4；

　　　P_N——被控制电动机的额定功率（kW）；

　　　U_N——被控制电动机的额定电压（V）；

　　　I_C——接触器主触头电流（A）。

接触器若使用在频繁启动、制动及正、反转的场合，应将接触器主触头的额定电流降低一个等级使用。

③ 选择接触器吸引线圈的电压。当控制线路简单，使用电器较少时，为节省变压器，可直接选用 380V 或 220V 的电压。当线路复杂，使用电器超过 5 个时，从人身和设备安全角度考虑，吸引线圈的电压要选低一些，可用 24V、36V 或 110V 的线圈电压。

④ 选择接触器的触头数量及类型。接触器的触头数量、类型应满足控制线路的要求。

CJ0 系列和 CJ10 系列交流接触器的技术数据见表 1-19。

表 1-19　CJ0 系列和 CJ10 系列交流接触器的技术数据

型号	主触头			辅助触头			线圈		可控制三相异步电动机的最大功率（kW）		额定操作频率（次/h）
	对数	额定电流	额定电压	对数	额定电流	额定电压	电压	功率（W）	220V	380V	
CJ0—10	3	10A	380V	均为 2 常开，2 常闭	5A	380V	可为 36 110 127 220 380V	14	2.5	4	≤1200
CJO—20	3	20A						33	5.5	10	
CJ0—40	3	40A						33	11	20	
CJ0—75	3	75A						55	22	40	
CJ10—10	3	10A						11	2.2	4	≤600
CJ10—20	3	20A						22	5.5	10	
CJ10—40	3	40A						32	11	20	
CJ10—60	3	60A						70	17	30	

5. 交流接触器的安装与使用

（1）安装前的检查

① 检查接触器铭牌与线圈的技术数据（如额定电压、电流、操作频率等）是否符合实际使用要求。

② 检查接触器外观，应无机械损伤；用手推动接触器可动部分时，接触器应动作灵活，无卡阻现象；灭弧罩应完整无损，固定牢固。

③ 将铁芯极面上的防锈油脂或黏在极面上的铁垢用煤油擦拭干净，以免多次使用后衔铁被黏住，造成断电后不能释放。

④ 测量接触器的线圈电阻和绝缘电阻。

（2）交流接触器的安装

① 交流接触器一般应安装在垂直面上，倾斜度不得超过5°；若有散热孔，则应将有孔的一面放在垂直方向上，以利于散热，并按规定留有适当的飞弧空间，以免飞弧烧坏相邻电器。

② 安装和接线时，注意不要将零件失落或掉入接触器内部。安装孔的螺钉应装有弹簧垫圈和平垫圈，并拧紧螺钉以防振动松脱。

③ 安装完毕，检查接线正确无误后，在主触头不带电的情况下操作几次，然后测量产品的动作值和释放值，所测数值应符合产品的规定要求。

（3）日常维护

① 应对接触器做定期检查，观察螺钉有无松动，可动部分是否灵活等。

② 接触器的触头应定期清扫，保持清洁，但不允许涂油，当触头表面因电灼作用形成金属小颗粒时，应及时清除。

③ 拆装时注意不要损坏灭弧罩。带灭弧罩的交流接触器绝不允许不带灭弧罩或带破损的灭弧罩运行，以免发生电弧短路故障。

6. 交流接触器的常见故障及处理方法

交流接触器在长期使用过程中，由于自然磨损或使用维护不当，会产生故障而影响其正常工作。掌握接触器的常见故障处理办法可缩短电气设备的维修时间，提高生产效率。接触器的常见故障及处理方法见表1-20。

表1-20 接触器的常见故障及处理方法

故障现象	产生故障的原因	排除方法
触头过热	（1）通过动、静触头间的电流过大 （2）触头压力不足 （3）触头表面接触不良	（1）减小负载或更换触头大容量接触器 （2）调整触头压力弹簧或更换新触头 （3）清洗修整触头使其接触良好
触头磨损	（1）电弧或电火花的高温使触头金属气化 （2）触头闭合时的撞击及触头表面的相对滑动摩擦	当触头磨损至超过原有厚度1/2时，更换新触头
衔铁不释放	（1）触头熔焊黏在一起 （2）铁芯端面有油污 （3）铁芯剩磁太大 （4）机械部分卡阻	（1）修理或更新触头 （2）清理铁芯端面 （3）调整铁芯的防剩磁间隙或更换铁芯 （4）修理调整消除机械卡阻现象
衔铁振动或噪声大	（1）衔铁或铁芯接触面上有锈垢、油污、灰尘等或衔铁是否歪斜 （2）短路环损坏 （3）可动部分卡阻或触头压力过大 （4）电源电压偏低	（1）清理或调整铁芯端面 （2）更换短路环 （3）调整可动部分及触头压力 （4）提高电源电压

续表

故障现象	产生故障的原因	排除方法
线圈过热或烧毁	（1）线圈匝间短路 （2）铁芯与衔铁闭合时有间隙 （3）电源电压过高或过低	（1）更换线圈 （2）修理调整铁芯或更换 （3）调整电源电压
吸力不足	（1）电源电压过低或波动太大 （2）线圈额定电压大于实际电压 （3）反作用弹簧压力过大 （4）可动部分卡阻、铁芯歪斜	（1）调整电源电压 （2）更换线圈，使其电压值与电源电压匹配 （3）调整反作用压力弹簧 （4）调整可动部分及铁芯

（二）直流接触器

直流接触器适用于远距离接通和分断直流电路以及频繁地操作和控制直流电动机。其结构和工作原理与交流接触器基本相同，常用的有 CZ0 系列和 CZ18 系列。

直流接触器由电磁系统、触头系统和灭弧装置三部分组成，图 1-28 为直流接触器的结构示意图。

与交流接触器不同的是，为了减小运行时的线圈功耗及延长吸引线圈的使用寿命，容量较大的直流接触器线圈经常采用串联双绕组，其接线如图 1-29 所示。接触器的一个常闭触头与保持线圈并联。在电路刚接通瞬间，保持线圈被常闭触头短路，可使启动线圈获得较大的电流和吸力。当接触器动作后，启动线圈和保持线圈串联通电，由于电压不变，所以电流较小，但仍可保持衔铁被吸合，从而达到省电的目的。

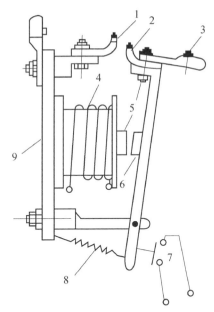

图 1-28　直流接触器的结构示意图

1—静触头；2—动触头；3—接线柱；4—线圈；

5—铁芯；6—衔铁；7—辅助触头；8—反作用弹簧；9—底板。

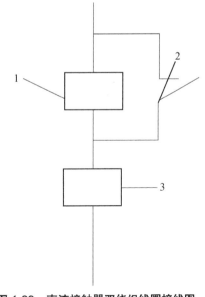

图 1-29　直流接触器双绕组线圈接线图

1—保持线圈；2—常闭辅助触头；3—启动线圈。

对于开关电器而言，采用何种灭弧装置主要取决于电弧的性质。交流接触器触头间产生的电弧在自然过零时能自然熄灭，而直流电弧因为不存在自然过零点，所以只能靠拉长电弧和冷却电弧来熄灭电弧。因此在同样的电气参数下，熄灭直流电弧要比熄灭交流电弧困难，则直流灭弧装置一般比交流灭弧装置复杂。直流接触器一般采用磁吹式灭弧装置结合其他灭弧方法灭弧。

磁吹式灭弧装置主要由磁吹线圈、铁芯、两块导磁夹板、灭弧罩和引弧角等部分组成，其结构如图1-30所示。

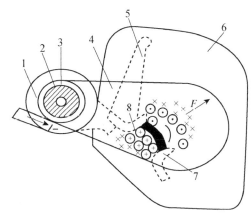

图1-30 磁吹式灭弧装置

1—磁吹线圈；2—铁芯；3—绝缘套筒；4—导磁夹板；5—引弧角；6—灭弧罩；7—动触头；8—静触头。

磁吹式灭弧装置的工作原理是：当接触器的动、静触头分断时，在触头间产生电弧，短时间内电弧通过自身仍维持负载电流继续存在，此时该电流便在电弧未熄灭之前形成两个磁场。一个是该电流在电弧周围形成的磁场，其方向可用安培定则确定，如图1-30所示，在电弧的上方是引出纸面的，用"⊙"表示；在电弧的下方是进入纸面的，用"⊕"表示。另外，在电弧周围同时还存在一个由该电流流过磁吹线圈在两导磁夹间形成的磁场，该磁场经过铁芯，从一块导磁夹板穿过夹板间的空气隙进入另一块导磁夹板，形成闭合磁路，磁场的方向可由安培定则确定，如图1-30所示，显然外面一块导磁夹板上的磁场方向是进入纸面的。可见，在电弧的上方，导磁夹板间的磁场与电弧周围的磁场方向相反，磁场强度削弱；在电弧下方两个磁场方向相同，磁场强度增强。因此，电弧将从磁场强的一边被拉向弱的一边，于是电弧向上运动。电弧在向上运动的过程中被迅速拉长并和空气发生相对运动，使电弧温度降低。同时电弧被吹进灭弧罩上部时，电弧的热量被迅速传递给灭弧罩，进一步降低了电弧的温度，促使电弧迅速熄灭。另外，电弧在向上运动的过程中，在静触头上的弧根将逐渐转移到引弧角上，从而减轻了触头的灼伤。引弧角引导弧根向上移动又使电弧被继续拉长，当电源电压不足以维持电弧燃烧时，电弧就熄灭。

这种串联式磁吹灭弧装置，其磁吹线圈与主电路是串联的，且利用电弧电流本身灭弧，所以磁吹力的大小决定于电弧电流的大小，电弧电流越大，吹灭电弧的能力越强。而当电流的方向改变时，由于磁吹线圈产生的磁场方向同时改变，磁吹力的方向不变，即磁吹力的方向与电弧电流的方向无关。

（三）几种常见接触器简介

1. B系列交流接触器

B系列交流接触器是更新换代产品，它是引进德国BBC公司生产线和生产技术而生产的交流接触器。它采用了合理的结构设计，有"正装式"和"倒装式"两种结构布置形式。

其中"正装式"结构与普通接触器无异；即触头系统在前面，电磁系统在后面靠近安装面，属于这种结构形式的有B9、B12、B16、B25、B30、B460及K型七种。

而其"倒装式"结构是指触头系统在后面，电磁系统在前面，这种布置由于磁系统在前面，具备了更换线圈方便、接线方便（使接线距离缩短）等优点；另外，便于安装多种附件，如辅助触头、TP 型气囊式延时继电器、VB 型机械联锁装置、WB 型自锁继电器及连接件，从而扩大了使用功能。

B 系列交流接触器还有一个显著特点就是通用件多，不同规格的产品，除触头系统外，其他零部件基本通用。各零部件的连接多采用卡装和螺钉连接，便于使用维护。B 系列交流接触器还有派生产品，如 B75C 系列，为切换电容接触器，它主要适用于可补偿回路中接通和分断电力电容器，以调整用电系统的功率因数，接触器可抑制接通电容时出现的冲击电流。

2. 真空接触器

常用的交流真空接触器有 CJK 系列产品，它具备体积小、通断能力强、寿命长、可靠性高等优点，主要适用于交流 50Hz、额定电压达 600V 或 1140V、额定电流为 600A 的电力电路中。

真空接触器的结构特点是主触头封闭在真空灭弧室内，因而具有体积小、通断能力强、可靠性高、寿命长和维修工作量小等优点，因此日益得到推广使用。

3. 固体接触器

固体接触器又叫半导体接触器，它是由晶闸管和交流接触器组合而成的混合式交流接触器。目前生产的 CJW1—200A/N 型是由五台晶闸管交流接触器组装而成的，固体接触器属新产品。在生产中的应用才刚开始，必将随着电子技术的发展得到逐步推广。

4. CJ20 交流接触器

CJ20 系列交流接触器适用于交流 50Hz、电压 660V、电流至 630A 的电力线路，供远距离接通与分断线路用，并适合频繁地启动和控制交流电动机。CJ20 系列交流接触器为直动式，主触点采用双断点桥式触点、E 型铁芯，辅助触点采用通用的辅助触点，根据需要可制成不同组合。辅助触点的组合有 2 常开 2 常闭、4 常开 2 常闭，也可根据需要交换成 3 常开 3 常闭或 2 常开 4 常闭。CJ20 系列交流接触器的结构优点是体积小、质量轻、易于维护。

5. CDC 系列交流接触器

CDC10 系列交流接触器是德力西集团有限公司在原 CJ10 系列交流接触器的基础上自行改进设计的专利产品。接触器的外形和安装尺寸与原 CJ10 系列完全相同，但对产品的触头和灭弧系统进行了较大的改进，使接触器的最高额定工作电压从 380V 提高到 660V；把陶土灭弧罩改为 DMC 塑料灭弧罩，并加灭弧栅片，消除了陶土灭弧罩容易破损的弊端。同时改进触点结构设计，从而达到提高灭弧性能、延长触点寿命、缩小飞弧距离、减轻产品重量的效果。

CDC10 系列交流接触器的 40A 以下规格为直动式，采用双断点立体布局，上层为触头系统，下层为电磁系统，辅助触点位于两侧；60A 以下规格为转动式，采用双断点平面布局，左侧是触头系统，右侧是电磁系统，辅助触点位于电磁系统的下部。

环境设备（一）

① 工具：螺钉旋具、电工刀、尖嘴钳、剥线钳、镊子等。
② 仪表：万用表、兆欧表。

③ 器材：CJ20—20 型交流接触器一只。

操作指导（一）

（四）接触器的拆装与维修

1. 拆卸和组装交流接触器的电磁系统

观察其组成，将结果记录在表 1-21 中。

表 1-21　交流接触器拆装记录

型号及含义				容量（A）		
触点系统	主触点			辅助触点		
	数量		结构	常开数量	常闭数量	结构
	动作前					
	测量触点	常开触点	常闭触点	常开触点		常闭触点
电磁机构	电磁线圈					
	工作电压（V）		直流电阻（Ω）	线径（mm）	匝数	形状
	电磁铁					
	铁芯形状		衔铁的形状	短路环的位置及大小		
灭弧罩	材料		位置	灭弧方式		

具体拆卸步骤如下：

① 卸下灭弧罩紧固螺钉，取下灭弧罩。

② 拉紧主触头定位弹簧夹，取下主触头及主触头压力弹簧片。拆卸主触头时必须将主触头侧转 45°后取下。

③ 松开辅助常开触头的线桩螺钉，取下常开静触头。

④ 松开接触器底部的盖板螺钉，取下盖板。在松盖板螺钉时，要用手按住螺钉并慢慢放松。

⑤ 取下静铁芯缓冲绝缘纸片及静铁芯。

⑥ 取下静铁芯支架及缓冲弹簧。

⑦ 拔出线圈接线端的弹簧夹片，取下线圈。

⑧ 取下反作用弹簧。

⑨ 取下衔铁和支架。

⑩ 从支架上取下动铁芯定位销。

⑪ 取下动铁芯及缓冲绝缘纸片。

2. 检修

① 检查灭弧罩有无破裂或烧损，清除灭弧罩内的金属飞溅物和颗粒。

② 检查触头的磨损程度，磨损严重时应更换触头。若不需要更换，则清除触头表面上烧毛的颗粒。

③ 清除铁芯端面的油垢，检查铁芯有无变形及端面接触是否平整。

④ 检查触头压力弹簧及反作用弹簧是否变形或弹力不足。如有需要则更换弹簧。

⑤ 检查电磁线圈是否有短路、断路及发热变色现象。

3. 装配

按拆卸的逆顺序进行装配。

4. 自检

用万用表欧姆挡检查线圈及各触头是否良好；用兆欧表测量各触头间及主触头对地电阻是否符合要求；用手按动主触头检查运动部分是否灵活，以防产生接触不良、振动和噪声。

质量评价标准（一）

5. 最后清点、整理用具

实训考核及成绩评定（评分标准）见表 1-22。

表 1-22 评分标准

项目内容	要求	评分标准	得分
拆卸与装配	拆卸方法正确　10 分 保持零件完好　30 分 触点拆卸检修正确　10 分 吸合时铁芯被卡住　20 分 通电时有振动和噪声　20 分 用万用表检查通断试验成功　10 分	方法错　扣 10 分 丢失或损失一件　扣 10 分 方法错　扣 10 分 每出现一次　扣 10 分 每出现一次　扣 10 分 一次不成功　扣 10 分	
安全文明操作	工具的正确使用 执行安全操作规定	损坏工具　扣 50 分 违反规定　扣 50 分	
工时	120 分钟	每超过 5 分钟扣 5 分	

二、热继电器

热继电器是利用流过继电器的电流所产生的热效应原理而动作的继电器。它主要用于电动机的过载保护、断相保护、电流不平衡运行的保护及其他电气设备发热状态的控制。

1. 热继电器的型号及含义（见图 1-31）

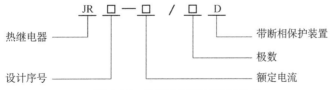

图 1-31　热继电器的型号及含义

2. 热继电器的结构及工作原理

（1）JR16、JR20 等系列热继电器

图 1-32 为 JR16 系列热继电器的外形、结构图。它主要由热元件、动作机构和触头系统、

电流整定装置、温度补偿元件以及复位机构等部分组成。

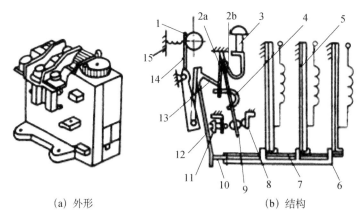

（a）外形　　　　　　　　　（b）结构

图 1-32　JR16 系列热继电器的外形与结构图

1—电流调节凸轮；2—片簧；3—手动复位按钮；4—弓簧；5—主双金属片；6—外导板；7—内导板；8—静触头；

9—动触头；10—杠杆；11—复位调节螺钉；12—补偿双金属片；13—推杆；14—连杆；15—压簧。

① 热元件。

热元件是热继电器的测量元件，由主双金属片和电阻丝组成。主双金属片由两种不同线膨胀系数的金属片用机械碾压方式形成。金属片的材料多为铁镍铬合金和铁镍合金。电阻丝一般用铜合金或镍铬合金等材料制成。

② 动作机构和触头系统。

动作机构是由传递杠杆及弓簧式瞬跳机构组成的，它可保证触头动作迅速、可靠。触头一般由一个常开触头和一个常闭触头组成。

③ 电流整定装置。

通过电流调节凸轮和旋钮来调节推杆间隙，改变推杆可移动距离，从而调节整定电流值。

④ 温度补偿元件。

为了补偿周围环境温度所带来的影响，设置了温度补偿双金属片，其受热弯曲的方向与主双金属片一致，它可保证热继电器在-30～+40℃环境温度内动作特性基本不变。

⑤ 复位机构。

可分为手动和自动两种形式，通过调整复位螺钉来选择。自动复位时间一般不大于 5min，手动复位时间不大于 2min。

（2）工作原理

热元件串接在电动机定子绕组中，常闭触头串接在控制电路的接触器线圈回路中。当电动机过载时，通过热元件的电流超过热继电器的整定电流，主双金属片受热向右弯曲，经过一定时间后，双金属片推动导板使热继电器触头动作，使接触器线圈断电，进而切断主电路，起到保护作用。电源切除后，主双金属片逐渐冷却恢复原位，动触头在弓簧的作用下自动复位。

热继电器的动作电流与周围环境温度有关，当环境温度变化时，主双金属片会发生零点飘移，即热元件未通过电流时主双金属片所发生的变形，导致热继电器在一定动作电流下的动作时间发生误差。为了补偿这种影响，设置了温度补偿双金属片，当环境温度变化时，温度补偿双金属片与主双金属片的弯曲方向一致，这样保证了热继电器在同一整定电流下，动作行程基本不变。

（3）带断相保护装置的热继电器

三相电源的断相或电动机绕组断相，是导致电动机过热烧毁的主要原因之一，普通结构的热继电器能否对电动机进行断相保护，取决于电动机绕组的连接方式。

当电动机的绕组采用 Y 连接时，若运行中发生断相，因流过热继电器热元件的电流就是电动机绕组的电流，所以热继电器能够及时反映绕组的过载情况。

当电动机绕组采用 △ 连接时，在正常情况下，线电流为相电流的 $\sqrt{3}$ 倍，但当电动机在运行中若发生一相断电，如图 1-33 所示。在 58％额定负载下，流过跨接在全电压下的一相绕组的相电流 $I_{P3}=1.15I_{PN}$，而流过串联的两相绕组的电流 $I_{P1}=I_{P2}=0.58I_{PN}$。因而有可能出现这种情况：电动机在 58％额定负载下运行，发生一相断线，未断线相的线电流正好等于额定线电流，而全电压下的那一相绕组中的电流可达 1.15 倍额定相电流。

由以上分析可知，若将热元件串接在 △ 接法电动机的电源进线中，且按电动机的额定电流来选择热继电器，当故障线电流达到额定电流时，在电动机绕组内部，非故障相流过的电流将超过其额定电流，而流过热继电器的电流却未超过热继电器的整定值，热继电器不会动作，但电动机的绕组可能会烧毁。

为给 △ 接法的电动机实行断相保护，因此要求热继电器还应具备断相保护功能。JR16 系列中部分热继电器带有差动式断相保护装置，其结构及工作原理如图 1-34 所示。热继电器的导板采用差动机构，在发生断相故障时，该相（故障相）主双金属片逐渐冷却，向右移动，并带动内导板同时右移。这样，内导板和外导板产生了差动放大作用，通过杠杆的放大作用使继电器迅速动作，切断控制电路，使电动机得到保护。

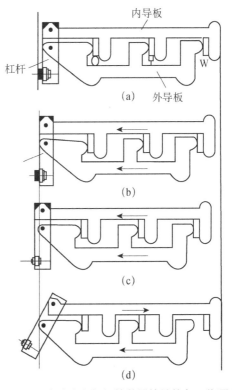

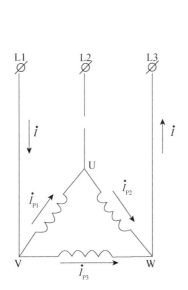

图 1-33　电动机 △ 连接 U 相断线时电流情况　　图 1-34　差动式断相保护装置的结构与工作原理

3. 热继电器的保护特性

热继电器具有反时限保护特性，所谓反时限特性是指电器的延时动作时间随通过电路电流的增加而缩短。热继电器的保护特性见表 1-23。

表 1-23　热继电器的保护特性

序号	整定电流倍数	动作时间	试验条件
1	1.05	<2h	冷态
2	1.2	>2h	热态
3	1.6	≥2min	热态
4	6	5s	冷态

由表 1-23 可知，整定电流倍数越大（即过载电流越大），容许过载的时间越短。为了最大限度地发挥电动机的过载能力，并非一发生过载便切断电源就好，为了适应电动机过载特性，又要起到过载保护作用，要求热继电器具有如同电动机容许过载特性那样的反时限特性。用两条曲线区域表示，如图 1-35 所示。这样，如果电动机发生过载，热继电器会在电动机尚未达到其容许过载极限之前动作，从而切断电动机电源，使之免遭损坏。由于各种误差的影响，电动机的过载特性和热继电器保护特性并不是一条曲线，而是一条"带子"。

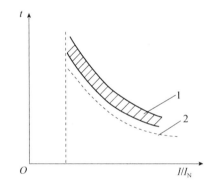

图 1-35　热继电器保护特性与电动机过载特性及其配合

1—电动机的过载特性；2—热继电器的保护特性。

4. 热继电器的选用

选用热继电器主要根据被保护电动机的工作环境、启动情况、负载性质、工作制及允许的过载能力等条件进行。以被保护电动机的工作制度为依据，对电动机的选择原则分述如下。

（1）当电动机为长期工作或间断长期工作制时

① 为保证热继电器在电动机启动过程中不产生误动作，选取热继电器在 $6I_N$ 下动作时间为 0.5～0.7 可返回时间的热继电器。$6I_N$ 下动作时间可在热继电器安秒特性上查得。

② 一般应使热继电器的额定电流略大于电动机的额定电流；热元件的整定电流一般为电动机额定电流的 0.95～1.05，若电动机拖动的是冲击性负载或启动时间较长，热继电器的整定电流值可取电动机额定电流的 1.1～1.5；若电动机的过载能力较差，热继电器的整定电流可取电动机额定电流的 0.6～0.8。

③ 电动机断相保护时热继电器的选择与电动机定子绕组的接线形式有关。

当电动机定子绕组为 Y 连接时，因为流过热继电器的电流即为流过电动机绕组的电流，所以热继电器可以如实地反映电动机的过载情况，因此，带断相保护和不带断相保护的热继电器均可实现对电动机断相保护。

当电动机定子绕组为△接法时，由前面的叙述已知，必须选用三相带断相保护的热继电器。

（2）当电动机为反复短时工作制时

热继电器用于反复短时工作制的电动机时应考虑热继电器的允许操作频率。当电动机启动电流为 $6I_N$、启动时间为 1s、电动机满载工作、通电持续率为 60% 时，每小时允许操作次数最高不超过 40 次。

对于正、反转频繁通断工作的电动机，不宜采用热继电器作过载保护，可选用埋入电动机绕组的温度继电器或热敏电阻来保护。

常用热继电器的主要技术数据见表 1-24。

表 1-24 常用热继电器的主要技术数据

| 型号 | 额定电压（V） | 额定电流（A） | 相数 | 热元件 | | | 断相保护 | 温度补偿 | 复位方式 | 动作灵活性检查装置 | 动作后的指示 | 触头数量 |
				最小规格（A）	最大规格（A）	挡数						
JR16（JR0）	380	20	3	0.25～0.35	14～22	12	有	有	手动或自动	无	无	1常闭，1常开
		60	3	14～22	10～63	4						
		150	3	40～63	100～160	4						
JR15		10		0.25～0.35	6.8～11	10	无					
		40	2	6.8～11	30～45	5						
		100		32～50	60～100	3						
		150		68～110	100～150	2						
JR20	660	6.3	3	0.1～0.15	5～7.4	14	无	有	手动或自动	有	有	1常闭，1常开
		16		3.5～5.3	14～18	6						
		32		8～12	28～36	6	有					
		63		16～24	55～71	6						
		160		33～47	144～170	9						
		250		83～125	167～250	4						
		400		130～195	267～400	4						
		630		200～300	420～630	4						

5. 热继电器的安装与使用

① 热继电器必须按照产品说明书中规定的方式安装。安装处的环境温度应与电动机所处环境温度基本相同。当与其他电器安装在一起时，应注意将热继电器安装在其他电器的下方，以免其动作特性受到其他电器发热的影响。

② 热继电器安装时应清除表面尘污，以免因接触电阻过大或电路不通而影响热继电器的动作性能。

③ 热继电器出线端的连接导线，应按表 1-25 的规定选用。这是因为导线的粗细和材料将影响到热元件端接点传导到外部热量的多少。导线过细，轴向导热性差，热继电器可能提前动作；反之，导线过粗，轴向导热快，热继电器可能滞后动作。

表 1-25 热继电器连接导线选用表

热继电器额定电流（A）	连接导线截面积（mm²）	连接导线种类
10	2.5	单股铜芯塑料线
20	4	单股铜芯塑料线
60	16	多股铜芯橡皮线

④ 使用中的热继电器应定期通电校验。此外，当发生短路事故后，应检查热元件是否已

发生永久变形。若已变形，则须通电校验。因热元件变形或其他原因致使动作不准确时，只能调整其可调部件，而绝不能弯折热元件。

⑤ 热继电器在出厂时均调整为手动复位方式，如果需要自动复位，只要将复位螺钉顺时针方向旋转 3～4 圈，并稍微拧紧即可。

⑥ 热继电器在使用中应定期用布擦拭尘埃和污垢，若发现双金属片上有锈斑，应用清洁棉布蘸汽油轻轻擦除，切忌用砂纸打磨。

6. 热继电器的常见故障及维修

热继电器的常见故障有热元件烧断、误动作、不动作和接触不良几种情况。

（1）热元件烧断

当热继电器负荷侧出现短路或电流过大时，会使热元件烧断。这时应切断电源检查线路，排除电路故障，重新选用合适的热继电器。更换后应重新调整整定电流值。

（2）热继电器误动作

误动作的原因有：整定值偏小，以致未出现过载就动作；电动机启动时间过长，引起热继电器在启动过程中动作；设备操作频率过高，使热继电器经常受到启动电流的冲击而动作；使用场合有强烈的冲击及振动，使热继电器操作机构松动而使常闭触点断开；环境温度过高或过低，使热继电器出现过载而误动作，或出现过载而不动作，这时应改善使用环境条件，使环境温度不高于+40℃，不低于-30℃。

（3）热继电器不动作

整定值调整得过大或动作机构卡住、推杆脱出等原因均会导致过载，使热继电器不动作。

（4）热继电器常闭触点接触不良

这时将会使整个电路不工作，应清除触点表面的灰尘或氧化物。

三、按钮

按钮是主令电器的一种。它是一种利用人体某一部分（一般为手指）来施加力而操作，并采用储能弹簧复位的一种控制开关。在低压电路中，用于远距离控制各种电磁开关，再由电磁开关去控制主电路的通断、功能转换或电气连续。

1. 按钮的型号及含义（见图 1-36）

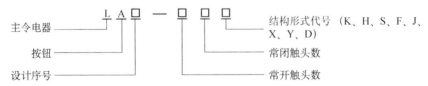

图 1-36 按钮的型号及含义

其中结构形式代号的含义如下：

K—开启式，适用于嵌装在操作板上；

H—保护式，带保护外壳，可防止内部零件受机械损伤或人偶然触及带电部分；

S—防水式，具有密封外壳，可防止雨水侵入；

F—防腐式，能防止腐蚀性气体进入；

J—紧急式，带有红色大蘑菇头（突出在外），作紧急切断电源用；

X—旋钮式，用旋钮旋转进行操作，有通和断两个位置；

Y—钥匙式，用钥匙插入进行操作，可防止误操作或供专人操作；

D—光标按钮，按钮内装有信号灯，兼作信号指示。

2. 按钮的外形及结构

控制按钮一般由按钮帽、复位弹簧、桥式动触头、静触头、支柱连杆及外壳等部分组成，如图 1-37 所示。

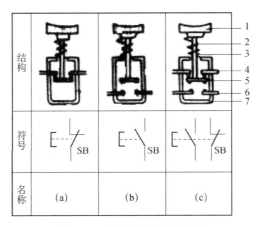

图 1-37　按钮的结构与符号

1—按钮帽；2—复位弹簧；3—支柱连杆；4—常闭触头；5—桥式动触头；6—常开静触头 ；7—外壳。

按钮按静态（不受外力作用）时触头的分合状态，可分为常开按钮（启动按钮）、常闭按钮（停止按钮）和复合按钮。

常开按钮在常态下触头是断开的，当按下按钮帽时，触头闭合；松开后，按钮自动复位。

常闭按钮在常态下其触头闭合，当按下按钮帽时，触头断开；松开后，按钮自动复位。

复合按钮是将常开和常闭按钮组合为一体，当按下复合按钮时，常闭触头先断开，常开触头后闭合；当按钮释放后，在恢复弹簧作用下按钮复原，复原过程中常开触头先恢复断开，常闭触头后恢复闭合。

目前，常用的控制按钮有 LA18、LA19、LA20、LA25、LAY3 系列。其中，LA18 系列采用积木式拼接装配基座，触头数目可按需要拼装，一般装成两常开两常闭，也可装成四常开、四常闭或六常开六常闭。在结构上有揿钮式、紧急式、钥匙式和旋钮式四种。

LA19 系列的结构类似于 LA18 系列，它只有一对常开和一对常闭触头，是具有信号灯装置的控制按钮，其信号灯可用于交、直流 6V 的信号电路。该系列按钮适用于交流 50Hz 或 60Hz、电压 380V 或直流 220V 及以下、额定电流不大于 5A 的控制电路，用于启动器、接触器、继电器的远距离控制。LA20 系列按钮也是组合式的，它除带有信号灯外，还有两个或三个元件组合为一体的开启式或保护式产品。它有一常开一常闭、二常开二常闭和三常开三常闭三种。

LA25 系列为通用型按钮的更新换代产品，采用组合式结构，插接式连接，可根据需要任意组合其触头数目，最多可组成 6 个单元。LA25 系列控制按钮的安装方式是钮头部分套穿过安装板，旋扣在底座上，板后用 M4 螺钉顶紧，所以安装方便牢固。按钮基座上设有防止旋转的止动件，可使按钮有固定的安装角度。

　　LAY3 系列按钮是根据德国西门子公司技术标准生产的产品，规格品种齐全。其结构形式与 LA18 系列相同，有的带有指示灯，适合工作在交流电压 660V 或直流电压 440V 以下、额定电流为 10A 的场合。

　　随着计算机技术的不断发展，又生产出用于计算机系统的新产品，如 SJL 系列弱电按钮，它具有体积小、操作灵敏等特点。

　　为了便于识别，避免发生误操作，生产中用不同的颜色和符号标志来区分按钮的功能及作用。按钮颜色的含义见表 1-26。

表 1-26　按钮颜色的含义

颜色	含义	说明	应用示例
红	紧急	紧急状态时操作	急停
黄	异常	异常状态时操作	干预、制止异常情况
绿	安全	正常状态准备时操作	启动
蓝	强制性的	要求强制动作状态时的操作	复位功能
灰			启动、停止
白	未赋予特定含义	除急停以外的一般功能的启动	启动（优先）、停止
黑			启动、停止（优先）

　　控制按钮在电路图中的符号如图 1-37 所示，其文字符号为 SB。

　　根据按钮的类型和用途不同，其符号也有变化，如图 1-38 所示为部分特殊按钮的符号。

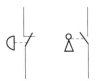

　　(a) 急停按钮　(b) 钥匙式操作按钮

图 1-38　部分特殊按钮的符号

3. 按钮的选择

　　① 根据使用场合和具体用途选择按钮的种类。例如，嵌装在操作板上的按钮可选用开启式；需要显示工作状态的选用光标式；在非常重要处，为防止无关人员误操作宜用钥匙操作式；在有腐蚀性气体处要用防腐式。

　　② 根据工作状态指示和工作情况要求，选择按钮或指示灯的颜色。例如，启动按钮可选用白、灰或黑色，优先选用白色，也允许选用绿色。急停按钮应选用红色。停止按钮可选用黑、灰或白色，优先选用黑色，也允许选用红色。

　　③ 根据控制回路的需要选择按钮的数量，如单联钮、双联按钮或三联按钮等。

　　常用按钮的主要技术数据见表 1-27。

表 1-27　常用按钮的主要技术数据

型号	形式	触头数量		信号灯		额定电压、电流和控制容量	按钮	
		常开	常闭	电压（V）	功率（W）		钮数	颜色
LA10—1	元件	1	1				1	黑、绿、红
LA10—1K	开启式	1	1				1	黑、绿、红
LA10—2K	开启式	2	2				2	黑、红或绿、红
LA10—3K	开启式	3	3				3	黑、绿、红
LA10—1H	保护式	1	1				1	黑、绿或红
LA10—2H	保护式	2	2				2	黑、红或绿、红
LA10—3H	保护式	3	3				3	黑、绿、红
LA10—1S	防水式	1	1				1	黑、绿或红
LA10—2S	防水式	2	2				2	黑、红或绿、红
LA10—3S	防水式	3	3				3	黑、绿、红
LA10—2F	防腐式	2	2				1	黑、红或绿、红
LA18—22	一般式	2	2				2	红、绿、黄、白、黑
LA18—44	一般式	4	4			电压：	1	红、绿、黄、白、黑
LA18—66	一般式	6	6			AC380V	1	红、绿、黄、白、黑
LA18—22J	紧急式	2	2			DC220V	1	红

型号	形式	触头数量		信号灯		额定电压、电流和控制容量	按钮	
		常开	常闭	电压（V）	功率（W）		钮数	颜色
LA18—22X₂	旋钮式	2	2			电流：	1	黑
LA18—44X	旋钮式	4	4			5A	1	黑
LA18—22Y	钥匙式	2	2			容量：	1	锁芯本色
LA19—11A	一般式	1	1			AC300VA	1	红绿、蓝、黄、白、黑
LA19—11D	指示式	1	1	6	<1	DC60W	1	红、绿、蓝、白、黑
LA20—11	一般式	1	1				1	红、绿、黄、蓝、白
1A20—3H	保护式	3	3				3	白、绿、红

4. 按钮的安装与使用

① 按钮安装在面板上时，应布置整齐、排列合理，如根据电动机启动的先后顺序，从上到下或从左到右排列。

② 同一机床运动部件有几种不同的工作状态时（如上、下、前、后、松、紧等），应使每一对相反状态的按钮安装在一组。

③ 按钮的安装应牢固，安装按钮的金属板或金属按钮盒必须可靠接地。

④ 由于按钮的触头间距较小，如有油污等极易发生短路故障，所以应注意保持触头间的清洁。

⑤ 光标按钮一般不宜用于长期通电显示处，以免塑料外壳过度受热而变形，使更换灯泡困难。

5. 按钮的常见故障及处理方法

按钮的常见故障及处理方法见表 1-28。

表 1-28　按钮的常见故障及处理方法

故障现象	可能的原因	处理方法
触头接触不良	（1）触头烧损 （2）触头表面有尘垢 （3）触头弹簧失效	（1）修整触头或更换产品 （2）清洁触头表面 （3）重绕弹簧或更换产品
触头间短路	（1）塑料受热变形，导致接线螺钉相碰短路 （2）杂物或油污在触头间形成通路	（1）更换产品，并查明发热原因，如灯泡发热所致，可降低电压 （2）清洁按钮内部

四、具有过载保护的接触器自锁正转控制线路的工作原理

如图 1-39 所示，是一个点动正转控制线路。它是用按钮、接触器来控制电动机运转的最简单的正转控制线路。

在要求电动机启动后能连续运转时，采用点动正转控制线路显然是不行的。为实现电动机的连续运转，可采用如图 1-40 所示的接触器自锁控制线路。这种线路的主电路和点动控制线路的主电路相同，但在控制电路中又串接了一个停止按钮，在启动按钮 SB1 的两端并接了接触器 KM 的一对常开辅助触头。

在接触器自锁正转控制线路中，由熔断器 FU 作短路保护，由接触器 KM 作欠压和失压保护，但还不够。因为电动机在运行过程中，如果长期负载过大，或启动操作频繁，或者缺相运行等原因，都可能使电动机定子绕组的电流增大，超过其额定值。而在这种情况下，熔断器往往并不熔断，从而引起定子绕组过热，使温度升高，若温度超过允许温升就会使绝缘损坏，缩短电动机的使用寿命，严重时甚至会使电动机的定子绕组烧毁。因此，对电动机还

必须采取过载保护措施。过载保护是指当电动机出现过载时能自动切断电源，使电动机停转的一种保护。最常用的过载保护是由热继电器来实现的。具有过载保护的接触器自锁正转控制线路如图 1-41 所示。此线路与接触器自锁正转控制线路的区别是增加了一个热继电器 FR，并把其热元件串接在三相主电路中，把常闭触头串接在控制电路中。

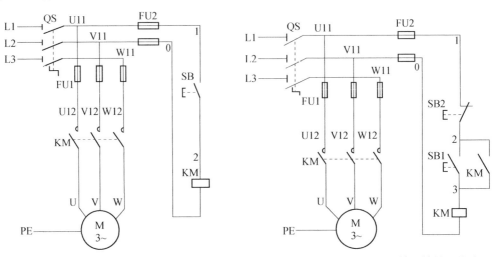

图 1-39　点动正转控制线路　　　　　图 1-40　接触器自锁正转控制线路

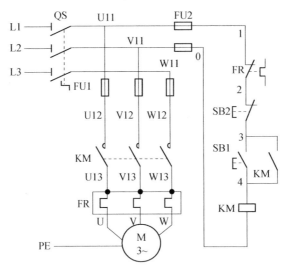

图 1-41　具有过载保护的接触器自锁正转控制线路

线路启动的工作原理如下：先合上电源开关 QS。

启动：按下SB1 → KM线圈得电 → KM主触头闭合 → 电动机M启动连续运转
　　　　　　　　　　　　　 → KM常开辅助触头闭合

当松开 SB1，其常开触头恢复分断后，因为接触器 KM 的常开辅助触头闭合时已将 SB1 短接，控制电路仍保持接通，所以 KM 继续得电，电动机 M 实现连续运转。像这种当松开启动按钮 SB1 后，接触器 KM 通过自身常开辅助触头而使线圈保持得电的控制叫作自锁。与启动按钮 SB1 并联起自锁作用的常开辅助触头叫自锁触头。

线路停止的工作原理如下：

停止：按下SB2 ——→ KM线圈失电 ——→ KM主触头分断 ———→ 电动机M失电停转

——→ KM自锁触头恢复断开

当松开 SB2，其常闭触头恢复闭合后，因 KM 的自锁触头在切断控制电路时已分断，解除了自锁，SB1 也是分断的，所以 KM 不能得电，电动机 M 也不会转动。

自锁控制不但能使电动机连续运转，而且还有一个重要的特点，就是具有欠压和失压（或零压）保护作用。

1. 欠压保护

"欠压"是指线路电压低于电动机应加的额定电压。"欠压保护"是指当线路电压下降到某一数值时，电动机能自动脱离电源停转，避免电动机在欠压下运行的一种保护。采用接触器自锁控制线路就可避免电动机欠压运行。因为当线路电压下降到一定值（一般指低于额定电压 85%以下）时，接触器线圈两端的电压也同样下降到此值，从而使接触器线圈磁通减弱，产生的电磁吸力减小。当电磁吸力减小到小于反作用弹簧的拉力时，动铁芯被迫释放，主触头、自锁触头同时分断，自动切断主电路和控制电路，电动机失电停转，达到了欠压保护的目的。

2. 失压（或零压）保护

失压保护是指电动机在正常运行时，由于外界某种原因引起突然断电时，能自动切断电动机电源，当重新供电时，保证电动机不能自行启动的一种保护。接触器自锁控制也可实现失压保护。因为接触器自锁触头和主触头在电源断电时已经断开，使控制电路和主电路都不能接通，所以在电源恢复供电时，电动机就不会自行启动运转，保证了人身和设备的安全。

3. 过载保护

如果电动机在运行过程中，由于过载或其他原因使电流超过额定值，那么经过一定时间，串接在主电路中热继电器的热元件因受热发生弯曲，通过动作机构使串接在控制电路中的常闭触头分断，切断控制电路，接触器 KM 的线圈失电，其主触头、自锁触头都恢复断开，电动机 M 失电停转，达到了过载保护的目的。

需要指出的是，在照明、电加热等电路中，熔断器 FU 既可作短路保护，也可作过载保护。但对三相异步电动机控制线路来说，熔断器只能用作短路保护。因为三相异步电动机的启动电流很大（全压启动时的启动电流能达到额定电流的4~7 倍），若用熔断器作过载保护，则熔断器的额定电流就应等于或略大于电动机的额定电流，这样电动机在启动时，由于启动电流大大超过了熔断器的额定电流，使熔断器在很短的时间内熔断，造成电动机无法正常启动。所以熔断器只能作短路保护，熔体额定电流应取电动机额定电流的 1.5~2.5 倍。

同样，热继电器在三相异步电动机控制线路中也只能作过载保护，不能作短路保护。因为热继电器的热惯性大，即热继电器的双金属片受热膨胀弯曲需要一定的时间。当电动机发生短路时，由于短路电流很大，热继电器还没来得及动作，供电线路和电源设备可能已经损坏。而在电动机启动时，由于启动时间很短，热继电器还未动作，电动机已启动完毕，总之，热继电器与熔断器两者所起的作用不同，不能相互代替。

环境设备（二）

（1）电工常用工具

测电笔、螺钉旋具、尖嘴钳、斜口钳、剥线钳、电工刀等。

（2）仪表

5050 型兆欧表、T301-A 型钳形电流表、MF-47 型万用表。

（3）器材

① 控制网板一块（500mm×400mm×10mm）。

② 导线规格：主电路采用 BV1.5mm²（黑色）塑铜线；控制电路采用 BV1.0mm²（红色）塑铜线；按钮线采用 BVR0.75mm²（绿色）塑铜线；接地线采用 BVR（黄绿双线）塑铜线，截面至少 1.5mm²；导线数量按板前明线布线方式预定若干；紧固件及编码套管若干。

③ 电器元件见表 1-29。

表 1-29　具有过载保护的接触器自锁正转控制线路元件明细表

代号	名称	型号	规格	数量
M	三相异步电动机	Y112M—4	4kW、380V、8.8A、Y接法、1440r/min	1
QS	组合开关	HZ10—25/3	三极、380V、25A	1
FU1	熔断器	RL1—60/25	60A、配熔体25A	3
FU2	熔断器	RL1—15/2	15A、配熔体2A	2
KM	接触器	CJ10—20	20A、线圈电压380V	1
FR	热继电器	JR16—20/3	三极、20A、整定电流8.8A	1
SB1、SB2	按钮	LA10—3H	保护式、按钮数3	1
XT	端子板	JD0—1020	380V、10A、20 节	1

操作指导（二）

安装调试具有过载保护的接触器自锁正转控制线路。

1. 安装步骤及工艺要求

识读具有过载保护的接触器自锁正转控制线路（见图 1-41），明确线路所用电器元件及作用，熟悉线路的工作原理。

按表 1-29 配齐所用电器元件，并进行检验。

① 电器元件的技术数据（如型号、规格、额定电压、额定电流等）应完整并符合要求，外观无损伤，备件、附件齐全完好。

② 电器元件的电磁机构动作是否灵活，有无衔铁卡阻等不正常现象。用万用表检查电磁线圈的通断情况以及各触头的分合情况。

③ 接触器线圈额定电压与电源电压是否一致。

④ 对电动机的质量进行常规检查。

在控制板上按布置图（见图 1-42）安装电器元件，并贴上醒目的文字符号。工艺要求如下：

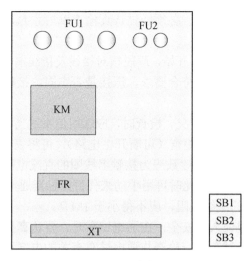

图 1-42 元件布置图

① 组合开关、熔断器的受电端子应安装在控制板的外侧，并使熔断器的受电端为底座的中心端。

② 各元件的安装位置应整齐、匀称，间距合理，便于元件的更换。

③ 紧固元件时用力要均匀，紧固程度要适当。在紧固熔断器、接触器等易碎裂元件时，应用手按住元件一边轻轻摇动，一边用旋具轮换旋紧对角线上的螺钉，直到手摇不动后再适当旋紧些即可。

依据电路图按板前明线布线的工艺要求进行布线。

板前明线布线的工艺要求如下：

① 布线通道尽可能少，同路并行导线按主、控电路分类集中，单层密排，紧贴安装面布线。

② 同一平面的导线应高低一致或前后一致，不能交叉。非交叉不可时，该根导线应在接线端子引出时，就水平架空跨越，但必须走线合理。

③ 布线应横平竖直，分布均匀。变换走向时应垂直。

④ 布线时严禁损伤线芯和导线绝缘。

⑤ 布线顺序一般以接触器为中心，由里向外，由高至低，先控制电路，后主电路进行，以不妨碍后续布线为原则。

⑥ 在每跟剥去绝缘层导线的两端套上编码套管。所有从一个接线端子（或接线柱）到另一个接线端子（或接线柱）的导线必须连续，中间无接头。

⑦ 导线与接线端子或接线桩连接时，不得压绝缘层、不反圈及不露铜过长。

⑧ 同一元件、同一回路的不同接点的导线间距离应保持一致。

⑨ 一个电器元件接线端子上的连接导线不得多于两根，每节接线端子板上的连接导线一般只允许连接一根。

安装电机及外部接线：

① 根据电路图检查控制板布线的正确性。

② 安装电动机。

③ 连接电动机和按钮金属外壳的保护接地线。

④ 连接电源、电动机等控制板外部的导线。

自检。安装完毕的控制线路板，必须经过认真检查以后才允许通电试车，以防止错接、漏接造成不能正常运转或短路事故。

① 按电路图或接线图从电源端开始，逐段核对接线及接线端子处线号是否正确，若无错接、漏接之处。检查导线接点是否符合要求，压接是否牢固。接触应良好，以免带负载运行时产生闪弧现象。

② 用万用表检查线路的通断情况。检查时，应选用倍率适当的电阻挡，并进行校零，以防短路故障的发生。对控制电路的检查（可断开主电路），可将表棒分别搭在 U11、V11 线端上，读数应为"∞"。按下 SB 时，读数应为接触器线圈的直流电阻值。然后断开控制电路再检查主电路有无开路或短路现象，此时可用手动来代替接触器通电进行检查。

③ 用兆欧表检查线路的绝缘电阻，应不得小于 $1M\Omega$。

交验，通电试车。为保证人身安全，在通电试车时，要认真执行安全操作规程的有关规定，一人监护，一人操作。试车前应检查与通电试车有关的电气设备是否有不安全的因素存在，若查出应立即整改，然后才能试车。

① 通电试车前，必须征得教师同意，并由教师接通三相电源 L1、L2、L3，同时在现场监护。学生合上电源开关 QS 后，用测电笔检查熔断器出线端，氖管亮说明电源接通。按下 SB1 观察接触器情况是否正常，是否符合线路功能要求；观察电器元件动作是否灵活，有无卡阻及噪声过大等现象；观察电动机运行是否正常等。但不得对线路接线进行带电检查。观察过程中，若有异常现象应立即停车。当电动机运转平稳后，用钳形电流表测量三相电流是否平衡。

② 试车成功率以通电后第一次按下启动按钮时计算。

③ 出现故障后，由教师指导学生检修。若需要带电检查时，学生一定不许独立进行。检修完毕后，如需要再次试车，也应该由教师现场监护进行，并做好时间记录。

④ 通电试车完毕，停转，切断电源。先拆除三相电源线，再拆除电动机线。

2. 注意事项

① 电动机及按钮的金属外壳必须可靠接地。接至电动机的导线必须穿在导线通道内加以保护，或采用坚韧的四芯橡皮线或塑料护套线进行临时通电校验。

② 电源进线应接在螺旋式熔断器的下接线座上，出线则应接在上接线座上。

③ 热继电器的热元件应串接在主电路中，其常闭触头应串接在控制电路中。

④ 热继电器的整定电流应按电动机的额定电流自行调整，绝对不允许弯折双金属片。

⑤ 在一般情况下，热继电器应置于手动位置上。若需要自动复位时，可将复位调节螺钉沿顺时针方向向里旋足。

⑥ 热继电器因电动机过载动作后，若需要再次启动电动机，必须待热元件冷却后，才能使热继电器复位。一般自动复位时间不大于 5min，手动复位时间不大于 2min。

⑦ 按钮内接线时，用力不可过猛，以防螺钉打滑。

⑧ 编码套管套装要正确。

⑨ 启动电动机时，在按下启动按钮 SB1 的同时，还必须按住停止按钮 SB2，以保证万一出现故障时可立即按下停止按钮停车，以防止事故扩大。

质量评价标准（二）

实训考核及成绩评定评分标准见表 1-30。

表 1-30　评分标准

项目内容	配分	评分标准	扣分
装前检查	5	电器元件漏检或错检，每处扣 1 分	
安装元件	15	（1）不按布置图安装，扣 15 分 （2）元件安装不牢固，每只扣 4 分 （3）元件安装不整齐、不匀称、不合理，每只扣 3 分 （4）损坏元件，每只扣 15 分	
布线	40	（1）不按电路图接线，扣 25 分 （2）布线不符合要求：主电路，每根扣 4 分 　　　　　　　　　　控制电路，每根扣 3 分 （3）接点松动、露铜过长、反圈等，每个扣 1 分 （4）损伤导线绝缘或线芯，每根扣 5 分 （5）编码套管套装不正确，每处扣 1 分 （6）漏接接地线，扣 10 分	
通电试车	40	（1）热继电器未整定或整定错误，扣 10 分 （2）熔体规格选用不当，扣 10 分 （3）第一次试车不成功，扣 20 分 　　　第二次试车不成功，扣 30 分 　　　第三次试车不成功，扣 40 分	
安全文明生产		违反安全文明生产规程，扣 5～40 分	
定额时间 2h		每超时 5min 扣 5 分	
备注		除定额时间外，各项目的最高扣分不应超过配分	成绩
开始时间		结束时间	实际时间

拓展与提高

机床设备在正常工作时，一般需要电动机处在连续运转状态。但在试车或调整刀具与工件的相对位置时，又需要电动机能点动控制，实现这种工艺要求的线路是连续与点动混合正转控制线路，请学生根据前面已学过的点动和连续运行控制电路，比较、组合、设计出连续与点动混合正转控制电路。

1. 提示

考虑用一手动开关 SA 去控制自锁电路，当 SA 闭合或打开时，就可实现电动机的连续或点动控制。

2. 要求

① 电路要具备必要的短路、过载保护措施。

② 电路中各元器件的使用要符合实际要求。

③ 电路设计好之后，分析其工作原理，要求原理符合实际运行需要。

如图 1-43（a）所示，在接触器自锁正转控制线路的基础上，把手动开关 SA 串接在自锁电路中，就可以通过 SA 的闭合或打开来实现电路的连续或者点动运行。

另外，通过按钮控制也可以实现电路的连续和点动混合控制。如图 1-43（b）所示线路，是在自锁正转控制线路的基础上，增加了一个复合按钮 SB3，来实现点动与连续混合正转控制的。SB3 的常闭触头应与 KM 的自锁触头串接。

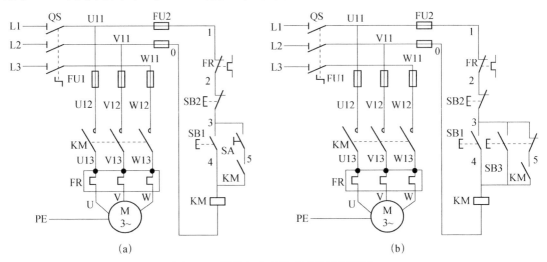

图 1-43　连续与点动混合正转控制线路

3. 线路的工作原理

先合上电源开关 QS。

（1）连续控制

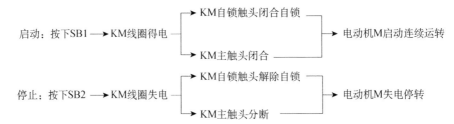

（2）点动控制

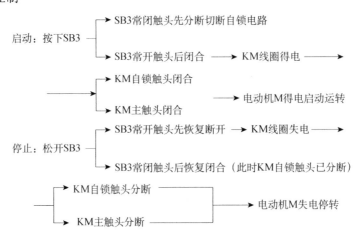

复习题

1. 交流接触器主要由哪几部分组成？并简述交流接触器的工作原理。

2. 直流接触器与交流接触器相比，结构上有哪些特点？

3. 什么是热继电器？它有哪些用途？

4. 什么叫电动控制？试分析判断图 1-44 所示各控制电路能否实现点动控制？若不能，试分析说明原因，并加以改正。

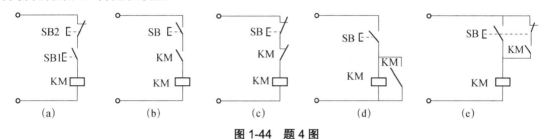

图 1-44 题 4 图

5. 什么叫自锁控制？试分析判断图 1-45 所示各控制电路能否实现自锁控制？若不能，试分析说明原因，并加以改正。

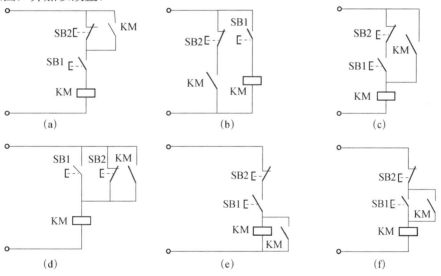

图 1-45 题 5 图

6. 某机床主轴电动机型号为 Y132S—4，额定功率为 5.5kW，电压为 380V，电流为 11.6A，定子绕组采用△接法，启动电流为额定电流的 6.5 倍。若采用组合开关作为电源开关，用按钮、接触器控制电动机的运行，并需要有短路和过载保护。试选择所用的组合开关、按钮、接触器、熔断器和热继电器的型号和规格。

7. 板前明线布线的工艺要求是什么？

任务三　三相异步电动机接触器联锁正反转控制线路的安装与调试

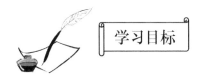

学习目标

知识目标：

① 掌握三相异步电动机接触器联锁正反转控制线路的工作原理。
② 熟悉线路的安装、调试过程和工艺要求。
③ 掌握板前线槽布线的工艺要求。

能力目标：

① 培养学生综合分析电路的能力。
② 培养学生运用技巧安装布线的能力。
③ 培养学生比较、分析、归纳、总结问题以及动手解决实际问题的能力。

情感目标：

① 培养学生严谨、认真、职业的工作态度。
② 培养学生敢于创新、勇于竞争的思想意识。
③ 增强学生文明操作、安全生产的工作意识。

学习任务

　　正转控制线路只能使电动机朝一个方向旋转，带动生产机械的运动部件朝一个方向运动。但许多生产机械往往要求运动部件能向正反两个方向运动。如机床工作台的前进与后退、万能铣床主轴的正转与反转、起重机的上升与下降等，这些生产机械要求电动机能实现正反转控制。我们把这些能实现电动机正反转控制的线路统称三相异步电动机正反转控制线路。

　　三相异步电动机接触器联锁正反转控制线路即是其中的一种。我们要学会分析这个电路的工作原理，并且要安装、调试这个电路。任务要求：

　　① 根据电动机的额定参数合理选择低压电器，并对元器件的质量好坏进行检验，核对元器件的数量。

　　② 在规定时间内，依据电路图，按照板前线槽布线的工艺要求，运用技巧安装布线；准确、安全地连接电源，在教师的监护下通电试车。

　　③ 正确使用工具、仪表，安装质量要可靠，安装、布线技术要符合工艺要求。

　　④ 要做到安全操作、文明生产。

一、分析线路

当改变通入电动机定子绕组的三相电源的相序，即把接入电动机三相电源进线中的任意两相对调接线时，电动机就可以反转。常用的正反转控制线路有：倒顺开关正反转控制线路，接触器联锁的正反转控制线路，按钮联锁的正反转控制线路以及按钮、接触器双重联锁的正反转控制线路等。如图 1-46 所示为倒顺开关正反转控制电路图。

线路的工作原理是：操作倒顺开关 QS，当手柄处于"停"位置时，QS 的动、静触头不接触，电路不通，电动机不转；当手柄扳至"顺"位置时，QS 的动触头和左边的静触头相接触，电路按 L1—U、L2—V、L3—W 接通，输入电动机定子绕组的电源电压相序为 L1—L2—L3，电动机正转；当手柄扳至"倒"位置时，QS 的动触头和右边的静触头相接触，电路按 L1—W、L2—V、L3—U 接通，输入电动机定子绕组的电源相序变为 L3—L2—L1，电动机反转。

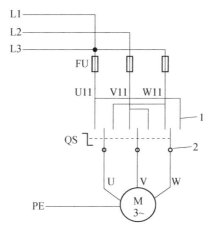

图 1-46　倒顺开关正反转控制电路图

1—静触头；2—动触头

必须要注意的是，当电动机出现于正转运行状态时，要使它反转，必须先把手柄扳到"停"的位置，使电动机先正转停车，然后，再把手柄扳到"倒"的位置，使它反转。同样，要把电动机从反转切换到正转状态时，也要先把手柄扳到"停"位置，然后再切换到正转运行。若直接把手柄由"顺"扳至"倒"的位置，或直接由"倒"扳至"顺"位置，都会使电动机的定子绕组中因为电源突然反接而产生很大的反接电流，易使电动机定子绕组因过热而损坏。

倒顺开关正反转控制线路虽然所用电器较少，线路简单，但它是一种手动控制线路，在频繁换向时，操作人员劳动强度大，最重要的是倒顺开关没有专门的灭弧装置，在换向时容易因电弧产生电源短路事故，操作非常不安全，所以这种线路一般用于控制额定电流 10A、功率在 3kW 及以下的小容量电动机。在生产实践中更常用的是接触器联锁的正反转控制线路。

接触器联锁的正反转控制线路如图 1-47 所示。

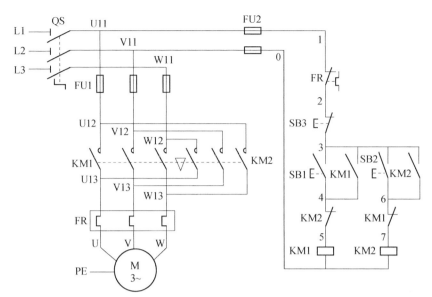

图 1-47 接触器联锁的正反转控制线路

线路中采用了两个接触器，即正转用的接触器 KM1 和反转用的接触器 KM2，它们分别由正转按钮 SB1 和反转按钮 SB2 控制。从主电路图中可以看出，这两个接触器的主触头所接通的电源相序不同，KM1 按 L1—L2—L3 相序接线，KM2 则按 L3—L2—L1 相序接线。相应的控制电路有两条，一条是由按钮 SB1 和 KM1 线圈等组成的正转控制电路；另一条是由按钮 SB2 和 KM2 线圈等组成的反转控制电路。

必须指出，KM1 和 KM2 的主触头绝不允许同时闭合，否则将造成两相电源（L1 相和 L3 相）短路事故。为了避免两个 KM1 和 KM2 同时得电动作，就在正、反转控制电路中分别串接了对方接触器的一对常闭辅助触头，这样，当一个接触器得电动作时，通过其常闭辅助触头使另一个接触器不能得电动作，接触器间这种相互制约的作用叫做接触器联锁（或互锁）。实现联锁作用的常闭辅助触头称为联锁触头（或互锁触头），联锁符号用"▽"表示。

线路的工作原理如下：先合上电源开关 QS。

1. 正转控制

2. 反转控制

停止时，按下停止按钮 SB3→控制电路失电→KM1（或 KM2）主触头分断→电动机 M 失电停转。

总结这种线路，优点是工作安全可靠，缺点是操作不方便。因电动机从正转变为反转时，必须先按下停止按钮后，才能按反转启动按钮，否则由于接触器的联锁作用，不能实现反转。

二、板前线槽布线的工艺要求

前面介绍的三相异步电动机正转控制线路，在安装电路时都采用板前明线布线。但在实际使用中，更多的场合需要采用板前线槽布线，比如：常用的机床电路、生产机械的电气设备电路等。下面介绍一下板前线槽布线的工艺要求。

① 所有导线的截面积在大于或等于 0.5mm² 时，必须采用软线。考虑机械强度的原因，所用导线的最小截面积，在控制箱外为 1mm²，在控制箱内为 0.75mm²。但对控制箱内很小电流的电路连线，如电子逻辑电路，可用 0.2mm²，并且可以采用硬线，但只能用于不移动又无振动的场合。

② 布线时，严禁损伤线芯和导线绝缘。

③ 各电器元件接线端子引出导线的走向，以元件的水平中心线为界线，在水平中心线以上接线端子引出的导线，必须进入元件上面的走线槽；在水平中心线以下接线端子引出的导线，必须进入元件下面的走线槽。任何导线都不允许从水平方向进入走线槽内。

④ 各电器元件接线端子上引出或引入的导线，除间距很小和元件机械强度很差允许直接架空敷设外，其他导线必须经过走线槽进行连接。

⑤ 进入走线槽内的导线要完全置于走线槽内，并应尽可能避免交叉，装线不要超过其容量的 70%，以便于能盖上线槽盖和以后的装配及维修。

⑥ 各电器元件与走线槽之间外露的导线，应走线合理，并尽可能做到横平竖直，变换走向要垂直。同一个元件上位置一致的端子和同型号电器元件中位置一致的端子上引出或引入的导线，要敷设在同一平面上，并应做到高低一致或前后一致，不得交叉。

⑦ 所有接线端子、导线线头上都应套有与电路图上相应接点线号一致的编码套管，并按线号进行连接，连接必须牢靠，不得松动。

⑧ 在任何情况下，接线端子必须与导线截面积和材料性质相适应。当接线端子不适合连接软线或较小截面积的软线时，可以在导线端头轧上针形或叉形接头并压紧。

⑨ 一般一个接线端子只能连接一根导线，如果采用专门设计的端子，可以连接两根或多根导线，但导线的连接方式，必须是公认的、在工艺上成熟的各种方式，如夹紧、压接、焊接、绕接等，并应严格按照连接工艺的工序要求进行。

（1）电工常用工具

测电笔、螺钉旋具、尖嘴钳、斜口钳、剥线钳、电工刀等。

（2）仪表

5050 型兆欧表、T301—A 型钳形电流表、MF—47 型万用表。

（3）器材

① 控制网板一块（500mm×400mm×10mm）。

② 导线规格：动力电路采用 BVR1.5mm^2（黑色）塑铜线；控制电路采用 BVR1.0mm^2（红色）塑铜线；按钮线采用 BVR0.75mm^2（黄色）塑铜线；接地线采用 BVR（黄绿双线）塑铜线，截面至少 1.5mm^2；导线数量按板前线槽布线方式预定若干。紧固件及编码套管若干。

③ 电器元件见表 1-31。

表 1-31　接触器联锁的正反转控制线路元件明细表

代号	名称	型号	规格	数量
M	三相异步电动机	Y112M—4	4kW、380V、8.8A、Y接法、1440r/min	1
	电源开关			
	熔断器			
	熔断器			
	交流接触器			
	热继电器			
SB1～SB3	按钮			
	端子板			

操作指导

安装调试接触器联锁的正反转控制线路。

1. 装步骤及工艺要求

① 识读接触器联锁的正反转控制线路（见图 1-47），明确线路所用电器元件及作用，熟悉线路的工作原理。

② 按照电动机的额定参数，参照电气原理图，计算所需电器元件的数量、型号、规格，把相应参数填入表 1-33 中。配齐所用电器元件，并检验其质量好坏。

③ 绘制布置图，经教师检查合格后，在控制板上按布置图固装电器元件和走线槽，并贴上醒目的文字符号。安装元件时，组合开关、熔断器的受电端子应安装在控制板的外侧；元件排列要整齐、匀称、间距合理，且便于元件的更换；紧固电器元件时用力要均匀，紧固程度要适当，做到既要使元件安装牢固，又不损坏元件。安装走线槽时，应做到横平竖直，排列整齐均匀、安装牢固和便于接线等。

④ 布线。

布线技巧：

在对简单线路安装布线时，我们可以按照电路图从控制电路到主电路，以顺序渐进的方式进行，但当对复杂电路布线时，若我们还按照这种习惯方式进行就会出现很多问题，比如：花费的时间很长，超过定额时间；安装的电路出现漏接线或重复接线，使准确率大大下降等。更重要的一点是，这种循规蹈矩、不讲科学发展观的做事态度，会跟不上科技发展的进步，很容易被社会淘汰。

所以，当学习到相对复杂的正反转控制电路，在安装布线时，我们要总结规律，善于发现，寻求一种合理的布线方法，即运用技巧对线路进行安装布线。

运用技巧安装的线路，要达到"准"、"快"、"省"、"美"四个标准。其中"准"字体现的是线路安装的准确性；"快"就是要在定额时间内完成，而且是在保证正确、合理的情况下，越快越好；"省"指的是节省材料（导线），节省时间；"美"，当控制线路安装好之后，要保证整个电路结构美观大方、整洁实用。

为了达到以上四个标准的要求，我们就必须运用技巧安装线路，即布线三原则。分别是顺序原则、优先原则和就近原则。

① 顺序原则，就是指按照线号顺序布线。比如，以控制电路为例，如图 1-47 所示，控制电路中的所有线号从 0 开始，依次为 1，2，3……一直到 7 结束。在对控制电路布线时，我们就可以按照这个线号顺序依次连线。需要注意的是，属于一个线号的所有接线点，在连线时要一次完成。如 4 号线，从电路图中可以看出，属于这个线号的点有三个，分别是 SB1 的出线座、自锁触头 KM1 常开辅助触头的出线座，还有联锁触头 KM2 常闭辅助触头的进线座。当连接到 4 号线时，要把这三个点全部连接完毕。对于控制电路的布线顺序是：从 0 号线开始，依次为 1—2—3—4—5—6—7。

② 优先原则，指的是属于同一线号的同一个元件上的接线点可以优先连接。如图 1-47 所示，以控制电路中的 3 号线为例，首先观察电路，属于 3 号线的接线点有 5 个，分别是：停止按钮 SB3 的出线座、正转启动按钮 SB1 的进线座、正转自锁触头 KM1 常开辅助触头的进线座、反转启动按钮 SB2 的进线座以及反转自锁触头 KM2 常开辅助触头的进线座。当对这 5 个点连线时，如果我们按照电路图从左到右、从上至下的顺序接线，要经过三次接线端子的中转，既浪费时间，又浪费导线，还容易出现重复接线的现象。所以，按照优先原则连线会方便得多。

再观察这 5 个点，其中有三个点集中在同一个元件（盒式按钮上），它们分别是 SB3、SB1 和 SB2。现在，按照优先原则先把这三个点用很短的导线段、很短的时间、一次性在按钮上连接好，连接时要注意，其中停止按钮 SB3 是一个出线座，即是一个唯一点，而其他两个按钮点，都是进线座，属于任意点，在实物上要准确找到对应点。

③ 就近原则，当把这三个点连接好之后，再按照就近原则把剩下的两个 3 号点，即 KM1 和 KM2 常开辅助触头的进线座进行连线。因为 KM1 和 KM2 的这两个点都属于 3 号线，而且，它们在实际位置上距离较近。所以就近原则具体地说，就是把同属于一个线号、不属于同一个元件、但在实际位置上距离近的点就近连接。

2. 注意事项

① 螺旋式熔断器的接线要正确，以确保用点安全。

② 接触器联锁触头接线必须正确，否则将会造成主电路中两相电源短路事故。

③ 通电试车时，应先合上 QS，再按下 SB1（或 SB2）及 SB3，看控制过程是否正常，并在按下 SB1 后再按下 SB2，体会联锁控制作用。

④ 训练应在规定的定额时间内完成，同时要做到安全操作和文明生产。训练结束后，安装的控制板留用。

⑤ 运用布线技巧安装好电路之后，根据图 1-47 所示电气原理图检查控制板布线的正确性和合理性。

⑥ 可靠连接电动机和按钮金属外壳的保护接地线。

⑦ 连接电源、电动机等控制板外部的导线。导线要采用绝缘良好的橡皮线进行通电校验。

⑧ 自检。安装完毕的控制线路板，必须按要求进行认真检查，确保无误后才允许通电试车。

⑨ 交验合格后，通电试车。通电时，必须经指导教师同意后，由指导教师接通电源，并

在现场进行监护。出现故障后，若需要带电检查，也必须有教师在现场监护。

⑩ 通电试车完毕，停转、切断电源。先拆除三相电源线，再拆除电动机负载线。

质量评价标准

实训考核及成绩评定（评分标准）见表 1-32。

表 1-32　评分标准

项目内容	配分	评分标准	扣分
装前检查	15	(1) 电动机质量检查，每漏一处扣 5 分 (2) 电器元件漏检或错检，每处扣 2 分	
安装元件	15	(1) 不按布置图安装，扣 15 分 (2) 元件、线槽安装不牢固，每只扣 3 分 (3) 安装元件时漏装木螺钉，每只扣 2 分 (4) 元件安装不整齐、不匀称、不合理，每只扣 3 分 (5) 损坏元件，扣 15 分	
布线	30	(1) 不按电路图接线，扣 25 分 (2) 布线不符合工艺要求，每根扣 3 分 (3) 布线不符合技巧，每根扣 3 分 (4) 接点松动、露铜过长、压绝缘层、反圈等，每处扣 1 分 (5) 损伤导线绝缘或线芯，每根扣 5 分 (6) 漏套或错套编码套管，每处扣 2 分 (7) 漏接接地线，扣 10 分	
通电试车	40	(1) 热继电器未整定或整定值错误，扣 5 分 (2) 熔体规格配错，主、控电路各扣 5 分 (3) 第一次试车不成功，扣 20 分 　　第二次试车不成功，扣 30 分 　　第三次试车不成功，扣 40 分	
安全文明生产		违反安全文明生产规程，扣 5～40 分	
定额时间 3h		每超时 5min 扣 5 分	
备注		除定额时间外，各项目的最高扣分不应超过配分数	成绩
开始时间		结束时间	实际时间

拓展与提高

接触器联锁正反转控制线路的优点是工作安全可靠，缺点是操作不方便。因电动机从正转变为反转时，必须先按下停止按钮后，才能按反转启动按钮，否则由于接触器的联锁作用，不能实现反转。为克服此线路的不足，可采用按钮联锁的正反转控制线路，如图 1-48 所示。

线路中，把正转按钮 SB1 和反转按钮 SB2 换成两个复合按钮，并使两个复合按钮的常闭触头代替接触器的联锁触头。按钮联锁的正反转控制线路与接触器联锁的正反转控制线路的工作原理基本相同，只是当电动机从正转变为反转时，直接按下反转按钮 SB2 即可实现，不必先按停止按钮 SB3。因为当按下反转按钮 SB2 时，串接在正转控制电路中 SB2 的常闭触头先分断，使正转接触器 KM1 的线圈失电，KM1 的主触头和自锁触头分断，电动机 M 失电，惯性运转。SB2 的常闭触头分断后，其常开触头才随后闭合，接通反转控制电路，电动机 M 便反转。这样既保证了 KM1 和 KM2 的线圈不会同时通电，又可不按停止按钮而直接按反转按钮实现反转。同样，若使电动机从反转运行变为正转运行时，也只要直接按下正转按钮 SB1 即可。

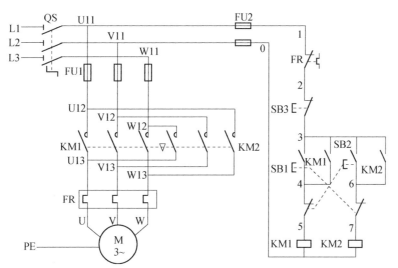

图 1-48 按钮联锁的正反转控制线路

按钮联锁的正反转控制线路的优点是操作方便。缺点是容易产生电源两相短路故障。例如：当正转接触器 KM1 发生主触头熔焊或被杂物卡住等故障时，即使 KM1 线圈失电，主触头也分断不开，这时如果直接按下反转按钮 SB2，KM2 得电动作，主触头闭合，必然造成电源两相短路故障。所以采用此线路工作有一定安全隐患。在实际工作中，不宜采用按钮联锁直接控制三相异步电动机的正反转。

综合前面已经学过的接触器联锁和按钮联锁正反转控制电路，发现这两种线路存在互补性，即按钮联锁控制线路可以弥补接触器联锁控制线路操作不方便的缺点，而接触器联锁控制线路可以弥补按钮联锁控制线路工作不安全可靠的缺点。因此，我们可以考虑设计一种电路，集以上两种电路的优点，达到控制完美的效果。

1. 提示

把接触器联锁控制线路和按钮联锁控制线路进行整合。

2. 要求

① 电路要具备必要的联锁、短路和过载保护措施。

② 电路中各元器件的使用要符合实际要求。

③ 电路设计好之后，分析其工作原理，要求电路的控制原理要达到既安全可靠，又操作方便的特点。

3. 双重联锁正反转控制线路的分析

为克服接触器联锁正反转控制线路和按钮联锁正反转控制线路的不足，在按钮联锁的基础上，又增加了接触器联锁，构成按钮、接触器双重联锁正反转控制线路，如图 1-49 所示。该线路兼有两种联锁控制线路的优点，操作方便，工作安全可靠。

线路的工作原理如下：先合上电源开关 QS。

（1）正转控制

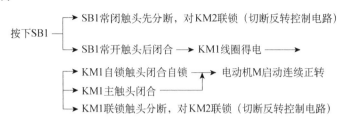

（2）反转控制

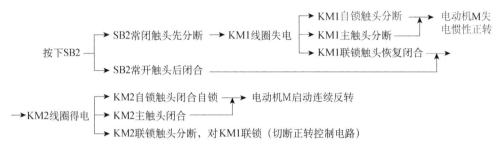

若要停止，按下 SB3，整个控制电路失电，主触头分断，电动机 M 失电停转。

双重联锁正反转控制线路的安装。

① 所需环境设备与接触器联锁正反转控制线路一致。

② 根据如图 1-49 所示的线路图，画出双重联锁正反转控制的接线图。

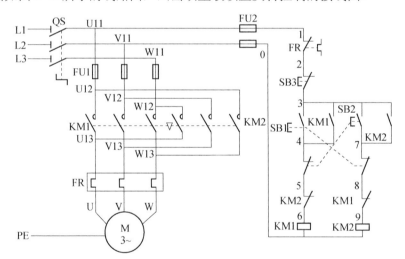

图 1-49　按钮、接触器双重联锁正反转控制线路

③ 根据电路图和接线图，将本项目操作训练中留用的线路板，改装成双重联锁的正反转控制线路。操作时，注意体会该线路的优点。

4. 评分标准。

评分标准见表 1-33。

表 1-33　评分标准

项目内容	配分	评分标准	扣分
画接线图	30	画接线图不正确，每错一处扣 5 分	
改装线路板	30	（1）错套或漏套编码套管，每处扣 2 分 （2）改装不符合要求，每处扣 5 分 （3）改装不正确，每处扣 10 分	
通电试车	40	（1）热继电器未整定或整定值错误，扣 5 分 （2）熔体规格配错，主、控电路各扣 5 分 （3）第一次试车不成功，扣 20 分 　　　第二次试车不成功，扣 30 分 　　　第三次试车不成功，扣 40 分	
安全文明生产		违反安全文明生产规程，扣 5~40 分	
定额时间 2h		每超时 5min 扣 5 分	
备注		除定额时间以外，各项目的最高扣分，不得超过配分数	成绩
开始时间		结束时间　　　　　　　实际时间	

复习题

1. 如何使电动机改变转向？

2. 用倒顺开关控制电动机正反转时，为什么不允许把手柄从"顺"的位置直接扳到"倒"的位置？

3. 板前线槽布线的工艺要求是什么？

4. 什么叫联锁控制？在电动机正反转控制线路中为什么要有联锁控制？

5. 图 1-50 所示双重联锁正反转控制线路中哪些地方画错了？试改正后叙述其工作原理。

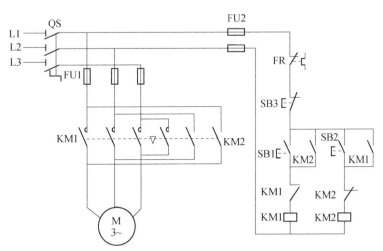

图 1-50　题 5 图

6. 某机床有两台电动机，一台是主轴电动机，要求能正反转控制；另一台是冷却泵电动机，只要求正转控制；两台电动机都要求有短路、过载、欠压、失压保护，试画出满足要求的电气控制电路图。

任务四　三相异步电动机位置控制线路的安装、调试与检修

知识目标：

① 掌握三相异步电动机位置控制线路的工作原理。

② 熟悉线路的安装、调试过程和工艺要求。

③ 掌握三相异步电动机位置控制线路的故障分析和检修方法。

能力目标：

① 培养学生对电动机基本控制线路的故障分析能力。

② 提高学生利用技巧安装布线的能力。

③ 培养学生应急处理问题的能力。

情感目标：

① 培养学生严谨、认真、职业的工作态度。

② 培养学生胆大、心细的工作作风。

③ 使学生养成安全操作、文明生产的工作习惯。

在生产过程中，一些生产机械运动部件的行程或位置要受到限制，或者需要其运动部件在一定范围内自动往返循环等。如在摇臂钻床、万能铣床、镗床、桥式起重机及各种自动或半自动控制机床设备中就经常遇到这种控制要求。而实现这种控制要求所依靠的主要电器是位置开关。位置控制就是利用生产机械运动部件上的挡铁与位置开关碰撞，使其触头动作，来接通或断开电路，以实现对生产机械运动部件的位置或行程的自动控制。

三相异步电动机位置控制线路是位置控制的基础。我们要学会分析、安装、调试这个电路，并且要学会对电路常见故障进行分析和排除。

任务要求：

① 参考电动机的额定参数，依据电气原理图，计算所需电器元件的数量、型号、规格，把相应参数填入电器元件明细表中，配齐所用电器元件，并检验其质量好坏。

② 在规定时间内，依据电路图，按照板前线槽布线的工艺要求，熟练运用技巧安装与布线；准确、安全地连接电源，在教师的监护下通电试车。

③ 在规定时间内，对人为设置的故障，用正确、合理的方法进行检修。

④ 正确使用工具、仪表；安装质量要可靠，安装、布线技术要符合工艺要求；检修步骤

和方法要科学、合理。

⑤ 要做到安全操作、文明生产。

背景知识

一、行程开关

行程开关又叫限位开关，它和接近开关等都属于位置开关。行程开关是用以反映工作机械的行程，发出命令以控制其运动方向和行程大小的开关。其工作原理与按钮相同，区别在于它不是靠手指的按压而是利用生产机械运动部件的碰压使其触头动作，从而将机械信号转变为电信号，用以控制机械动作或用于程序控制。通常，行程开关被用来限制机械运动的位置或行程，使运动机械按一定的位置或行程实现自动停止、反向运动、变速运动或自动往返运动等。

1. 型号及含义

目前，机床中常用的行程开关有 LX19 和 JLXK1 等系列，图 1-51 是这两种行程开关的型号及含义。

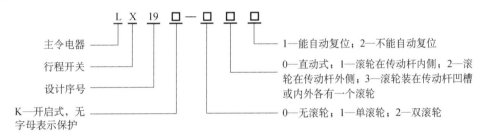

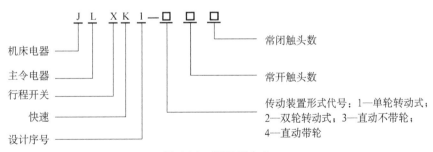

图 1-51　型号及含义

2. 结构及工作原理

各系列行程开关的基本结构大致相同，都由触头系统、操作机构和外壳组成。以某种行程开关元件为基础，装置不同的操作机构，可得到各种不同形式的行程开关，常见的有按钮式（直动式）和旋转式（滚轮式）。图 1-52 为 JLXK1 系列行程开关的外形图。

（a）JLXK1—311 型按钮式　　（b）JLXK1—111 型单轮旋转式　　（c）JLXK1—211 型双轮旋转式

图 1-52　JLXK1 系列行程开关

JLXK1 系列行程开关的结构和动作原理如图 1-53 所示。当运动部件的挡铁碰压行程开关的滚轮时，杠杆与转轴一起转动，使凸轮推动撞块，当撞块被压到一定位置时，推动微动开关快速动作，使其常闭触头断开，常开触头闭合。当滚轮上的挡铁移开后，复位弹簧就使行程开关各部分恢复原始位置，这种单轮自动恢复式行程开关依靠本身的恢复弹簧来复原。

在生产中，有的行程开关在动作后不能自动复原，如 JLXK1—211 型双轮旋转式行程开关，如图 1-52（c）所示。当挡铁碰压这种行程开关的一个滚轮时，杠杆转动一定角度后触头立即动作，当挡铁离开滚轮后，开关不能自动复位，只有当生产机械反向运动时，挡铁从相反方向碰压另一滚轮，触头才能复位，这种双轮非自动恢复式行程开关的结构比较复杂，价格较贵，但运行比较可靠。

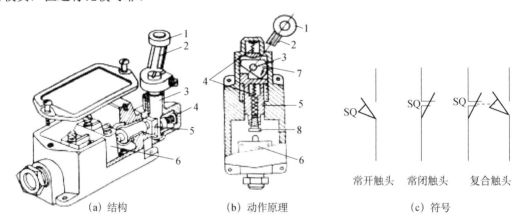

（a）结构　　　　　　（b）动作原理　　　　　（c）符号

图 1-53　JLXK1 系列行程开关的结构和动作原理

1—滚轮；2—杠杆；3—转轴；4—复位弹簧；5—撞块；6—微动开关；7—凸轮；8—调节螺钉

行程开关的触头动作方式有蠕动型和瞬动型两种。蠕动型的触头结构与按钮相似，这种行程开关的结构简单、价格便宜，但触头的分合速度取决于生产机械挡铁的移动速度。当挡铁的移动速度小于 0.007m/s 时，触头分合太慢，易产生电弧灼烧触头，从而减少触头的使用寿命，也影响动作的可靠性及行程控制的位置精度。为克服这些缺点，行程开关一般都采用具有快速换接动作机构的瞬动型触头。瞬动型行程开关的触头动作速度与挡铁的移动速度无关，性能显然优于蠕动型。LX19K 型行程开关即是瞬动型，其动作原理如图 1-54 所示。

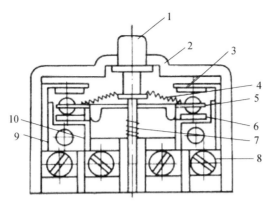

图 1-54　LX19K 型行程开关的动作原理

1—顶杆；2—外壳；3—常开触头；4—触头弹簧；5—接线桥；6—常闭触头；

7—复位弹簧；8—接线座；9—常开静触桥；10—常闭静触桥

当运动部件的挡铁碰压顶杆时，顶杆向下移动，压缩触头弹簧使之存储一定的能量。当顶杆移动到一定位置时，触头弹簧的弹力方向发生改变，同时存储的能量得以释放，完成跳跃式快速换接动作。当挡铁离开顶杆时，顶杆在复位弹簧的作用下上移，上移到一定位置，接线桥瞬时进行快速换接，触头迅速恢复到原状态。

常见的行程开关还有 X2、LX3、LX19A、LX29、LX31、LX32 等系列以及 JW 型等。

X2 系列行程开关有直动式和滚轮传动式，触头数量为 2 常开 2 常闭。

LX3 系列行程开关的基座用塑料制成，保护式有金属外壳，其触头数量为 1 常开 1 常闭。

LX19A 系列行程开关是 LX19 系列的改型产品，该系列具有 1 常开 1 常闭触头，可组成单轮、双轮及径向传动杆等形式。

LX29 系列行程开关是以 LX29—1 型微动开关为基础，增加不同机构组合而成，有单臂滚轮型、双臂滚轮型、直杆型、直杆滚轮型、摇板型和摇板滚轮型等，具有 1 对常开 1 对常闭触头。

LX31 系列微动开关有基本型、小缓冲型、直杆型、直杆滚轮型、摇板型和摇板滚轮型等。

LX32 系列行程开关以 LX31—1/1 型微动开关作为执行元件，有直杆型、直杆滚轮型、单臂滚轮型和卷簧型等。

JW 型微动开关有基本型和带滚轮型。

以上各系列行程开关的额定电流除 LX31 和 LX32 系列为 0.79A、JW 型为 3A 以外，其余的全部为 5A。

3. 选用

行程开关主要根据动作要求、安装位置及触头数量选择。

LX19 和 JLXK1 系列行程开关的主要技术数据见表 1-34。

4. 安装与使用

① 行程开关安装时，安装位置要准确，安装要牢固；滚轮的方向不能装反，挡铁与其碰撞的位置应符合控制线路的要求，并确保能可靠地与挡铁碰撞。

② 行程开关在使用中，要定期检查和保养，除去油垢及粉尘，清理触头，经常检查其动作是否灵活、可靠，及时排除故障。防止因行程开关触头接触不良或接线松脱产生误动作而导致设备和人身安全事故。

表 1-34　LX19 和 JLXK1 系列行程开关的技术数据

型号	额定电压、额定电流	结构特点	触头对数		工作行程	超行程	触头转换时间
			常开	常闭			
LX		元件	1	1	3mm	1mm	
LX19—111		单轮，滚轮装在传动杆内侧，能自动复位	1	1	约30°	约20°	
LX19—121		单轮，滚轮装在传动杆外侧，能自动复位	1	1	约30°	约20°	
LX19—131	380V 5A	单轮，滚轮装在传动杆凹槽内，能自动复位	1	1	约30°	约20°	≤0.04s
LX19—212		双轮，滚轮装在传动杆内侧，不能自动复位	1	1	约30°	约15°	
LX19—222		双轮，滚轮装在传动杆外侧，不能自动复位	1	1	约30°	约15°	
LX19—232		双轮，滚轮装在传动杆内外侧各一个，不能自动复位			约30°	约15°	
LX19—001		无滚轮，仅有径向传动杆，能自动复位	1	1	<4mm	3mm	
JLXK1—111		单轮防护式	1	1	12°～15°	≤30°	
JLXK1—211	500V 5A	双轮防护式	1	1	约45°	≤45°	≤0.04s
JLXK1—311		直动防护式	1	1	1～3mm	2～4mm	
JLXK1—411		直动滚轮防护式	1	1	1～3mm	2～4mm	

5. 常见故障及处理方法

行程开关的常见故障及处理方法见表 1-35。

表 1-35　行程开关的常见故障及处理方法

故障现象	可能的原因	处理方法
挡铁碰撞位置开关后，触头不动作	（1）安装位置不准确 （2）触头接触不良或接线松脱 （3）触头弹簧失效	（1）调整安装位置 （2）清刷触头或紧固接线 （3）更换弹簧
杠杆已经偏转，或无外界机械力作用，但触头不复位	（1）复位弹簧失效 （2）内部撞块卡阻 （3）调节螺钉太长，顶住开关按钮	（1）更换弹簧 （2）清扫内部杂物 （3）检查调节螺钉

二、电动机基本控制线路故障检修的一般步骤和方法

电动机控制线路的故障一般可分为自然故障和人为故障两类。自然故障是电气设备在运行时过载、振动、金属屑和油污侵入等原因引起的，造成电气绝缘下降、触点熔焊和接触不良、电路接点接触不良、散热条件恶化，甚至发生接地或短路。人为故障是在维修电气故障时没有找到真正原因，基本概念不清，或者修理操作不当，不合理地更换元件或改动线路，或者在安装控制线路时布线错误等原因引起的。

电气控制线路发生故障后，轻者使电气设备不能工作，影响生产，重者会造成事故。维修电工应加强日常的维护检修，消除隐患，防止故障发生，还要在故障发生后，及时查明原因并排除故障。

电气控制线路形式很多，复杂程度不一，它的故障又常常和机械、液压等系统交错在一起，难以分辨。这就要求：首先要弄懂原理，并掌握正确的维修方法。我们知道：每一个电气控制线路，往往由若干电气基本控制环节组成，每个基本控制环节由若干电器元件组成，而每个电器元件又由若干零件组成。但故障往往只是由于某个或某几个电器元件、部件或接

线有问题而产生的。因此，只要我们善于学习，善于总结经验，找出规律，掌握正确的维修方法，就一定能迅速准确地排除故障。下面介绍电动机控制线路发生自然故障后的一般检修步骤和方法。

① 用试验法观察故障现象，初步判定故障范围。

试验法是在不扩大故障范围，不损坏电气设备和机械设备的前提下，对线路进行通电试验，通过观察电气设备和电器元件的动作，看它是否正常，各控制环节的动作程序是否符合要求，找出故障发生部位或回路。

② 用逻辑分析法缩小故障范围。

逻辑分析法是根据电气控制线路的工作原理、控制环节的动作程序以及它们之间的联系，结合故障现象做具体的分析，迅速地缩小故障范围，从而判断出故障所在。这种方法是一种以"准"为前提，以"快"为目的的检查方法，特别适用于对复杂线路的故障检查。

③ 用测量法确定故障点。

测量法是利用电工工具和仪表（如测电笔、万用表、钳形电流表、兆欧表等）对线路进行带电或断电测量，是查找故障点的有效方法。下面介绍电压分阶测量法和电阻分阶测量法。

a. 电压分阶测量法。

测量检查时，首先把万用表的转换开关拨至交流电压 500V 的挡位上，然后按如图 1-55 所示方法进行测量。

断开主电路，接通控制电路的电源。若按下启动按钮 SB1 时，接触器 KM 不吸合，则说明控制电路有故障。

检测时，需要两人配合进行。一人先用万用表测量 0 和 1 两点之间的电压，若电压为 380V，则说明控制电路的电源电压正常。然后由另一人按下 SB1 不放，把黑表棒接到 0 点上，红表棒依次接到 2、3、4 各点上，分别测量出 0—2、0—3、0—4 两点间的电压。根据其测量结果即可找出故障点，见表 1-36。

表 1-36　用电压分阶测量法查找故障点

故障现象	测试状态	0—2	0—3	0—4	故障点
按下 SB1 时，KM 不吸合	按下 SB1 不放	0	0	0	FR 常闭触头接触不良
		380V	0	0	SB2 常闭触头接触不良
		380V	380V	0	SB1 接触不良
		380V	380V	380V	KM 线圈断路

注意：电压分阶测量法是带电检修，测量过程中一定要注意安全，首先在电气原理图上分析并确定好测量点，才可在实物上测量，而且必须有指导教师现场监护。

b. 电阻分阶测量法。

测量检查时，首先把万用表的转换开关拨到合适倍率的电阻挡，然后按图 1-56 所示方法进行测量。

断开主电路，接通控制电路电源。若按下启动按钮 SB1 时，接触器 KM 不吸合，则说明控制电路有故障。

检测时，首先切断控制电路电源（切记：用电阻法测量时，一定要切断电源），然后一人按下 SB1 不放，另一人用万用表依次测量 0—1、0—2、0—3、0—4 各两点之间的电阻值，根据测量结果可找出故障点，见表 1-37。

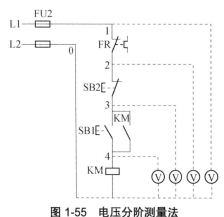

图 1-55　电压分阶测量法

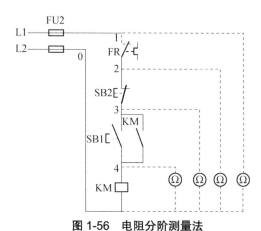

图 1-56　电阻分阶测量法

表 1-37　电阻分阶测量法查找故障点

故障现象	测试状态	0—1	0—2	0—3	0—4	故障点
按下 SB1 时，KM 不吸合	按下 SB1 不放	∞	R	R	R	FR 常闭触头接触不良
		∞	∞	R	R	SB2 接触不良
		∞	∞	∞	R	SB1 接触不良
		∞	∞	∞	∞	KM 线圈断路

注：R 为 KM 的线圈阻值。

注意：

•连续性。电阻分阶测量过程中，为了保证不遗漏必须的测量点，在确定好测量范围后，要始终有测量重复点（主要指的是短分段测量。）如：测量 1—7 线号时，可先测量 1—2，再测量 2—3，依次 3—4……每次换接测量点时，不能把两只表笔同时移位，而是每次换接时，总有一只表笔是固定不换位的，这就叫重复测量点。

•切断自然回路。在一些有低压电器线圈、变压器绕组等的回路中，容易通过这些线圈或绕组形成自然回路，混淆思路，所以在测量这样的回路时，为了保证测量结果不受干扰，要先切断自然回路。如图 1-57 所示，在测量 3—4 号之间的电阻时，手动闭合 KM 的常开触头，如果 KM 的自锁触头以及其连线上有断路点，在没有切断自然回路的情况下，无法检查出故障点，原因是通过变压器绕组以及 KM 的线圈形成了自然回路，所以必须通过旋松 FU3 或其他方式切断自然回路，才可查找出故障点。或者用万用表的 $R \times 1$ 挡，通过电阻值的大小判断出电路的通断情况。

④ 根据故障点的不同情况，采取正确的维修方法排除故障。

⑤ 检修完毕，进行通电空载校验或局部空载校验。

⑥ 校验合格，通电正常运行。

在实际维修工作中，由于电动机控制线路的故障不是千篇一律的，就是同一种故障现象，发生的故障部位也不一定相同。因此，采用以上故障检修步骤和方法时，不要生搬硬套，而应按不同的故障情况灵活运用，妥善处理，力求迅速、准确地找出故障点，查明故障原因，及时、正确地排除故障。

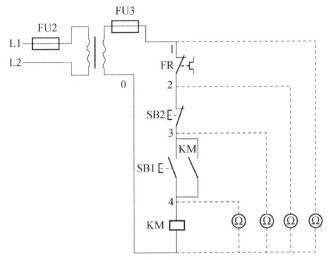

图 1-57　电阻分阶测量法应注意的问题

三、位置控制线路的工作原理

位置控制线路图如图 1-58 所示。工厂车间里的行车常采用这种线路，右下角是行车运动示意图，行车的两头终点处各安装一个位置开关 SQ1 和 SQ2，将这两个位置开关的常闭触头分别串接在正转控制电路和反转控制电路中。行车前后各装有挡铁 1 和挡铁 2，行车的行程和位置可通过移动位置开关的安装位置来调节。

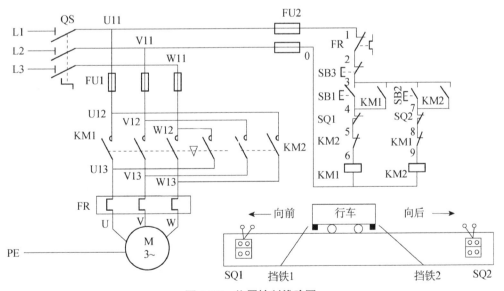

图 1-58　位置控制线路图

线路的工作原理如下：先合上电源开关 QS。

1. 行车向前运动

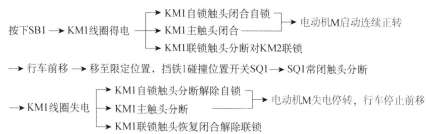

此时，即使再按下 SB1，由于 SQ1 常闭触头已分断，接触器 KM1 线圈也不会得电，保证了行车不会超过 SQ1 所在的位置。

2. 行车向后运动

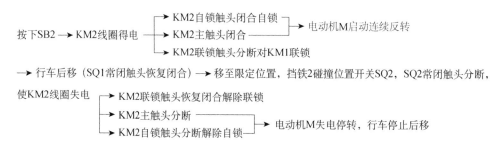

停车时，只要按下 SB3 即可。

（1）电工常用工具

测电笔、螺钉旋具、尖嘴钳、斜口钳、剥线钳、电工刀等。

（2）仪表

5050 型兆欧表、T301-A 型钳形电流表、MF-47 型万用表。

（3）器材

① 控制网板一块（500mm×400mm×10mm）。

② 各种规格的紧固件、针形及叉形接头、金属软管、编码套管等。

③ 电器元件见表 1-38，参考电气原理图，根据提示补齐表格中各元器件的相关信息。

表 1-38　位置控制线路元件明细表

代号	名称	型号	规格	数量
M	三相异步电动机	Y112M—4	4kW、380V、8.8A、△接法、1440r/min	1
QS				
FU1				
FU2				
KM1、KM2				
FR				
SQ1、SQ2				
SB1～SB3				
XT				
	主电路导线			若干

代号	名称	型号	规格	数量
	控制电路导线			若干
	按钮线			若干
	接地线			若干
	走线槽			若干

操作指导（一）

位置控制线路的安装。

1. 安装步骤及工艺要求

安装工艺要求可参照接触器联锁正反转控制电路的安装工艺要求进行。其安装步骤如下：

① 按照电动机的额定参数，参照电气原理图（见图 1-57），计算所需电器元件的数量、型号、规格，把相应参数填入表 1-38 中。配齐所用电器元件，并检验其质量好坏。

② 根据电气原理图画出布置图。

③ 在控制板上按布置图安装走线槽和所需电器元件，并贴上醒目的文字符号。

④ 依据电路图，在控制板上灵活运用布线三原则进行板前线槽布线，并在导线端部套编码套管和冷压接线头。

⑤ 安装电动机。

⑥ 可靠连接电动机和电器元件金属外壳的保护接地线。

⑦ 连接控制板外部的导线。

⑧ 自检。

⑨ 检查无误后通电试车。

2. 注意事项

① 位置开关可以先安装好，不占额定时间。位置开关必须牢固安装在合适的位置上（安装位置参考工作台示意图）。安装后，必须用手动工作台或受控机械进行试验，合格后才能使用。训练中若无条件进行实际机械安装试验时，可将位置开关安装在控制板下方两侧进行手控模拟试验。

② 通电校验时，必须先手动操作位置开关，试验行程控制是否正常可靠。

③ 安装训练应在规定时间内完成，同时要做到安全操作和文明生产。控制板试车完毕后，不必拆卸，留待设置、检修故障。

质量评价标准（一）

实训考核及成绩评定（评分标准）见表 1-39。

表 1-39 评分标准

项目内容	配分	评分标准	扣分
装前检查	15	（1）电动机质量检查，每漏一处扣 5 分 （2）电器元件错检或漏检，每处扣 2 分	
安装元件	15	（1）元件布置不整齐、不匀称、不合理，每只扣 3 分 （2）元件安装不紧固，每只扣 3 分 （3）安装元件时漏装木螺钉，每只扣 1 分 （4）走线槽安装不符合要求，每处扣 2 分 （5）损坏元件，扣 15 分	
布线	30	（1）不按电路图接线，扣 20 分 （2）布线不符合要求，每根扣 3 分 （3）不能灵活运用技巧布线，每处扣 5 分 （4）接点松动、露铜过长、压绝缘层、反圈等每处扣 1 分 （5）漏套或错套编码套管，每处扣 2 分 （6）漏接地线，扣 10 分	
通电试车	40	（1）热继电器未整定或整定值错误，扣 5 分 （2）熔体规格配错，主、控电路各扣 5 分 （3）第一次试车不成功，扣 20 分 　　　第二次试车不成功，扣 30 分 　　　第三次试车不成功，扣 40 分	
安全文明生产		违反安全文明生产规程，扣 5～40 分	
定额时间 2.5h		每超时 5min 扣 5 分	
备注		除定额时间外，各项目的最高扣分不应超过配分数	成绩
开始时间		结束时间	实际时间

环境设备（二）

（1）电工常用工具

测电笔、螺钉旋具、尖嘴钳、斜口钳、剥线钳、电工刀等。

（2）仪表

5050 型兆欧表、T301—A 型钳形电流表、MF—47 型万用表。

（3）器材

安装调试好的位置控制线路板。

操作指导（二）

检修位置控制线路。

（1）故障设置

在控制电路和主电路中人为地各设置一处故障。

（2）教师示范检修

教师进行示范检修时，可把下述检修步骤及要求贯穿其中，直到故障排除。

① 用试验法来观察故障现象。主要注意观察电动机的运行情况、接触器的动作情况、行程开关的动作情况以及线路的工作情况等。如发现有异常现象，应马上断电检查。

② 用逻辑分析法缩小故障范围，并在电路图上用虚线标出故障部位的准确范围。

③ 用测量法正确、迅速地找出故障点。

④ 根据故障点的不同情况，采取正确、合理的修复方法，迅速排除故障。

⑤ 排除故障后通电试车。

（3）学生检修

教师示范检修后，再由指导教师重新设置两个故障点，让学生进行检修。在学生检修的过程中，教师可进行启发性的示范指导。

（4）注意事项

检修训练时应注意以下几点：

① 要认真听取和仔细观察指导教师在示范过程中的讲解和检修操作。

② 要熟练掌握电路图中各个环节的控制或保护作用。

③ 在排除故障过程中，故障分析的思路和方法要正确。

④ 工具和仪表使用要正确。

⑤ 带电检修故障时，必须有指导教师在现场监护，并要确保用电安全。

⑥ 检修必须在定额时间内完成。

质量评价标准（二）

实训考核及成绩（评分标准）评定见表 1-40。

表 1-40　评分标准

项目内容	配分	评分标准	扣分
故障分析	30	（1）故障分析、排除故障的思路不正确，每个扣 5～10 分 （2）标错电路故障范围，每个扣 15 分	
排除故障	70	（1）停电不验电，扣 5 分 （2）不做故障调查，扣 5 分 （3）工具及仪表使用不当，每次扣 2～10 分 （4）不能查出故障，每个扣 35 分 （5）查出故障点但不能排除，每个扣 25 分 （6）产生新故障： 　　不能排除，每个扣 35 分 　　已经排除，每个扣 15 分 （7）损坏电动机，扣 70 分 （8）损坏电器元件或排故方法不正确，每只（次）扣 20 分	
安全文明生产		违反安全文明生产规程，扣 10～70 分	
定额时间 20min		不允许超时检查，若在修复过程中才允许超时，但以每超 1min 扣 5 分计算	
备注		除定额时间外，各项内容的最高扣分不得超过配分数	成绩
开始时间		结束时间　　　　　　　实际时间	

拓展与提高

位置控制电路可以使生产机械的运动部件按照提前设计好的位置，按需停车。但有些生产机械，要求工作台在一定的行程内能自动往返运动，以便实现对工件的连续加工，提高生产效率。这就需要电气控制线路能对电动机实现自动转换正反转控制。试设计自动循环控制线路满足这种控制需要。

（1）提示

仍然用行程开关实现控制需要，考虑通过行程开关的复合形式实现控制。即在挡铁碰撞行程开关的滚轮时，通过其常闭触头先断开，切断正转控制电路；之后，再通过其常开触头闭合，接通反转控制电路。

（2）要求

① 电路必须具备必要的联锁、短路和过载保护措施。

② 因自动往返控制电路要求在设定的行程中自动来回往复运动，为防止机械或电气失灵，要求在行程的两终端设置极限保护。

③ 要求设计绘制工作台自动往返运动的示意图。

④ 正确选用电路图中每一个电器元件，并制订电路元件明细表。

⑤ 电路设计好之后，根据电气原理图设计绘制电路安装的元件布置图。

（3）分析工作台自动往返控制线路

如图 1-59 所示，是由位置开关控制的工作台自动往返行程控制线路，其右下角是工作台自动往返运动的示意图。

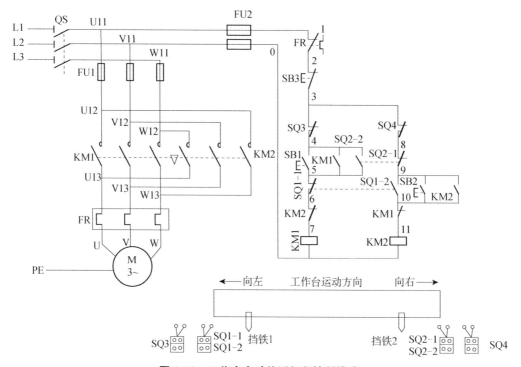

图 1-59　工作台自动往返行程控制线路

为了使电动机的正反转控制与工作台的左右运动相配合，在控制线路中设置了四个位置开关 SQ1、SQ2、SQ3 和 SQ4，并把它们安装在工作台需要限位的地方。其中，SQ1、SQ2 被用来自动换接电动机正反转控制电路，实现工作台的自动往返行程控制；SQ3、SQ4 被用作为终端保护，以防止 SQ1、SQ2 失灵，工作台越过限定位置而造成事故。在工作台两边的 T 形槽中装有两块挡铁，挡铁 1 只能和 SQ1、SQ3 相碰撞，挡铁 2 只能和 SQ2、SQ4 相碰撞。当工作台运动到所限位置时，挡铁碰撞位置开关，使其触头动作，自动换接电动机正反转控制电路，通过机械传动机构使工作台自动往返运动。工作台行程可通过移动挡铁位置来调节。

线路的工作原理如下：先合上电源开关 QS。

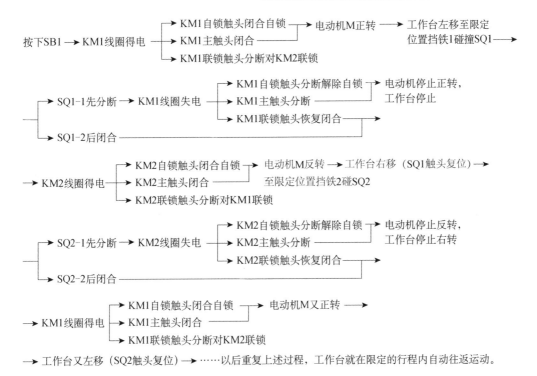

按下SB1 → KM1线圈得电 → KM1自锁触头闭合自锁 → 电动机M正转 → 工作台左移至限定
　　　　　　　　　　　　→ KM1主触头闭合　　　　　　　　　　　位置挡铁1碰撞SQ1 →
　　　　　　　　　　　　→ KM1联锁触头分断对KM2联锁

→ SQ1-1先分断 → KM1线圈失电 → KM1自锁触头分断解除自锁 → 电动机停止正转，
　　　　　　　　　　　　　　　 → KM1主触头分断　　　　　　　　工作台停止
　　　　　　　　　　　　　　　 → KM1联锁触头恢复闭合 →
→ SQ1-2后闭合

→ KM2线圈得电 → KM2自锁触头闭合自锁 → 电动机M反转 → 工作台右移（SQ1触头复位）→
　　　　　　　 → KM2主触头闭合　　　　　　至限定位置挡铁2碰SQ2
　　　　　　　 → KM2联锁触头分断对KM1联锁

→ SQ2-1先分断 → KM2线圈失电 → KM2自锁触头分断解除自锁 → 电动机停止反转，
　　　　　　　　　　　　　　　 → KM2主触头分断　　　　　　　　工作台停止右转
　　　　　　　　　　　　　　　 → KM2联锁触头恢复闭合 →
→ SQ2-2后闭合

→ KM1线圈得电 → KM1自锁触头闭合自锁 → 电动机M又正转 →
　　　　　　　 → KM1主触头闭合
　　　　　　　 → KM1联锁触头分断对KM2联锁

→ 工作台又左移（SQ2触头复位）→ ……以后重复上述过程，工作台就在限定的行程内自动往返运动。

停止时，按下 SB3→整个控制电路失电→KM1（或 KM2）主触头分断→电动机 M 失电停转→工作台停止运动。

这里 SB1、SB2 分别作为正转启动和反转启动按钮，若启动时工作台在左端，则应按下 SB2 进行启动。

环境设备（三）

安装调试工作台自动往返控制线路所用的工具、仪表及器材与安装位置控制线路所用雷同，可通过查阅本项目中环境设备（一）获得具体参数。所用电器元件明细表（见表 1-38）中，行程开关的数量有变化，需再加两个限位保护行程开关 SQ3、SQ4。

操作指导（三）

根据电路图，将本项目中操作指导（一）装好留用的线路板，改装成工作台自动往返控制线路。操作时，注意体会行程开关的用途。

质量评价标准（三）

实训考核及成绩评定（评分标准）见表 1-41。

表 1-41　评分标准

项目内容	配分	评分标准	扣分
改装线路板	60	（1）错套或漏套编码套管，每处扣 2 分 （2）改装不符合要求，每处扣 5 分 （3）改装不正确，每处扣 10 分	
通电试车	40	（1）热继电器未整定或整定值错误，扣 5 分 （2）熔体规格配错，主、控电路各扣 5 分 （3）第一次试车不成功，扣 20 分 　　第二次试车不成功，扣 30 分 　　第三次试车不成功，扣 40 分	
安全文明生产		违反安全文明生产规程，扣 5～40 分	
定额时间 2h		每超时 5min 扣 5 分	
备注		除定额时间外，各项目的最高扣分，不得超过配分数	成绩
开始时间		结束时间　　　　　　　　实际时间	

复习题

1. 行程开关的触头动作方式有哪几种？各有什么特点？

2. 安装和使用行程开关时应注意哪些问题？

3. 什么是实验法？什么是逻辑分析法？

4. 如何用电阻分段测量法查找故障位置？

5. 分析图 1-60 所示控制线路，回答下列问题：

（1）该线路能实现几种控制方式？

（2）线路中有什么保护？各由什么电器实现？

（3）说明 SA、SQ1 的作用。

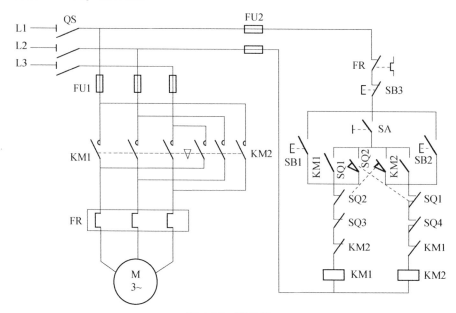

图 1-60　题 5 图

6. 在安装合格的工作台自动往返控制线路板上，根据表 1-42 人为设置电气自然故障点，通电并观察故障现象，把故障现象填入表 1-42 中。

表 1-42 故障设置表

故障设置元件	故障点	故障现象
SQ1	常闭触头接触不良	
SQ2	常开触头接触不良	
KM1	自锁触头接触不良	
KM2	联锁触头接触不良	

任务五　顺序控制与多地控制线路的设计、安装与检修

知识目标：

① 掌握设计线路的基本原则和方法。

② 掌握三相异步电动机顺序控制与多地控制线路的工作原理。

③ 熟练掌握线路的安装、调试和常见故障的检修方法。

能力目标：

① 培养学生设计电路的能力。

② 提高学生综合分析电路的能力。

③ 提高学生安装、调试和检修电路的能力。

情感目标：

① 树立学生严谨、求实的工作作风。

② 培养学生"安全第一"的思想意识。

③ 提高学生应急处理问题的能力。

① 根据控制和保护要求自行设计电气控制线路，要求线路简单、经济、合理并安全可靠，便于操作和维修。

② 参考电动机的额定参数，配齐所用电器元件，并检验其质量好坏。

③ 在规定时间内，依据电路图，按照板前线槽布线的工艺要求，熟练运用技巧安装与布线；准确、安全地连接电源，在教师的监护下通电试车。

④ 正确使用工具、仪表；安装质量要可靠，安装、布线技术要符合工艺要求；检修步骤和方法要科学、合理。

⑤ 要做到安全操作、文明生产。

在工业生产中，所用机械设备种类繁多，对电动机提出的控制要求各不相同，从而构成的电气控制线路也不一样。那么，如何根据生产机械的控制要求来正确合理地设计电气控制线路呢？首先应熟悉设计线路的基本原则，具体如下：

① 在设计前要深入现场收集相关资料，进行必要的调查研究。

② 应最大限度地满足机械设备对电气控制线路的控制要求和保护要求。

③ 在满足生产工艺要求的前提下，应力求使控制线路简单、经济、合理。

④ 保证控制的可靠性和安全性。

⑤ 操作和维修方便。

以下是设计线路举例。

一、顺序控制线路

在装有多台电动机的生产机械上，各电动机所起的作用是不同的，有时须按一定的顺序启动或停止，才能保证操作过程的合理和工作的安全可靠。例如：X62W 型万能铣床上要求主轴电动机启动后，进给电动机才能启动；M7120 型平面磨床的冷却泵电动机，要求当砂轮电动机启动后才能启动。像这种要求几台电动机的启动或停止必须按一定的先后顺序来完成的控制方式，叫做电动机的顺序控制。

设计电气控制线路可采用经验设计法。所谓经验设计法就是根据生产机械的工艺要求选择适当的基本控制线路，再把它们综合地组合在一起。比如：上面所提到的顺序控制，它的具体控制要求可归纳为：

① M1 电动机启动后，M2 电动机才能启动；

② M1 和 M2 电动机可以独立停车；

③ 具有短路、过载、欠压及失压保护。

若某机床的主轴电动机 M1 和冷却泵电动机 M2 都只需要单向运转，试设计该机床的电气控制线路。

1. 选择基本控制线路

根据 M1 和 M2 都只需单向运转的控制要求，选择接触器自锁正转控制线路，并进行有机组合，设计并画出控制线路草图，如图 1-61 所示。

2. 修改完成线路

很显然，这样的电路结构使两台电动机之间的控制没有任何关联。根据 M1 启动后 M2 才能启动的控制要求，要使 M2 受控于 M1，可考虑 M1 的得电与否受 KM1 控制，即只有在交流接触器 KM1 得电工作后，M1 电动机才能获电运转。所以，我们可以考虑用 KM1 控制 KM2，即只有交流接触器 KM1 得电之后，KM2 才可以得电，这样也就满足了只有 M1 启动后 M2 才能启动的控制要求。所以在主电路中，把 KM2 交流接触器的三相主触头画在 KM1 交流接触器三相主触头的下方，如图 1-62 所示。

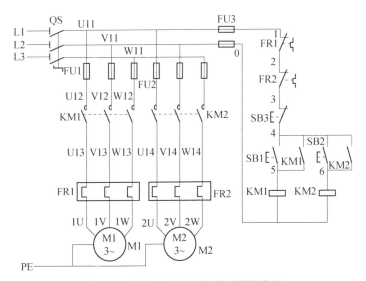

图 1-61 两台电动机顺序控制线路草图

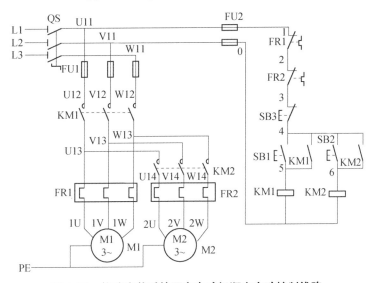

图 1-62 修改完善后的两台电动机顺序启动控制线路

3. 校核完成线路

控制线路初步设计完成后，可能还有不合理、不可靠、不安全的地方，应当根据经验和控制要求对线路进行认真仔细的校核，以保证线路的正确性和实用性。经修改、校核完成的线路的工作原理如下。

先合上电源开关 QS。

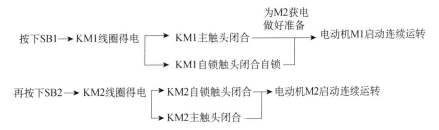

M1、M2 同时停转控制：

　　　　　按下 SB3→控制电路失电→KM1、KM2 主触头分断→电动机 M1、M2 同时停转。

这是在主电路中完成的顺序控制。如果控制电路中通过对交流接触器 KM1 和 KM2 控制，使其线圈得电实现顺序控制，也能实现对电动机 M1 和 M2 的顺序控制。

请读者自行设计在控制电路中实现两台电动机顺序控制的电气控制线路。

二、多地控制线路

能在两地或多地控制同一台电动机的控制方式叫电动机的多地控制。两地控制的具体控制要求如下：

① 两台电动机 M1 和 M2 能实现两地启动；

② 两台电动机 M1 和 M2 能实现两地停止；

③ 具有短路、过载、欠压及失压保护。

在两地控制线路中，该控制系统中的电动机都只需要实现单向旋转，试设计该电气控制线路。

根据电动机的单向旋转控制要求，先分别画出两套完全一致的控制线路并进行组合，即把两个启动按钮并联，把两个停止按钮串联，即构成如图 1-63 所示的控制电路。

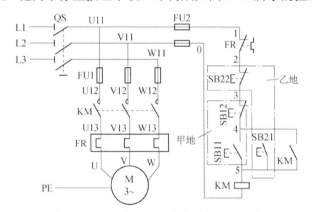

图 1-63　两地控制同一台电动机控制线路

电路的工作原理与单向启动具有自锁保护的三相异步电动机正转控制线路的工作原理相似，其中 SB11、SB12 为安装在甲地的启动按钮和停止按钮；SB21、SB22 为安装在乙地的启动按钮和停止按钮。这样就可以分别甲、乙两地启动和停止同一台电动机，达到操作方便的目的。

对于三地或多地控制，只要把各地的启动按钮并联，停止按钮串联就可以实现。

（1）电工常用工具

测电笔、螺钉旋具、尖嘴钳、斜口钳、剥线钳、电工刀等。

（2）仪表

5050 型兆欧表、T301—A 型钳形电流表、MF—47 型万用表。

（3）器材

① 控制网板一块（500mm×400mm×10mm）。

② 各种规格的紧固件、针形及叉形接头、金属软管、编码套管等。

③ 电器元件见表1-43，参考电气原理图，根据提示补齐表格中各元器件的相关信息。

表1-43　顺序控制线路元件明细表

代号	名称	型号	规格	数量
M	三相异步电动机	Y112M—4	4kW、380V、8.8A、△接法、1440r/min	1
QS				
FU1				
FU2				
KM1、KM2				
FR				
SB1～SB3				
XT				
	主电路导线			若干
	控制电路导线			若干
	按钮线			若干
	接地线			若干
	走线槽			若干

操作指导（一）

设计、安装、调试顺序控制线路。

（1）设计线路应注意的问题

用经验设计法设计线路时，除应牢固掌握各种基本控制线路的构成和原理外，还应注重了解机械设备的控制要求以及设计、使用和维修人员在长期实践中总结出的经验，这对于安装安全、可靠、经济、合理地设计控制线路是十分重要的，这些经验概括起来有以下几点。

① 设计线路时，尽量减少电器的数量，采用标准件和尽可能选用相同型号的电器，应减少不必要的触头以简化线路，提高线路的可靠性。若把如图1-64（a）所示线路修改成如图1-64（b）所示线路，就可以减少一个触头。

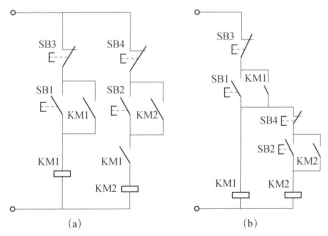

（a）　　　　　　　　　　（b）

图1-64　简化线路触头

② 尽量减少连接导线的数量与长度。

设计线路时，应考虑到各电器元件之间的实际线路，特别要注意电气柜、操作台和位置开关之间的连接线。例如，如图1-65（a）所示的接线就不合理，因为按钮通常安装在操作台上，而接触器则安装在电气柜内，所以若按此线路安装，由电气柜内引出的连接线势必要两次引接到操作台的按钮处。因此，合理的接法应当是把启动按钮和停止按钮直接连接，而不经过接触器线圈，如图1-65（b）所示，这样就减少了一次引出线。

③ 正确连接电器的线圈。

在交流控制电路的一条之路中不能串联两个电器的线圈，如图1-66所示。即使外加电压是两个线圈额定电压之和，也是不允许的。因为每个线圈上所分配到的电压与线圈阻抗成正比，两个电器需要同时动作时，其线圈应该并接。

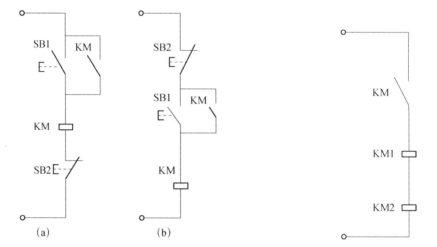

图 1-65　减少各电器之间的实际引线　　　　图 1-66　正确连接电器的线圈

④ 正确连接电器的触头。

同一个电器的常开和常闭辅助触头靠得很近，如果连接不当，将会造成线路工作不正常。如图1-67（a）所示接线，位置开关SQ的常开触头和常闭触头由于不是等电位，当触头断开产生电弧时很可能在两对触头间形成飞弧而造成电源短路。因此，在一般情况下，将共用同一电源的所有接触器、继电器以及执行电器线圈的一端，均接在电源的一侧，而这些电器的控制触头接在电源的另一侧，如图1-67（b）所示。

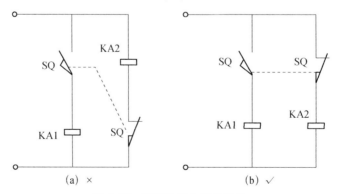

图 1-67　正确连接电器的触头

⑤ 在满足控制要求的情况下，应尽量减少电器通电的数量。

现以三相异步电动机串电阻降压启动的控制线路为例进行分析。在电动机启动后，接触器 KMY 和时间继电器 KT 就失去了作用，如果仍然长期通电，会使能耗增加，电气寿命缩短。所以，在电路中通过 KM△ 的常闭触头及时分断，切断 KMY 和 KT 线圈回路，就可以在电动机启动后切除 KMY 和 KT 的电源，既节约了电能，又延长了电器的使用寿命。

⑥ 应尽量避免采用许多电气依次动作才能接通另一个电器的控制线路。

在如图 1-68（a）、（b）所示线路中，中间继电器 KA1 得电动作后，KA2 才动作，而后 KA3 才能得电动作。KA3 的得电动作要通过 KA1 和 KA2 两个电器的动作，若接成如图 1-68（c）所示线路，KA3 的动作只需要 KA1 电器动作，而且只经过一对触头，故工作可靠。

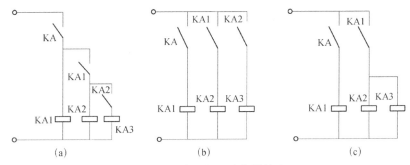

图 1-68 合理使用继电器触头

⑦ 在控制线路中应避免出现寄生回路。

在控制线路的动作过程中，非正常接通的线路叫寄生回路。在设计线路时要避免出现寄生回路。因为它会破坏电器元件和控制线路的动作顺序。如图 1-69 所示线路是一个具有指示灯和过载保护的正反控制线路。在正常工作时，能完成正反转启动、停止和信号指示。但当热继电器 FR 动作时，线路就出现了寄生回路。这时虽然 FR 的常闭触头已断开，由于存在寄生回路，仍有电流沿图 1-69 中虚线所示的路径流过 KM1 线圈，使正转接触器 KM1 不能可靠释放，起不到过载保护作用。

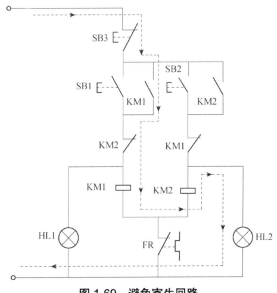

图 1-69 避免寄生回路

⑧ 保证控制线路工作可靠和安全。

为了保证控制线路工作可靠，最主要的是选用可靠的电器元件。如选用电器时，应尽量选用机械和电气寿命长、结构合理、动作可靠、抗干扰性能好的电器。在线路中采用小容量继电器的触头断开和接通大容量接触器的线圈时，要计算继电器触头断开和接通容量是否足够。若不够，必须加大继电器容量和增加中间继电器数量，否则工作不可靠。

⑨ 线路应具有必要的保护环节，保证即使在误操作情况下也不致造成事故。

一般应根据线路的需要选用过载、短路、过流、过压、失压、弱磁等保护环节，必要时还应考虑设置合闸、断开、事故、安全等指示信号。

按照任务要求设计的在控制电路中实现的顺序启动控制线路如图 1-70 所示。

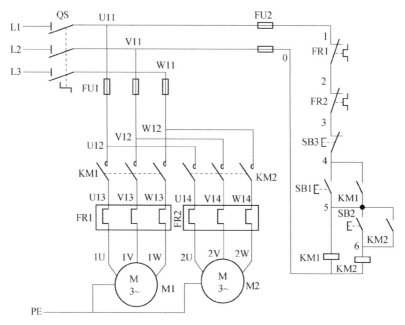

图 1-70　在控制电路中实现的顺序启动控制线路

（2）安装步骤及工艺要求

安装工艺要求可参照接触器联锁正反转控制电路的安装工艺要求进行。其安装步骤如下。

① 按照电动机的额定参数，参照电气原理图（见图 1-70），计算所需电器元件的数量、型号、规格，把相应参数填入表 1-44 中。配齐所用电器元件，并检验其质量好坏。

② 根据电气原理图画出布置图。

③ 在控制板上按布置图安装走线槽和所有电器元件，并贴上醒目的文字符号。

④ 依据电路图，在控制板上灵活运用布线三原则进行板前线槽布线，并在导线端部套编码套管和冷压接线头。

⑤ 安装电动机。

⑥ 可靠连接电动机和电器元件金属外壳的保护接地线。

⑦ 连接控制板外部的导线。

⑧ 自检。

⑨ 互检。

⑩ 检查无误后通电试车。

质量评价标准（一）

实训考核及成绩评定（评分标准）见表 1-44。

表 1-44　评分标准

项目内容	配分	评分标准	扣分
安装前检查	15	（1）电动机质量检查，每漏一处扣 5 分 （2）电器元件错检或漏检，每处扣 2 分	
安装元件	15	（1）元件布置不整齐、不匀称、不合理，每只扣 3 分 （2）元件安装不紧固，每只扣 3 分 （3）安装元件时漏装木螺钉，每只扣 1 分 （4）走线槽安装不符合要求，每处扣 2 分 （5）损坏元件扣 15 分	
布线	30	（1）不按电路图接线扣 20 分 （2）布线不符合要求，每根扣 3 分 （3）不能灵活运用技巧布线，每处扣 5 分 （4）接点松动、露铜过长、压绝缘层、反圈等，每处扣 1 分 （5）漏套或错套编码套管，每处扣 2 分 （6）漏接接地线扣 10 分	
通电试车	40	（1）熔体规格配错，主、控电路各扣 5 分 （2）第一次试车不成功，扣 20 分 　　　第二次试车不成功，扣 30 分 　　　第三次试车不成功，扣 40 分	
安全文明生产		违反安全文明生产规程，扣 5～40 分	
定额时间 2.5h		每超时 5min 扣 5 分	
备注		除定额时间外，各项目的最高扣分不应超过配分数	成绩
开始时间		结束时间　　　　　　　　　实际时间	

环境设备（二）

（1）电工常用工具

测电笔、螺钉旋具、尖嘴钳、斜口钳、剥线钳、电工刀等。

（2）仪表

5050 型兆欧表、T301YA 型钳形电流表、MF—47 型万用表。

（3）器材

安装调试好的顺序控制线路板。

操作指导（二）

检修顺序控制线路。

（1）故障设置

在控制电路和主电路中人为地各设置一处故障。

（2）教师示范检修

教师进行示范检修时，可把下述检修步骤及要求贯穿其中，直到故障排除。

① 用试验法来观察故障现象。主要注意观察电动机的运行情况、接触器的动作情况、行程开关的动作情况以及线路的工作情况等。如发现有异常现象，应马上断电检查。

② 用逻辑分析法缩小故障范围，并在电路图上用虚线标出故障部位的准确范围。

③ 用测量法正确、迅速地找出故障点。

④ 根据故障点的不同情况，采取正确、合理的修复方法，迅速排除故障。

⑤ 排除故障后通电试车。

（3）学生检修

教师示范检修后，再由指导教师重新设置两个故障点，让学生进行检修。在学生检修的过程中，教师可进行启发性的示范指导。

（4）注意事项

检修训练时应注意以下几点：

① 认真听取和仔细观察指导教师在示范过程中的讲解和检修操作。

② 熟练掌握电路图中各个环节的控制或保护作用。

③ 在排除故障过程中，故障分析的思路和方法要正确。

④ 工具和仪表使用正确。

⑤ 带电检修故障时，必须有指导教师在现场监护，并要确保用电安全。

⑥ 检修必须在定额时间内完成。

质量评价标准（二）

实训考核及成绩评定（评分标准）见表 1-45。

表 1-45　评分标准

项目内容	配分	评分标准	扣分
故障分析	30	（1）故障分析、排除故障的思路不正确，每个扣 5～10 分 （2）标错电路故障范围，每个扣 15 分	
排除故障	70	（1）停电不验电扣 5 分 （2）不做故障调查扣 5 分 （3）工具及仪表使用不当，每次扣 2～10 分 （4）不能查出故障，每个扣 35 分 （5）查出故障点但不能排除，每个扣 25 分 （6）产生新故障：不能排除，每个扣 35 分；已经排除，每个扣 15 分 （7）损坏电动机扣 70 分 （8）损坏电器元件或排故方法不正确，每只（次）扣 20 分	
安全文明生产		违反安全文明生产规程扣 10～70 分	
定额时间 20min		不允许超时检查，若在修复过程中才允许超时，但每超 1min 扣 5 分	
备注		除定额时间外，各项内容的最高扣分不得超过配分数	成绩
开始时间		结束时间　　　　　　　　　实际时间	

复习题

1. 什么叫顺序控制？

2. 在主电路中如何实现顺序控制？在控制线路中如何实现顺序控制？

3. 什么叫多地控制？如何实现？

4. 设计电气控制线路应遵循的基本原则是什么？

5. 设计电气控制线路时应注意哪些问题？

6. 试画出两台电动机 M1、M2 顺序启动、逆序停止的电器控制线路，并叙述其工作原理。

任务六　三相异步电动机降压启动控制线路的安装与调试

知识目标：

① 掌握三相异步电动机降压启动控制线路及相关低压电器的工作原理。

② 熟悉线路的安装、调试过程和工艺要求。

③ 掌握时间继电器安装、调试和检修方法。

④ 掌握三相异步电动机降压启动控制线路的故障分析和检修方法。

能力目标：

① 提高学生运用技巧安装与布线的能力。

② 提高学生自主分析电路工作原理的能力。

③ 培养学生应急处理问题的能力。

情感目标：

① 培养学生严谨、认真、职业的工作态度。

② 培养学生解决实际问题的能力。

③ 培养学生安全操作、文明生产的工作习惯。

异步电动机在接入电网启动的瞬间，由于转子处于静止状态，定子旋转的磁场以最快的相对速度切割转子导体，在转子绕组中感应出很大的转子电动势和转子电流，从而引起很大的定子电流。而这个过大的启动电流会对电网和电动机本身产生冲击。对电网而言，它会引起较大的线路压降，特别是电源容量较小的时候，电压下降太多，会影响接在同一电源上的其他负载，影响其他电动机的正常运行甚至停止转动；对电动机本身而言，过大的启动电流将在绕组中产生较大的损耗，引起绕组发热，加速电动机绕组绝缘老化，且在大电流的冲击下，电动机绕组端部有发生位移和变形的可能，容易造成短路故障。因此，较大容量的电动机启动时，需要采用降压启动的方法。

任务要求：

① 根据操作要求进行，正确修整、改装时间继电器。

② 根据电器元件明细表，配齐所用的电器元件，并检验其质量。

③ 在规定的时间，依据电路图，照板前线槽布线的工艺要求，熟练运用技巧安装布线；准确、安全地连接电源，在教师的监护下通电试车。

④ 正确使用工具、仪表；安装质量要可靠，安装、布线技术要符合工艺要求；检修步骤和方法要科学、合理。

⑤ 要做到安全操作、文明生产。

背景知识

自得到动作信号起至触头动作或输出电路产生跳跃式改变有一定延时时间，该延时时间又符合其准确度要求的继电器称为时间继电器。它广泛用于需要按时间顺序进行控制的电气控制线路中。

常用的时间继电器主要有电磁式、电动式、空气阻尼式、晶体管式等。其中，电磁式时间继电器的结构简单、价格低廉，但体积和重量较大，延时较短（如 JT3 型只有 0.3～5.5s），且只能用于直流断电延时；电动式时间继电器的延时精度高，延时可调范围大（由几分钟到几小时），但结构复杂、价格贵。目前，在电力拖动线路中应用较多的是空气阻尼式时间继电器。随着电子技术的发展，近年来晶体管式时间继电器的应用日益广泛。

一、JS7—A 系列空气阻尼式时间继电器

空气阻尼式时间继电器又称气囊式时间继电器，是利用气囊中的空气通过小孔节流的原理来获得延时动作的。根据触头延时的特点，分为通电延时动作型和断电延时复位型两种。

1. 型号及含义（见图 1–71）

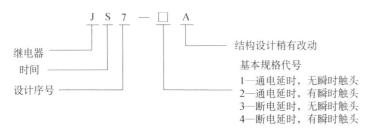

图 1-71　JS7—A 系列空气阻尼式时间继电器型号及含义

2. 结构

JS7—A 系列空气阻尼式时间继电器工作原理如图 1-72 所示。

它主要由以下几部分组成。

① 电磁系统：由线圈、铁芯和衔铁组成。

② 触头系统：包括两对瞬时触头（一常开、一常闭）和两对延时触头（一常开、一常闭）。

瞬时触头和延时触头分别是两个微动开关的触头。

③ 空气室：空气室为一空腔，由橡皮膜、活塞等组成。橡皮膜可随空气的增减而移动，顶部的调节螺钉可调节延时时间。

④ 传动机构：由推杆、活塞杆、杠杆和各种类型的弹簧等组成。

⑤ 基座：用金属板制成，用以固定电磁机构和气室。

3．工作原理

JS7—2A 型空气阻尼式时间继电器的工作原理如图 1-72 所示，当线圈 1 通电后，衔铁 3 连同 L 形托板 4 被铁芯 2 吸引而右移，微动开关 16 的触头迅速转换，L 形托板 4 的尾部便伸出支持件 14 尾部至 A 点；同时，连接在气室的橡皮膜 10 上的活塞杆 7 也右移，由于杠杆形撞块 6 连接在活塞杆 7 上，故撞块 6 的上部左移，由于橡皮膜 10 向右运动时，橡皮膜下方气室的空气稀薄形成负压，起到空气阻尼作用，所以经缓慢右移一定的时间后，撞块 6 上部的行程螺钉才能压动微动开关 15，使微动开关 15 的触头转换，达到通电延时目的；微动开关移动的速度即延时时间的长短，视进气孔的大小、进入空气室的空气流量而定，可通过延时调节螺钉 13 进行调整。当线圈 1 断电时，电磁吸力消失，衔铁 3 在反力弹簧的作用下释放，并通过活塞杆 7 将活塞推向下端，这时橡皮膜 10 下方气室内的空气通过橡皮膜、弹簧和活塞的肩部所形成的单向阀，迅速从橡皮膜上方的气室缝隙中排掉。因此杠杆形撞块 6 和微动开关 15 能迅速复位。在线圈 1 通电和断电时，微动开关 16 在托板 4 的作用下都能瞬时动作，即为时间继电器的瞬动触头。

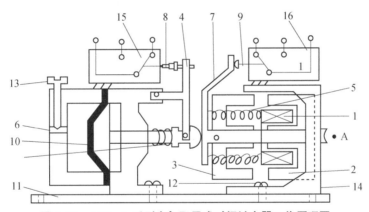

图 1-72 JS7—A 系列空气阻尼式时间继电器工作原理图

1—线圈；2—铁芯；3—衔铁；4—L 形托板；5—活塞杆；6—杠杆形撞块；7—活塞杆；8、9—复位弹簧；

10—橡皮膜；11—底板座；12—固定螺钉；13—延时调节螺钉；14—支持件；15、16—微动开关

实际上，我们如果碰到 JS7—A 系列时间继电器，只要将通电延时型时间继电器的电磁机构翻转 180°安装，即可变为断电延时型时间继电器。JS7—A 系列时间继电器的延时范围有 0.5～60s 和 0.4～180s 两种。

空气阻尼式时间继电器的特点如下。

优点：延时范围较大，不受电压和频率波动影响，结构简单，寿命长，价格低。

缺点：延时误差大，难以精确地延时，且延时值易受周围环境温度、尘埃等影响。

4．符号

时间继电器的符号如图 1-73 所示。

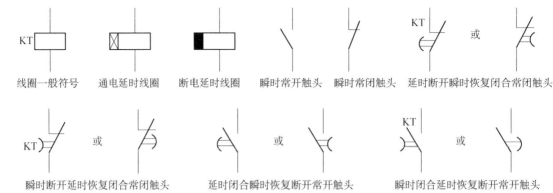

图 1-73　时间继电器的符号

在记忆的时候，我们可以把延时触头上的小帽子想象成箭头。大家都知道，在物理中箭头表示力的方向，这时我们就想象下，小帽子形成的箭头所代表的力对开关的断开和闭合分别起到促进还是阻碍作用。如果是促进，那就是瞬时动作，如果起阻碍作用，就是延时动作了。

5. 选用

① 根据系统的延时范围和精度选择时间继电器的类型和系列。在延时精度要求不高的场合，一般选用价格较低的 JS7—A 系列空气阻尼式时间继电器；反之，对精度要求较高的场合，可选用晶体管式时间继电器。

② 根据控制线路的要求选择时间继电器的延时方式（通电延时或断电延时）。同时，必须考虑线路对瞬时触头的要求。

③ 根据控制线路电压选择时间继电器吸引线圈的电压。

JS7—A 系列空气阻尼式时间继电器的技术数据见表 1-46。

表 1-46　JS7—A 系列空气阻尼式时间继电器的技术数据

型号	瞬时动作触头对数		有延时的触头对数				触头额定电压（V）	触头额定电流（A）	线圈电压（V）	延时范围（s）	额定操作频率（次/h）
			通电延时		断电延时						
	常开	常闭	常开	常闭	常开	常闭					
JS7—1A	—	—	1	1	—	—	380	5	24、36、110、127、220、380、420	0.4～60 及 0.4～180	600
JS7—2A	1	1	1	1	—	—					
JS7—3A	—	—	—	—	1	1					
JS7—4A	1	1	—	—	1	1					

6. 安装和使用

① 时间继电器应按照说明书规定的方向安装。无论是通电延时型还是断电延时型，都须使继电器在断电后，释放时衔铁的运动方向垂直向下，其倾斜度不得超过 5°。

② 时间继电器的整定值，应预先在不通电时整定好，并在试车时校正。

③ 时间继电器的金属底板上的接地螺钉必须与接地线可靠连接。

④ 通电延时型和断电延时型可在整定时间内自行调换。

⑤ 使用时，应经常清除灰尘及油污，否则延时误差将更大。

7. 常见故障及处理方法

JS7—A 系列空气阻尼式时间继电器的触头系统和电磁系统的故障和处理方法跟前面介

绍的几种低压电器相似，其常见故障及处理方法见表1-47。

表1-47 JS7—A系列时间继电器常见故障及处理方法

故障现象	可能原因	处理方法
延时触头不动作	电磁线圈断线	更换线圈
	电源电压过低	调高电源电压
	传动机构卡住或损坏	排除卡住故障或更换部件
延时时间缩短	气室装配不严，漏气	修理或更换气室
	橡皮膜损坏	更换橡皮膜
延时时间变长	气室内有灰尘，使气道阻塞	清除气室内灰尘，使气道畅通

空气阻尼式时间继电器的特点是延时范围大（0.4~180s）、结构简单、价格低、使用寿命长，但整定精度往往较差，只适用于一般场合。

二、JS20系列晶体管式时间继电器

晶体管式时间继电器也称半导体时间继电器或电子式时间继电器，具有机械结构简单、延时范围宽、整定精度高、体积小、耐冲击、耐振动、消耗功率小、调整方便及寿命长等优点，所以发展迅速，已成为时间继电器的主流产品，应用越来越广泛。晶体管式时间继电器按结构可分为阻容式和数字式两类，按延时方式可分为通电延时型、断电延时型及带瞬动触点的通电延时型三类。

JS20系列晶体管时间继电器是全国推广的统一设计产品，使用于交流50Hz、电压380V及以下或者直流电压220V及以下的控制电路中的延时元件，按预定的时间接通或分断电流，它具有体积小、质量轻、精度高、寿命长、通用性强等优点。

1. 型号及含义（见图1-74）

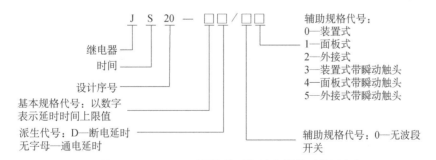

图1-74 JS20系列晶体管时间继电器的型号及含义

2. 结构

JS20系列晶体管时间继电器的外形具有保护外壳，其内部结构采用印制电路组建。安装和接线采用专用的插接座，并配有带插脚标记的下标牌作为接线指示，上标盘上还带有发光二极管作为动作指示。结构形式有外接式、装置式和面板式三种。外接式的整定电位器可通过插座用导线接到所需的控制板上；装置式具有带接线端子的胶木底座；面板式采用通用八大脚插座，可直接安装在控制台的面板上，另外还带有延时刻度和延时旋钮供整定延时时间用。JS20系列通电延时型时间继电器接线图如图1-75（a）所示。

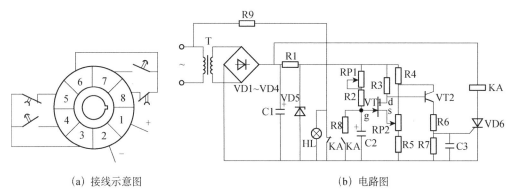

（a）接线示意图　　　　　　　　　　　　（b）电路图

图 1-75　JS20 系列通电延时型时间继电器的接线示意图和电路图

3. 工作原理

JS20 系列通电延时型时间继电器的电路图如图 1-75（b）所示，它由电源、电容充放电电路、电压鉴别电路、输出和指示电路五部分组成。电源接通后，经整流滤波和稳压后的直流电，经过 RP1 和 R2 向电容 C2 充电。当场效应管 VT1 的栅源电压 U_{gs} 低于关断电压 U_p 时，VT1 截止，因而 VT2、VD6 也导通，继电器 KA 吸合，输出延时信号。同时电容 C2 通过 $R8$ 和 KA 的常开触头放电，为下次动作做好准备，切断电源时，继电器 KA 释放，电路恢复原始状态，等待下次动作。调节 RP1 和 RP2 即可调整延时时间。

4. 适用场合

① 电磁式时间继电器不能满足要求。

② 要求的延时精度较高。

③ 控制回路相互协调需要无触点输出等。

JS20 系列晶体管时间继电器的主要技术参数见表 1-48。

表 1-48　JS20 系列晶体管时间继电器的主要技术参数

型号	结构形式	延时整定元件位置	延时范围（s）	延时触头对数				不延时触头对数		误差（%）		环境温度（℃）	工作电压（V）		功率消耗（W）	机械寿命（万次）
				通电延时		断电延时		常开	常闭	重复	综合		交流	直流		
				常开	常闭	常开	常闭									
JS20—□/00	装置式	内接		2	2											
JS20—□/01	面板式	内接		2	2	—	—	—	—							
JS20—□/02	装置式	外接	0.1~300	2	2											
JS20—□/03	装置式	内接		1	1			1	1							
JS20—□/04	面板式	内接		1	1	—	—	1	1							
JS20—□/05	装置式	外接		1	1			1	1				36、110、127、220、380	24、48、110		
JS20—□/10	装置式	内接		2	2					±3	±10	-40~+40			≤5	1000
JS20—□/11	面板式	内接		2	2	—	—	—	—							
JS20—□/12	装置式	外接	0.1~3600	2	2											
JS20—□/13	装置式	内接		1	1			1	1							
JS20—□/14	面板式	内接		1	1	—	—	1	1							
JS20—□/15	装置式	外接		1	1			1	1							
JS20—□D/00	装置式	内接				2	2									
JS20—□D/00	面板式	内接	0.1~180	—	—	2	2	—	—							
JS20—□D/00	装置式	外接				2	2									

工具：常用电工工具、电烙铁等。

器材：实训所用器材见表 1-49。

表 1-49　时间继电器实训器材

代号	名称	型号	规格	数量
KT	时间继电器	JS7—2A	线圈电压 380V	1
QS	组合开关	HZ10—25/3	三极、25A	1
FU	熔断器	RL1—15/2	500V、15A、配熔体 2A	1
SB1、SB2	按钮	LA4—3H	保护式、按钮数 3	1
HL	指示灯		220V、15W	3
	配电盘		500mm×400mm×20mm	1
	导线	BVR—1.0	1.0 mm^2	若干

一、训练步骤及工艺要求

1. 整修 JS7—2A 型时间继电器的触点

① 松下延时或瞬时微动开关的紧固螺钉，取下微动开关。

② 均匀用力慢慢撬开并取下微动开关盖板。

③ 小心取下动触头及附件，要防止用力过猛而弹失小弹簧和薄垫片。

④ 进行触头整修，整修时，不允许用砂纸或其他研磨材料，而应使用锋利的刀刃或细锉修平，然后用纱布擦净，不得用手指直接接触触头或用油类润滑，以免沾污触头。整修后的触头应做到接触良好。若无法修复应调换新触头。

⑤ 按拆卸的逆顺序进行装配。

⑥ 手动检查微动开关的分合是否瞬时动作，触头接触是否良好。

2. 将 JS7—2A 型改装成 JS7—4A 型

① 松开时间继电器线圈支架紧固螺钉，取下线圈和铁芯总成部件。

② 将总成部件沿水平方向旋转 180°后，重新旋上紧固螺钉。

③ 观察延时和瞬时触头的动作情况，将其调整在最佳位置上。调整延时触头时，可旋松线圈和铁芯总成部件的安装螺钉，向上或向下移动后再旋紧。调整瞬时触头时，可松开安装瞬时微动开关底板上的螺钉，将微动开关向上或向下移动后再旋紧。

④ 旋紧各安装螺钉，进行手动检查，若达不到要求须重新调整。

3. 通电校验

① 将装配好的时间继电器按图 1-76 所示接入线路，进行通电校验。

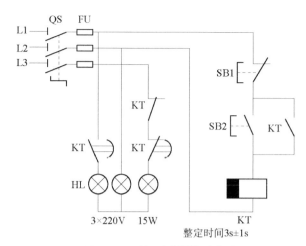

图 1-76　时间继电器校验电路图

② 通电校验要做到一次通电校验合格。合格的标准为：在 1min 内通电频率不少于 10 次，做到各触点工作良好，吸合时无噪声，铁芯释放无延缓，并且每次动作的时间一致。

4. 改装注意事项

① 拆装时应备有盛放零件的容器，避免零件丢失。

② 改装过程中，不允许硬撬，以防止损坏电器。

③ 在进行校验接线时，要注意各接线端子上线头间的距离，防止产生相见短路故障。

④ 通电校验时，必须将时间继电器紧固在控制板上，并可靠接地，且有指导教师监护，以确保用电安全。

⑤ 改装后的时间继电器，在使用时要将原来的安装位置水平旋转 180°，使衔铁释放时的运动方向始终保持垂直向下。

评分标准见表 1-50。

表 1-50　评分标准

项目	配分	评分标准	扣分
整修和改装	50	（1）丢失或损坏零件，每件扣 10 分 （2）改装错误或扩大故障扣 40 分 （3）整修、改装步骤或方法不正确，每次扣 5 分 （4）整修和改装不熟练，扣 10 分 （5）整修和改装后不能装配，不能通电，扣 50 分	
通电校验	50	（1）不能进行通电校验，扣 50 分 （2）校验线路接错，扣 20 分 （3）通电校验不符合要求： 　吸合时有噪声，扣 20 分 　铁芯释放缓慢，扣 15 分 　延时时间误差，每超过 1s 扣 10 分 　其他原因造成不成功，每次扣 15 分 （4）安装元件不牢固或漏接接地线，扣 15 分	

项目	配分	评分标准		扣分
安全文明生产	违反安全文明生产规程			
定额时间	90min，每超过 5min（不足 5min 以 5min 计）扣 5 分			
备注	除定额时间外，各项目的最高扣分不得超过配分数		分数	
开始时间		结束时间	实际时间	

二、直接启动

所谓直接启动，就是将电动机的定子绕组通过闸刀开关或者接触器直接接入电源，在额定电压下进行启动。

① 一般在有独立变压器供电（即用变压器作动力供电）的情况下，若电动机启动频繁，则电动机功率小于变压器容量的 20%时允许直接启动，若电动机不经常启动，则电动机功率小于变压器容量的 30%时也允许直接启动。

② 如果在没有独立的变压器供电（即与照明共用电源）的情况下，电动机启动比较频繁，则常按照经验公式来估算，满足下列关系即可直接启动：

$$\frac{\text{启动电流} I_{st}}{\text{额定电流} I_{N}} \leqslant \frac{3}{4} + \frac{\text{电源总容量}}{4 \times \text{电动机功率}}$$

直接启动无须附加启动设备，且操作和控制简单、可靠，维修量较小。所以，在条件允许的情况下应尽量采用。

通常规定：电源容量在 180kV·A 以上，电动机容量在 7kW 以下的三相异步电动机可采用直接启动。

三、Y-△降压启动控制线路

凡不满足直接启动条件的，均须采用降压启动。

降压启动是指利用启动设备将电压适当降低后，加到电动机的定子绕组上进行启动，电动机启动运转后，再使其电压恢复到额定值正常运转。

由于电流随电压的降低而减小，所以降压启动达到了减小启动电流的目的。但是，由于电动机转矩与电压的平方成正比，所以降压启动也将导致电动机的启动转矩大大降低。因此，降压启动需要在空载或者轻载下启动。

这里我们主要介绍 Y-△降压启动控制线路。

1. 手动控制 Y-△降压启动线路

我们首先来认识下电动机星形接法和三角形接法的各自特点。三相异步电动机共有 3 组绕组，分别是 U1-U2、V1-V2 和 W1-W2 三组绕组，3 组绕组的连接方法不同，其相电压、相电流、转矩都不相同。

当我们把定子绕组接成星形时，即把定子绕组的首端接三相电源，另一端短接在一起，如图 1-77（a）所示。这时定子绕组的相电压为电源相线与中性点之间的电压为 220V。

当我们把定子绕组接成三角形时，即把定子绕组的首尾两端两两相连，连接点接三相电源，如图 1-77（b）所示。其等效图如图 1-77（c）所示，U1、W2 接一起，V1、U2 接一起，W1、V2 接一起，分别接三相电源。这时，定子绕组的相电压为两相电源之间的电压，即线电压 380V。

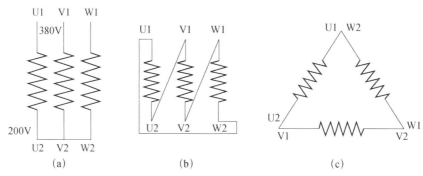

图 1-77　电动机定子绕组的不同接法

由此，我们可以看当电动机启动的时候，负载做三角形连接时的相电压是星形连接时相电压的 $\sqrt{3}$ 倍，启动电流是星形连接时的 3 倍，启动转矩也为星形连接时的 3 倍。我们可以根据定子绕组两种接法下的相电压和启动电流不同，来实现降压启动，即当启动时，把三相异步电动机定子绕组接成星形接法，待转速上升到额定转速后，再把定子绕组换接成三角形接法，正常运行。

这种降压启动方法只适用于轻载或空载下启动。凡是在正常运行时定子绕组做△连接的异步电动机，均可采用这种降压启动方法。

如图 1-78 所示是双投开启式负荷开关手动控制 Y-△降压启动控制线路。线路的工作原理如下：启动时，先合上电源开关 QS1，然后把开启式负荷开关 QS2 拨到"启动"位置，电动机定子绕组便接成 Y 形降压启动；当电动机转速上升并接近额定值时，再将 QS2 拨到"运行"位置，电动机定子绕组改接成△全压正常运行。

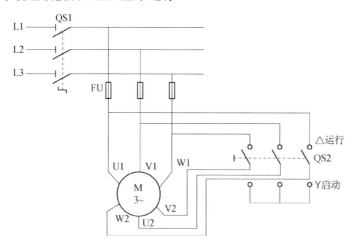

图 1-78　手动 Y-△降压启动线路

根据手动 Y-△降压启动线路的原理，我们可以生产出手动 Y-△启动器。

2. 手动 Y-△启动器

手动 Y-△启动器专门作为手动 Y-△降压启动用，有 QX1 和 QX2 系列，按控制电动机的容量分为 13kW 和 30kW 两种，启动器的正常操作频率为 30 次/h。

QX1 形手动 Y-△启动器的外形结构图、接线图和触头分合表如图 1-79 所示。

启动器有启动（Y）、停止（0）和运行（△）三个位置，当手柄拨到"0"位置时，八对触头都分断，电动机脱离电源停转；当手柄拨到"Y"位置时，1、2、5、6、8触头闭合接通，3、4、7触头分断，定子绕组的末端W2、U2、V2通过触头5和6接成Y形，始端U1、V1、W1则分别通过触头1、8、2接入三相电源L1、L2、L3，电动机进行Y降压启动；当电动机转速上升并接近额定转速时，将手柄拨到"△"位置，这时1、2、3、4、7、8触头闭合，5、6触头分断，定子绕组按U1→触头1→触头3→W2、V1→触头8→触头7→U2、W1→触头2→触头4→V2接成△全压正常运行。

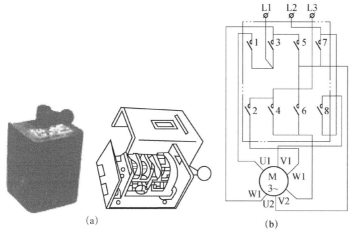

接点	手柄位置		
	启动Y	停止0	运行△
1	×		×
2	×		×
3			×
4			×
5	×		
6	×		
7			×
8	×		×

注：×—接通

(a)　　　　　(b)　　　　　(c)

图 1-79　QX1 型手动 Y-△启动器

3. 按钮、接触器控制 Y-△降压启动

用按钮和接触器控制 Y-△降压启动线路如图 1-80 所示。该线路使用了三个接触器和三个按钮。接触器 KM 作引入电源用，接触器 KMY 和 KM△分别作 Y 启动和△运行用，SB1 是启动按钮，SB2 是 Y-△换接按钮，SB3 是停止按钮，FU1 用于主电路的短路保护，FU2 用于控制电路的短路保护，FR 用于过载保护。

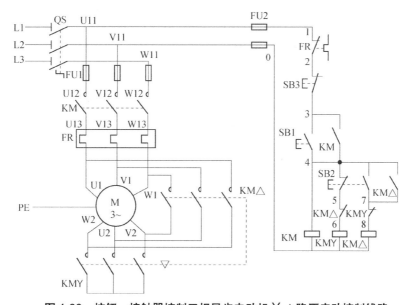

图 1-80　按钮、接触器控制三相异步电动机 Y-△降压启动控制线路

工作过程如下。

先合上电源开关 QS，电动机 Y 接法降压启动：

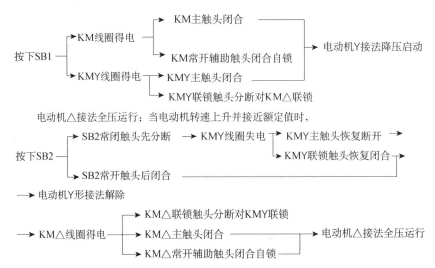

停止时，按下 SB3 即可实现。

4. 时间继电器自动控制 Y–△ 降压启动线路

当我们对现有的电动机的降压启动情况熟悉后，便可以记录所需时间，改装成时间继电器自动控制 Y-△ 降压启动控制线路。如图 1-81 所示，该线路由三个接触器、一个热继电器、一个时间继电器和两个按钮组成。接触器 KM 作为引入电源用，接触器 KMY 和 KM△ 分别作 Y 降压启动用和 △ 运行用，时间继电器 KT 用作控制 Y 降压启动时间和完成 Y-△ 自动切换，SB1 是启动按钮，SB2 是停止按钮，FU1 用于主电路的短路保护，FU2 用于控制电路的短路保护，KH 用于过载保护。（其中 KH 是热继电器的新国标文字符号，等同于 FR。）

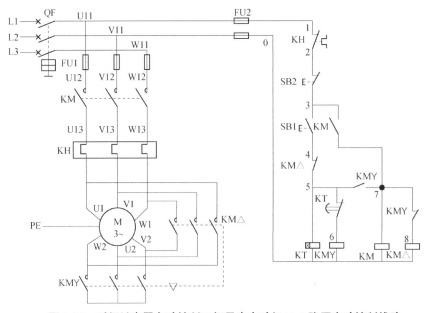

图 1-81 时间继电器自动控制三相异步电动机 Y-△ 降压启动控制线路

工作过程如下：先合上电源开关 **QF**。

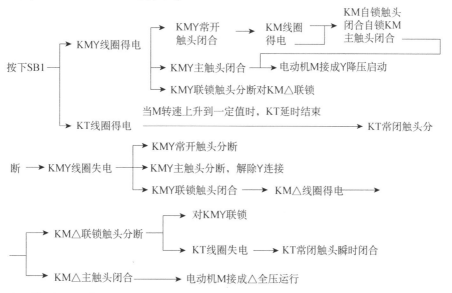

停止时，按下 **SB2** 即可。

该线路中，接触器 KMY 得电以后，通过 KMY 的辅助常开触头使接触器 KM 得电动作，这样 KMY 的主触头是在无负载的条件下进行闭合的，故可延长接触器 KMY 主触头的使用寿命。

5. Y-△自动启动器

时间继电器自动控制 Y-△减压启动线路的定型产品有 QX3、QX4 两个系列，称为 Y-△自动启动器，它们的主要技术数据见表 1-51。

表 1-51　Y-△自动启动器主要技术数据

启动器型号	控制功率（kW）			配用热元件的额定电流（A）	延时调整范围（s）
	220V	380V	500V		
QX3—13	7	13	13	11、16、22	4～16
QX3—30	17	30	30	32、45	4～16
QX4—17		17	13	15、19	11、13
QX4—30		30	22	25、34	15、17
QX4—55		55	44	45、61	20、24
QX4—75		75		85	30
QX4—125		125		100～160	14～60

QX3-13 型 Y-△自动启动器主要由三个接触器 KM、KMY、KM△，一个热继电器 KH、一个通电延时型时间继电器 KT 和两个按钮组成，其外形、结构与控制线路如图 1-82 所示。

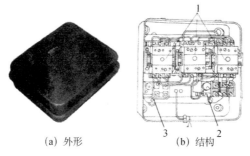

（a）外形　　　　　（b）结构

图 1-82　QX3-13 型 Y-△自动启动器外形、结构与控制线路

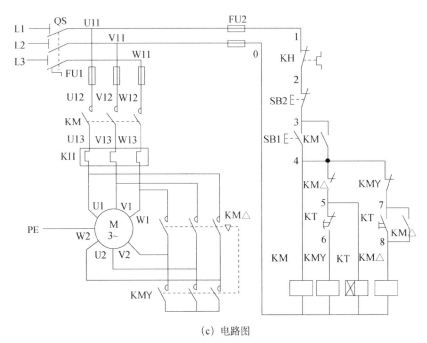

（c）电路图

图 1-82　QX3-13 型 Y-△ 自动启动器外形、结构与控制线路（续）

1—接触器；2—热继电器；3—时间继电器

 环境设备（二）

工具：测电笔、螺钉旋具、尖嘴钳、斜口钳、剥线钳、电工刀、电烙铁等。

仪表：万用表、钳形电流表等。

相关设备及电器见表 1-52。

表 1-52　时间继电器自动控制 Y-△ 降压启动控制线路相关设备及电器

代号	名称	规格	型号	数量
M	三相笼型异步电动机	Y132S—4	5.5kW、380V、11.6A、△接法	1
QF	低压断路器	DZ5—20/330	三极、复式脱扣器、380V、20A	1
FU1	熔断器	RL1—60/25	500V、60A、配熔体 25A	3
FU2	熔断器	RL1—15/2	500V、15A、配熔体 2A	2
KM，KMY，KM△	交流接触器	CJT1—20	20A、线圈电压 380V	3
KT	时间继电器	JS7—2A	线圈电压 380V	1
KH	热继电器	JR36B—20/3	三极、20A、整定电流 11.6A	1
SB1，SB2	按钮	LA4—3H	保护式、按钮 3	1
XT	端子板	JD0—1020	380V、10A、20 节	1
	配电盘一块			1
	导线	BVR	1.5 mm² （黑色）	若干
		BVR	1.5 mm² （黄绿双色）	若干
		BVR	1.0 mm² 和 0.75 mm² （红色）	若干
	走线槽			若干
	编码套管			若干
	紧固件			若干
	针形及叉形轧头			若干
	金属软管			若干
HL	指示灯		220V、15W	3

一、实习步骤

① 按元件明细表将所需器材配齐并检验元件质量。

· 时间继电器延时触头和瞬时触头及线圈的辨别和检查。

· 交流接触器常开触头、常闭触头和线圈的检查和检修。

· 熔断器熔体是否完好。

· 热继电器和时间继电器的整定值调节。

② 在控制板上按照图 1-83 布置、固装所有电器元件，并贴上醒目的文字符号。

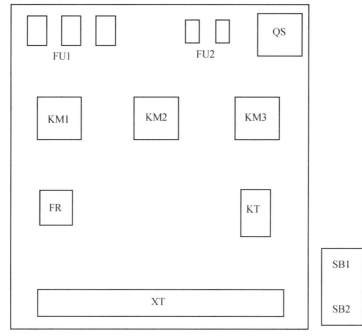

图 1-83　Y-△降压启动控制线路元件布局图

各元器件的布局要合理，带有电磁机构的低压电器安装时最少要 3 个螺钉固定，不带有电磁机构的低压电器至少要由两个螺钉进行固定。元器件安装好后，把线槽固定好，以便布线。

安装时间继电器时，衔铁释放时的运动方向始终保持垂直向下。

③ 按接线图进行板内布线，并在线头上套数码管和冷压接线头。

· KM1、KM2、KM3 主触头的接线：注意要分清进线端和出线端。如接触器 KM1 的进线必须从三相定子绕组的末端引入，若误将其首端引入，则在 KM1 吸合时，会产生三相电源短路事故。

· 注意控制线路中 KM1 和 KM3 触头的选择和 KT 触头、线圈之间的接线。KM 的辅助触头最多允许接两根线，接线端子最多接一根线，接线时，注意合理分配线头接到接线座上。

·每根导线都必须装有线号，且线号的排列方向为便于观察的方向。

·电动机的接线端与接线排上出线端的连接。接线时要保证电动机△接法的正确性，即接触器 KM2 主触头闭合时，应保证定子绕组的 U1 与 W2、V1 与 U2、W1 与 V2 相连接。

·熔断器和按钮盒上的接线柱一定采用羊角扣接法。

④ 自检控制板线路的正确性。

a. 主电路。

万用表打在 $R×1$ 挡。

·按下 KM1，表棒分别接在 U11—U1、V11—V1、W11—W1，这时表针应指在零。

·按下 KM3，表棒接在 W2—U2、U2—V2、V2—W2，这时表针应指在零。

·按下 KM2，表棒分别接在 U1—W2、V1—U2、W1—V2，这时表针应指在零。

b. 控制电路。

万用表打在 $R×100$ 或 $R×1k$ 挡，表棒接在 1—0 之间。

·按下 SB1，表针指在 1kΩ 左右，同时按下 KT 一段时间，表针指 2kΩ。

·按下 KM1，表针指在 2kΩ 左右，同时按下 SB2，表针指 0。

·按下 SB3，表针指在 1kΩ 左右，同时按下 SB1 或 KM1，表针指 0。

·按下 KM2 和 KM3，表针指在 1kΩ 左右，同时按下 SB1 或 KM1，表针指 0。

⑤ 可靠连接电动机和电器元件金属外壳的保护接地线。一定注意地线和零线的区别。电动机接线排按照如图 1-84 所示的方式连接好。

⑥ 经指导教师初检后，通电校验，接电动机试运转。

⑦ 拆去控制板外接线和评分。

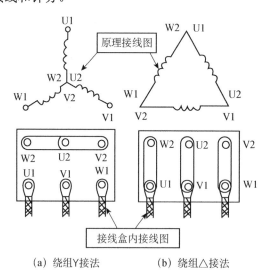

(a) 绕组Y接法　　　　(b) 绕组△接法

图 1-84　电动机接线排连接

二、安全要求和注意事项

① 电动机必须安放平稳，其金属外壳与按钮盒的金属部分须可靠接地。

② 用 Y-△降压启动控制的电动机,必须有 6 个出线端且定子绕组在△接法时的额定电压等于电源线电压。

③ 接线时要保证电动机△接法的正确性,即接触器 KM2 主触头闭合时,应保证定子绕组的 U1 与 W2、V1 与 U2、W1 与 V2 相连接。

④ 接触器 KM1 的进线必须从三相定子绕组的末端引入,若误将其首端引入,则在 KM1 吸合时,会产生三相电源短路事故。

⑤ 控制板外部配线,必须按要求一律装在导线通道内,使导线有适当的机械保护,以防止液体、铁屑和灰尘的侵入。在训练时可适当降低标准,但必须以确保安全为条件,如采用多芯橡皮线或塑料护套软线。

⑥ 通电效验前要再检查一下熔体规格及时间继电器、热继电器的各整定值是否符合要求。

⑦ 通电效验必须有指导教师在现场监护,学生应根据电路图的控制要求独立进行校验,若出现故障也应自行排除。

⑧ 安装训练应在规定定额时间内完成。同时要做到安全操作和文明生产。

 质量评价标准（二）

评分标准见表 1-53。

表 1-53　评分标准

项目内容	配分	评分标准	扣分
选用工具、仪表及器材	15 分	(1) 工具、仪表及元件少选或错选,每个扣 2 分 (2) 电器元件错选型号和规格,每个扣 2 分 (3) 选错元件数量或型号规格没有写全,每个扣 2 分	
安装布线	45 分	(1) 电器布局不合理,每处扣 5 分 (2) 电器元件安装不牢固,每个扣 4 分 (3) 电器元件安装不整齐、不匀称、不合理,每个扣 3 分 (4) 损坏电器元件,每个扣 15 分 (5) 走线槽安装不符合要求,每处扣 2 分 (6) 不按电路图接线,每处扣 15 分 (7) 布线不符合要求,每处扣 3 分 (8) 接点松动、露铜过长、反圈等,每处扣 1 分 (9) 损伤导线绝缘层或线芯,每根扣 5 分 (10) 漏装或套错编码套管,每处扣 1 分 (11) 漏接地线,每处扣 10 分	
通电试车	40 分	(1) 热继电器和时间继电器未整定或整定错误,扣 5 分 (2) 熔体规格选用不当,扣 5 分 (3) 第一次试车不成功,扣 10 分 　　第二次试车不成功,扣 15 分 　　第三次试车不成功,扣 20 分	
安全文明生产		违反安全文明生产规程,扣 10~40 分	
定额时间		3h,修复故障过程允许超时,每超 1min 扣 5 分	
备注		除定额时间外,各项内容的最高扣分不得超过配分数	成绩
开始时间		结束时间	实际时间

拓展与提高

一、定子绕组串接电阻降压启动控制线路

定子绕组串接电阻降压启动是指在电动机启动时，把电阻串接在电动机定子绕组与电源之间，通过电阻的分压作用来降低定子绕组上的启动电压。待电动机启动后，再将电阻短接，使电动机在额定电压下正常运行。

定子绕组串接电阻降压启动控制线路如图 1-85 所示。

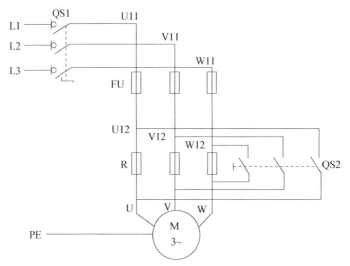

图 1-85　定子绕组串接电阻降压启动控制线路

其工作原理如下：

先合上电源开关 QS1→电动机 M 串联电阻 R 进行降压启动，当电动机的转速升高到一定值时→合上 QS2→电阻 R 被开关 QS2 的触头短接→电动机全压正常运转。

手动方式是通过操作开关 QS2 来实现的，工作既不方便也不可靠。因此，在实际应用中，常采用时间继电器来自动完成短接电阻的要求，实现自动控制。

时间继电器自动控制定子绕组串接电阻降压启动中用接触器 KM2 的主触头代替手动线路中的开关 QS2 来短接电阻 R，用时间继电器 KT 来控制电动机从减压启动到全压运行的时间，从而实现了自动控制。

请学生根据前面的时间继电器控制 Y-△降压启动线路的原理图，设计时间继电器控制定子绕组串接电阻降压启动线路原理图并分析其工作原理。

串接电阻降压启动的缺点是减小了电动机的启动转矩，同时启动时在电阻上功率消耗也较大，如果启动频繁，则电阻的温度很高，对精密的机床会产生一定的影响。因此，目前这种降压启动的方法，在生产实际中的应用正在逐渐减少。

二、自耦变压器降压启动控制线路图

图 1-86 所示是自耦变压器降压启动原理图。启动时，先合上电源开关 QS1，再将开关 QS2 拨到"启动"位置，此时电动机的定子绕组与变压器的二次侧相接，电动机进行降压启动。待电动机转速上升到一定值时，迅速将开关 QS2 从"启动"位置拨到"运行"位置，这时，电动机与自耦变压器脱离而直接与电源相接，在额定电压下正常运行。

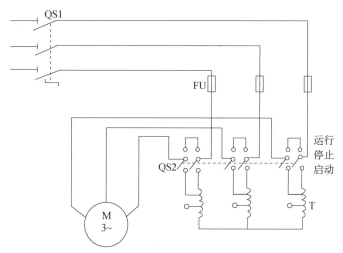

图 1-86　自耦变压器降压启动工作原理图

可见，自耦变压器减压启动是在电动机启动时利用自耦变压器来降低加在电动机定子绕组上的启动电压，待电动机启动后，再使电动机与自耦变压器脱离，从而在全压下正常运行。

利用自耦变压器进行减压的自动装置称为自耦减压启动器，其产品主要有手动式和自动式两种。

手动式自耦减压启动器适用于一般工业用交流 50Hz 或 60Hz，额定电压 380V，功率 10～75kW 的三相笼型异步电动机，作不频繁降压启动和停止用。

自动式自耦减压器广泛用于交流 50Hz、电压为 380V、功率为 14～300kW 的三相笼型异步电动机作为不频繁减压启动用。

三、延边△降压启动

延边△降压启动是指电动机启动时，把定子绕组的一部分接成"△"，另一部分接成"Y"，使整个绕组接成延边三角形，如图 1-87（a）所示。待电动机启动后，再把定子绕组改接成△全压运行，如图 1-87（b）所示。

延边△减压启动是在 Y-△降压启动的基础上加以改进而形成的一种启动方式，把 Y 和△两种接法结合起来，使电动机每相定子绕组承受的电压小于△接法时的相电压，而大于 Y 接法时的相电压，并且每相绕组电压的大小可通过改变电动机绕组抽头的位置来调节，从而克服了 Y-△降压启动时启动电压偏低、启动转矩偏小的缺点。

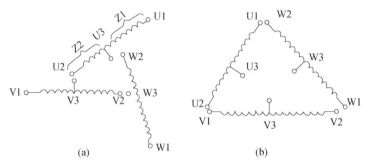

图 1-87　延边△降压电动机定子绕组的连接方式

采用延边△启动的电动机要有 9 个出线端，这样不用自耦变压器，通过定子绕组的抽头比，就可以得到不同数值的启动电流和启动转矩，从而满足不同的使用要求。

延边△降压启动的电路图如图 1-88 所示，工作原理请自行分析。

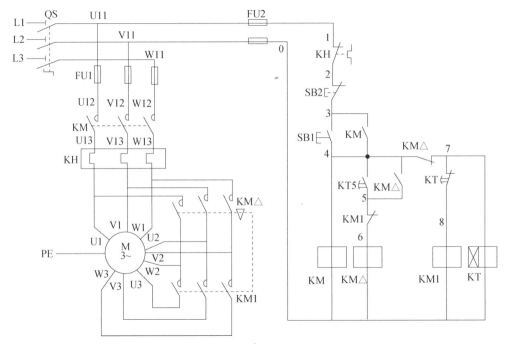

图 1-88　延边△降压启动的电路图

四、固态降压启动器

以上的几种降压启动的方法，其共同特点是启动转矩固定不可调节，启动过程中存在较大的冲击电流，被拖动负载易受到较大的机械冲击。另外，一旦出现电网电压波动，还容易造成启动困难甚至使电动机堵转。而停止时由于都是瞬间断电，也会造成剧烈的电网电压波动和机械冲击，为此，人们研制了固态降压启动器。

固态降压启动器是一种集电动机软启动、软停车、轻载节能和多种保护功能于一体的新型电动机控制装置。其主要特点：全数字自动控制；启动电流小，启动转矩大而平稳；启动参数可根据负载特性任意调节；可连续、频繁启动；可分别启动多台电动机；具有完善、可靠的保护功能。

固态降压启动器由电动机的启停控制装置和软启动控制器组成，软启动控制器是其核心部件，由功率半导体器件和其他电子元器件组成，是利用电力电子技术与自动控制技术，将强电和弱电结合起来的控制技术，其主要结构是一组串接于电源与被控电动机之间的三相反并联晶闸管及其电子控制电路，利用晶闸管移相控制原理，控制三相反并联晶闸管的导通角，使被控电动机的输入电压按不同的要求而变化，从而实现不同的启动功能，可见，软启动器实际上是一个晶闸管交流调压器。通过改变晶闸管的触发角，就可以调节晶闸管调压电路的输出电压。

软启动器的工作原理是：启动时，使晶闸管的导通角从零开始逐渐前移，电动机的端电压从零开始，按预设函数关系逐渐上升，直至达到所需的启动转矩而使电动机顺利启动，最后晶闸管全导通使电动机全压运行。

五、变频器

变频器是利用电力半导体器件的通断作用将工频电源变换为另一频率的电能控制装置。

主电路是给异步电动机提供调压调频电源的电力变换部分，变频器的主电路大体上可分为两类。电压型变频器将电压源的直流变换为交流，直流回路的滤波采用电容。电流型将电流源的直流变换为交流，其直流回路滤波采用电感。它由三部分构成，将工频电源变换为直流功率的"整流器"，吸收在变流器和逆变器中产生的电压脉动的"平波回路"，以及将直流功率变换为交流功率的"逆变器"。

① 整流器：最近大量使用的是二极管变流器，它把工频电源变换为直流电源。也可用两组晶体管变流器构成可逆变流器，由于其功率方向可逆，可以进行再生运转。

② 平波回路：在整流器整流后的直流电压中，含有电源 6 倍频率的脉动电压，此外逆变器产生的脉动电流也使直流电压变动。为了抑制电压波动，采用电感和电容吸收脉动电压（电流）。装置容量小时，如果电源和主电路构成器件有余量，可以省去电感采用简单的平波回路。

③ 逆变器：同整流器相反，逆变器是将直流功率变换为所要求频率的交流功率，以所确定的时间使 6 个开关器件导通、关断就可以得到三相交流输出。

控制电路是给异步电动机供电（电压、频率可调）的主电路提供控制信号的回路，它由频率、电压的"运算电路"，主电路的"电压、电流检测电路"，电动机的"速度检测电路"，将运算电路的控制信号进行放大的"驱动电路"，以及逆变器和电动机的"保护电路"组成。

① 运算电路：将外部的速度、转矩等指令同检测电路的电流、电压信号进行比较运算，决定逆变器的输出电压、频率。

② 电压、电流检测电路：与主回路电位隔离检测电压、电流等。

③ 驱动电路：驱动主电路器件的电路。它与控制电路隔离使主电路器件导通、关断。

④ 速度检测电路：以装在异步电动机轴上的速度检测器（tg、plg 等）的信号为速度信号，送入运算回路，根据指令和运算可使电动机按指令速度运转。

⑤ 保护电路：检测主电路的电压、电流等，当发生过载或过电压等异常时，为了防止逆变器和异步电动机损坏，使逆变器停止工作或抑制电压、电流值。

异步电动机的转矩是电动机的磁通与转子内流过电流之间相互作用而产生的，在额定频率下，如果电压一定而只降低频率，那么磁通就过大，磁回路饱和，严重时将烧毁电动机。因此，频率与电压要成比例地改变，即改变频率的同时控制变频器输出电压，使电动机的磁通保持一定，避免弱磁和磁饱和现象的产生。

采用变频器运转，随着电动机的加速相应提高频率和电压，启动电流被限制在150%额定电流以下（根据机种不同，为125%～200%）。用工频电源直接启动时，启动电流为额定电流的6～7倍，因此，将产生机械电气上的冲击。采用变频器传动可以平滑地启动（启动时间变长）。启动电流为额定电流的1.2～1.5倍，启动转矩为70%～120%额定转矩；对于带有转矩自动增强功能的变频器，启动转矩为100%额定转矩以上，可以带全负载启动。

也就是说，变频器能够实现软启动器所能实现的功能，并且能够更加省电。值得注意的是，降压启动仅仅是变频器一个简单的功能。

变频器接线图如图1-89所示。

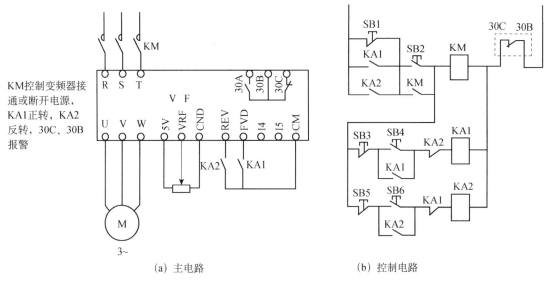

(a) 主电路　　　　　　　　　(b) 控制电路

图1-89　变频器接线图

 复习题

1. 如何选用时间继电器？安装和使用时应注意哪些事项？

2. 什么叫降压启动？常见的降压启动方法有哪几种？

3. 通常规定在什么情况下可以允许直接启动？

4. 什么是Y-△降压启动？如何实现？

5. 图1-90所示为用按钮、接触器控制的Y-△降压启动线路，试分析说明该线路能否正常工作。若不能，试加以改正，并说明KM、KMY、KM△的作用。

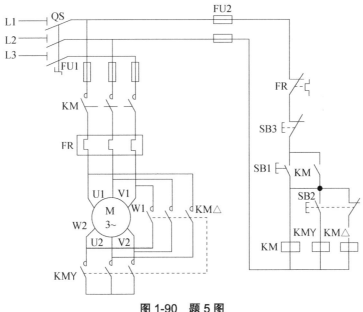

图1-90　题5图

6. 写出图1-82所示的QX3—13型Y-△自动启动器的工作原理。

任务七　绕线转子异步电动机启动与调速控制线路的安装与调试

知识目标：

① 掌握绕线异步电动机转子绕组串接频敏变阻器启动控制线路的工作原理。

② 熟悉线路的安装、调试过程和工艺要求。

③ 掌握频敏变阻器的安装、调试和检修方法。

能力目标：

① 提高学生运用技巧安装、布线的能力。

② 提高学生自主分析电路工作原理的能力。

③ 培养学生应急处理问题的能力。

情感目标：

① 培养学生严谨、认真、职业的工作态度。

② 培养学生解决实际问题的能力。

③ 培养学生安全操作、文明生产的工作习惯。

在实际生产中对要求启动转矩较大且能平滑调速的场合，常常采用三相绕线转子异步电动机。绕线转子异步电动机的优点是可以通过滑环在转子绕组中串接电阻来改善电动机的机械特性，从而达到减小启动电流、增大启动转矩以及平滑调速的目的。而三相绕线转子异步电动机的启动与调速控制就是本任务学习中所要重点掌握的。

任务要求：

① 掌握频敏变阻器、中间继电器等电器的工作原理、使用方法及安装要求。

② 根据电器元件明细表，配齐所用的电器元件，并检验其质量。

③ 在规定的时间，依据电路图，按照板前线槽布线的工艺要求，熟练运用技巧安装、布线；准确、安全地连接电源，在教师的监护下通电试车。

④ 正确使用工具、仪表；安装质量要可靠，安装、布线技术要符合工艺要求；检修步骤和方法要科学、合理。

⑤ 要做到安全操作、文明生产。

一、中间继电器

中间继电器是用来增加控制电路中的信号数量或将信号放大的继电器，其输入信号是线圈的通电和断电，输出信号是触头的动作，由于触头的数量较多，所以可用来控制多个元件或回路。

1. 中间继电器的型号及含义

JZ 系列中间继电器的型号及含义如图 1-91 所示。

图 1-91　JZ 系列中间继电器的型号及含义

2. 中间继电器的结构及工作原理

中间继电器的结构及工作原理与接触器基本相同，因而中间继电器又称接触器式继电器。但中间继电器的触头对数多，且没有主辅之分，各对触头允许通过的电流大小相同，多数为

5A。因此，对于工作电流小于 5A 的电气控制线路，可用中间继电器代替接触器实施控制。其外形如图 1-92 所示。

常用的中间继电器有 JZ7、JZ14 等系列，JZ7 系列为交流中间继电器。JZ7 系列中间继电器采用立体布置，由铁芯、衔铁、线圈、触头系统、反作用弹簧和缓冲弹簧等组成。触头采用双断点桥式结构，上下两层各有四对触头，下层触头只能是常开触头，故触头系统可按 8 常开，6 常开 2 常闭及 4 常开 4 常闭组合。继电器吸引线圈额定电压有 12V、36V、110V、220V、380V 等。

JZ14 系列中间继电器有交流操作和直流操作两种，采用螺管式电磁系统和双断点桥式触头，其基本结构为交直流通用，只是交流铁芯为平顶形，直流铁芯与衔铁为圆锥形接触面，触头采用直列式分布，对数达 8 对，可按 6 常开 2 常闭，4 常开 4 常闭或 2 常开 6 常闭组合。该系列继电器带有透明外罩，可防止尘埃进入内部而影响工作的可靠性。

中间继电器在电路图中的符号如图 1-93 所示。

（a）线圈   （b）常开触头   （c）常闭触头

图 1-92 JZ 系列中间继电器外形   图 1-93 中间继电器在电路图中的符号

3. 中间继电器的选用

中间继电器主要依据被控制电路的电压等级，所需触头的数量、种类、容量等要求来选择。常用中间继电器的技术数据见表 1-54。

表 1-54 常用中间继电器的技术数据

型号	电压种类	触头电压（V）	触头额定电流（A）	触头组合 常开	触头组合 常闭	通电持续率	吸引线圈电压（V）	吸引线圈消耗功率	额定操作频率（次/h）
JZ7—44 JZ7—62 JZ7—80	交流	380	5	4 6 8	4 2 0	40%	12、24、36、48、110 127、380、420、440 500	12VA	1200
JZ14—□□J/□	交流	380	5	6 4 2	2 4 6	40%	110、127、220、380 24、48、110、220	10VA	2000
JZ14—□□Z/□	直流	220						7W	
JZ15—□□J/□	交流	380	10	6 4 2	2 4 6	40%	36、127、220、380 24、48、110、220	11VA	1200
JZ15—□□Z/□	直流	220						11W	

中间继电器的安装、使用、常见故障及处理方法与接触器类似。

二、频敏变阻器

频敏变阻器是利用铁磁材料的损耗随频率变化来自动改变等效阻抗值，以使电动机达到平滑启动的变阻器。它是一种精致的无触点电磁元件，实质上是一个铁芯损耗非常大的三相电抗器。适用于绕线转子异步电动机的转子回路，作启动电阻用。在电动机启动时，将频敏变阻器串接在转子绕组中，由于频敏变阻器的等效阻抗随转子电流频率减小而减小，从而减小机械和电流的冲击，实现电动机的平稳无级启动。

常用的频敏变阻器有 BP1、BP2、BP3、BP4 和 BP6 等系列。我们主要对 BP1 系列做简单介绍。

1. 频敏变阻器的型号及含义（见图 1–94）

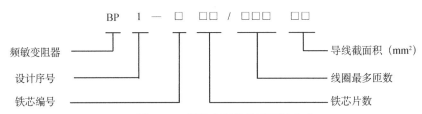

图 1-94　频敏变阻器的型号及含义

2. 频敏变阻器的结构及工作原理

频敏变阻器的结构为开启式，类似于没有二次绕组的三相变压器。BP1 系列频敏变阻器的外形如图 1-95 所示。它主要由铁芯和绕组两部分组成。铁芯由数片 E 形钢板叠成，上、下铁芯用四根螺栓固定。拧开螺栓上的螺母，可在上、下铁芯间增减非磁性垫片，以调整空气气隙长度。出厂时上、下铁芯间的空气隙为零。绕组有四个抽头，一个在绕组背面，标号为N；另外三个在绕组正面，标号分别为 1、2、3。抽头 1～N 之间为 100%匝数，2～N 之间为 85%匝数，3～N 之间为 71%匝数。出厂时三组线圈均接在 85%匝数抽头处，并接成 Y 形。

频敏变阻器的工作原理如下：三相绕组通入电流后，由于铁芯用厚钢板制成，交流磁通在铁芯中产生很大涡流，产生很大的铁芯损耗。频率越高，涡流越大，铁损也越大。交流磁通在铁芯中的损耗可等效地看作电流在电阻中的损耗。因此，频率变化时相当于等效电阻的阻值在变化。在电动机刚启动的瞬间，转子电流的频率最高（等于电源的频率），频敏变阻器的等效阻抗最大，限制了电动机的启动电流；随着转子转速的升高，转子电流的频率逐渐减小，频敏变阻器的等效阻值也逐渐减小，从而使电动机转速平稳地上升到额定转速。

用频敏变阻器启动绕线转子异步电动机的优点是：启动性能好，无电流和机械冲击，结构简单，价格低廉，使用维护方便。但因功率因数较低，启动转矩较小，不宜用于重载启动。频敏变阻器在电路中的符号如图 1-96 所示。

图 1-95　BP1 系列频敏变阻器

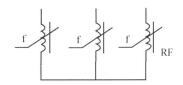

图 1-96　频敏变阻器符号

3. 频敏变阻器的选用

① 根据电动机所拖动的生产机械的启动负载特性和操作频繁程度，选择频敏变阻器。频

敏变阻器的基本适用场合见表 1-55。

表 1-55　频敏变阻器的基本适用场合

负载特性			轻载	重载
适用的频敏变阻器系列	频繁程度	偶尔	BP1、BP2、BP4	BP4G、BP6
		频繁	BP1、BP2、BP3	

② 按电动机功率选择频敏变阻器的规格。在确定了所选择的频敏变阻器系列后，根据电动机的功率查有关技术手册，即可确定配用的频敏变阻器规格。

4. 频敏变阻器的安装与使用

① 频敏变阻器应牢固地固定在基座上，当基座为铁磁物质时应在中间垫入 10mm 以上的非磁性垫片，以防影响频敏变阻器的特性。同时频敏变阻器还应可靠接地。

② 连接线应按电动机转子额定电流选用相应截面的电缆线。

③ 试车前，应先测量对地绝缘电阻，如其值小于 1MΩ，则先进行烘干处理后方可使用。

④ 试车时，如发现启动转矩或启动电流过大或过小，应对频敏变阻器进行调整。

⑤ 使用过程中应定期清除尘垢，并检查线圈的绝缘电阻。

5. 频敏变阻器的故障和处理方法

频敏变阻器的结构简单，常见的故障主要有线圈绝缘电阻降低或绝缘损坏、线圈断路或短路及线圈烧毁等情况，其处理方法与接触器相类似。

三、转子绕组串接频敏变阻器启动控制线路

图 1-97 所示为绕线转子三相异步电动机的符号，它可以通过滑环在转子绕组中串接电阻来改善电动机的机械特性，从而达到减小启动电流、增大启动转矩以及调节转速的目的。在要求启动转矩较大且有一定调速要求的场合，如起重机、卷扬机等，常常采用三相绕线转子异步电动机拖动。

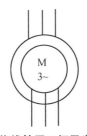

图 1-97　绕线转子三相异步电动机的符号

绕线转子异步电动机采用转子绕组串接电阻的启动方法，要想获得良好的启动特性，一般需要较多的启动级数，所用电器较多，控制线路复杂，设备投资大，维修不便，同时由于逐级切除电阻，会产生一定的机械冲击力。因此，在工矿企业中对于不频繁启动设备，广泛采用频敏变阻器代替启动电阻，来控制绕线转子异步电动机的启动。

频敏变阻器是一种阻抗值随频率明显变化（敏感于频率）、静止的无触点电磁元件。它实质上是一个铁芯损耗非常大的三相电抗器。在电机启动时，将频敏变阻器 RF 串接在转子绕组

中，由于频敏变阻器的等值阻抗随转子电流频率的减小而减小，从而达到自动变阻的目的。因此，只用一级频敏变阻器就可以平稳地把电动机启动起来。启动完毕短接切除频敏变阻器。

转子绕组串接频敏变阻器启动的控制线路如图 1-98 所示。

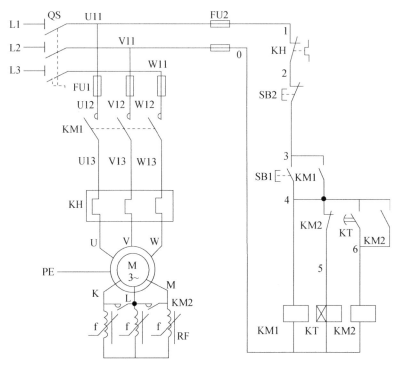

图 1-98　转子绕组串接频敏变阻器启动的控制线路

线路工作原理如下：先合上电源开关 QS。

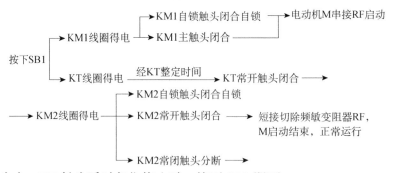

KT 线圈失电→KT 触头瞬时复位停止时，按下 SB3 即可。

工具：测电笔、螺钉旋具、尖嘴钳、斜口钳、剥线钳、电工刀等。

仪表：万用表、钳形电流表、兆欧表等。

相关设备及电器见表 1-56。

表 1-56 转子绕组串接频敏变阻器启动控制线路相关设备及电器

代号	名称	规格	型号	数量
M	绕线转子三相异步电动机	YZR—132MA—6	2.2kW、380V、6A/11.2A、908r/min	1
QS	电源开关	HK1—30	三极、380V、25A	1
FU1	熔断器	RL1—60/25	500V、60A、配熔体25A	3
FU2	熔断器	RL1—15/2	500V、15A、配熔体2A	2
KM1、KM2	交流接触器	CJT1—20	20A、线圈电压380V	3
KT	时间继电器	JS7—2A	线圈电压380V	1
KH	热继电器	JR16—20/3	三极、20A、整定电流6A	1
SB1、SB2	按钮	LA10—3H	保护式、按钮3	1
XT	端子板	JX2—1015	380V、10A、15节	1
RF	频敏变阻器	BP1—004/10003		1
	配电盘一块			1
	导线	BVR	1.5 mm² (黑色)	若干
		BVR	1.5 mm² (黄绿双色)	若干
		BVR	1.0 mm² 和 0.75 mm² (红色)	若干
	走线槽			若干
	编码套管			若干
	紧固件			若干
	针形及叉形轧头			若干

操作指导

一、安装步骤及工艺要求

① 按表 1-58 配齐所用的电器元件，并进行质量检验。要求其外观完好无损，型号规格标注齐全、完整，各项技术指标符合规定要求。

② 根据图 1-98 所示的电路图，画出布置图。

③ 在控制板上按布置图安装除电动机、频敏变阻器以外的电器元件，并贴上醒目的文字符号。安装要做到元件布置整齐、匀称、合理、紧固，不损坏电器元件。

④ 根据电路图在控制板上进行板前线槽布线，套编码套管和冷压接线头。布线要做到横平竖直，整齐、分布均匀、紧贴安装面及走线合理，套编码套管要正确，严禁损伤线芯和导线绝缘，各接点要牢靠不松动，并符合工艺要求。

⑤ 安装电动机、频敏变阻器。

⑥ 可靠连接电动机、频敏变阻器及各电器元件金属外壳的保护接地线，接地线必须接在它们指定的专用接地螺钉上。

⑦ 连接电源、电动机、频敏变阻器等控制板外部的导线。

⑧ 自检。

⑨ 检查无误后通电试车。

二、注意事项

① 时间继电器和热继电器的整定值应由学生在通电前自行整定。

② 出现故障后，学生应独立进行检修。但通电试车和带电检修时，必须有指导教师在现场监护。

③ 频敏变阻器要安装在箱体内。若置于箱外时，必须采取遮护或隔离措施，防止发生触

电事故。

④ 调整频敏变阻器的匝数和气隙时，必须先切断电源，并按以下方法进行调整。

· 启动电流过大、启动太快时，应换接抽头，使匝数增加，可使用全部匝数。匝数增加将使启动电流减小，启动转矩也同时减小。

· 启动电流过小、启动转矩太小、启动太慢时，应换接抽头，使匝数减少。可使用 80% 或更少的匝数。匝数减少将使启动电流增大，启动转矩也同时增大。

· 如果刚启动时，启动转矩偏大，机械有冲击现象，而启动完毕后，稳定转速又偏低，这时可在上下铁芯间增加气隙。可拧开变阻器两面的四个拉紧螺栓的螺母，在上下铁芯之间增加非磁性垫片。增加气隙将使启动电流略微增加，启动转矩稍有减少，但启动完毕转矩会稍有增大，使稳定转速得以提高。

质量评价标准

评分标准见表 1-57。

表 1-57 评分标准

项目内容	配分	评分标准		扣分
选用工具、仪表及器材	15 分	(1) 工具、仪表少选或错选，每个扣 2 分 (2) 电器元件错选型号和规格，每个扣 2 分 (3) 选错元件数量或型号规格没有写全，每个扣 2 分		
安装布线	45 分	(1) 电器布局不合理，每处扣 5 分 (2) 电器元件安装不牢固，每处扣 4 分 (3) 电器元件安装不整齐、不匀称、不合理，每处扣 3 分 (4) 损坏电器元件，每个扣 15 分 (5) 走线槽安装不符合要求，每处扣 2 分 (6) 不按电路图接线，每处扣 15 分 (7) 布线不符合要求，每处扣 3 分 (8) 接点松动、露铜过长、反圈等，每处扣 1 分 (9) 损伤导线绝缘层或线芯，每根扣 5 分 (10) 漏装或套错编码套管，每个扣 1 分 (11) 漏接接地线，每处扣 10 分		
通电试车	20 分	(1) 热继电器和时间继电器未整定或整定错误，扣 5 分 (2) 熔体规格选用不当扣 5 分 (3) 第一次试车不成功扣 10 分 　　第二次试车不成功扣 15 分 　　第三次试车不成功扣 20 分		
安全文明生产		违反安全文明生产规程，扣 10～70 分		
定额时间		3h，修复故障过程允许超时，每超 1min 扣 5 分		
备注		除定额时间外，各项内容的最高扣分不得超过配分数	成绩	
开始时间		结束时间	实际时间	

拓展与提高

一、电流继电器

反映输入量为电流的继电器叫电流继电器。电流继电器的线圈串联在被测电路中。为了使串入电流继电器线圈的电路能正常工作，要求电流继电器的线圈匝数少，导线粗，阻抗小。

电流继电器可分为过电流继电器和欠电流继电器两种。

1. 过电流继电器

过电流继电器主要用于频繁启动和重载启动的场合，在电力拖动系统中，常采用过电流继电器作为电路的过电流保护。在电路正常工作时，过电流继电器不动作，当电流超过某一整定值时才动作。通常，交流过电流继电器的吸合电流 $I_0=(1.1～3.5)I_N$，直流过电流继电器吸合电流 $I_0=(0.75～3)I_N$。

常用的过电流继电器有 JT4 系列交流通用继电器和 JL14 系列交直流通用继电器。在 JT4 系列过电流继电器的电磁系统上安装不同的线圈，便可制成过电流、欠电流、过电压或欠电压等继电器。JT4 系列通用继电器的技术数据见表 1-58。

表 1-58　JT4 系列通用继电器的技术数据

型号	可调参数调整范围	标称误差	返回系数	接点数量	吸引线圈		复位方式	机械寿命（万次）	电寿命（万次）	质量（kg）
					额定电压（或电流）	消耗功率				
JT4—□□A 过电压继电器	吸合电压 (1.05～1.20)U_N		0.1～0.3	1 常开 1 常闭	110、220、380V	75W	自动	1.5	1.5	2.1
JT4—□□P 零电压（或中间继电器）	吸合电压(0.60～0.85)U_N 释放电压(0.10～0.35)U_N	±10%	0.2～0.4	1 常开 1 常闭 或 2 常开 或 2 常闭	110、127、220、380V			100	10	1.8
JT4—□□L 过电流继电器	吸合电流(1.10～3.50)I_N		0.1～0.3		5、10、15、20、40、80、150、300、600A	5W		1.5	1.5	1.7
JT4—□□S 手动过电流继电器							手动			

JT4 系列过电流继电器如图 1-99 所示。它主要由线圈、圆柱形静铁芯、衔铁、触头系统和反作用弹簧等组成。

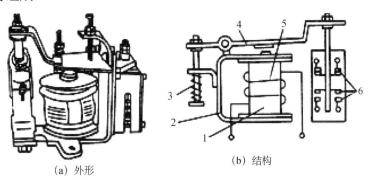

（a）外形　　　　　　　（b）结构

图 1-99　JT4 系列过电流继电器

1—铁芯；2—磁轭；3—反作用弹簧；4—衔铁；5—线圈；6—触头系统

当线圈通过的电流为额定值时，它所产生的电磁吸力不足以克服反作用弹簧的反作用力，此时衔铁不动作。当线圈通过的电流超过整定值时，电磁吸力大于弹簧的反作用力，铁芯吸引衔铁动作，带动常闭触头断开，常开触头闭合。调整反作用弹簧的作用力，可整定继电器的动作电流值。JT4 系列过电流机电系带有手动复位机构，这类电流继电器过电流动作后，当电流再减小甚至到零时，衔铁也不能自动复位，只有操作人员检查并排除故障后，手动松掉锁扣机构，衔铁才能在复位弹簧作用下返回，从而避免重复过电流事故的发生。

2. 欠电流继电器

当通过继电器的电流减小到低于其整定值时动作的继电器称为欠电流继电器。正常工作时，由于流过电磁线圈的负载电流大于继电器的吸合电流，所以衔铁处于吸合状态。当负载电流降低至继电器释放电流时，则衔铁释放，使触头动作。在直流电路中，如果直流电动机励磁回路断路将会产生直流电动机飞车等事故，因此，在电器产品中有直流欠电流继电器而无交流欠电流继电器，同样，在直流电路中有欠电流保护而交流电路中则无欠电流保护。欠电流继电器的动作电流为线圈额定电流的30%~65%，释放电流为线圈额定电流的10%~20%。

3. 电流继电器动作电流的整定方法

（1）吸合电流 I_0 的整定方法

对于直流电流继电器，当吸合电流 I_0 <600A 时，可用直流发电机来进行整定，如图1-100所示。将直流电流继电器线圈串接于直流发电机主回路，合上三相交流电源开关 QS1，启动三相交流电动机，拖动直流发电机旋转；再合上励磁开关 QS2，调节发电机励磁电阻 R，发电机电枢电流逐渐增加，直到所要求的吸合电流值；最后调节电流继电器释放弹簧的松紧，直到衔铁刚好产生吸合动作将衔铁吸合。至此，吸合电流整定完成。

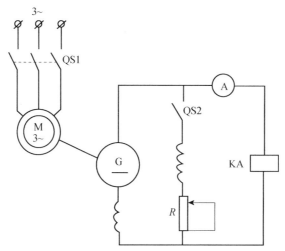

图 1-100 直流继电器吸合电流的整定

M—三相交流电动机；G—复励直流发电机；KA—直流电流继电器

对于交流电流继电器，可采用大电流发生器来进行整定。单相交流电源经单相调压器供给大电流发生器的原边，大电流发生器的副边串接交流电流继电器线圈。整定方法是：先将单相调压器滑动端点置于调压器输出电压为零的位置，合上电源开关 QS，移动调压器滑动触点，使调压器输出电压由零逐渐增加，这时，大电流发生器的副边电流也逐渐增加，直至增加到所要求的吸合电流值为止。调节释放弹簧的松紧，直至衔铁刚产生吸合动作为止。

（2）释放电流 I_r 的整定方法

交、直流电流继电器释放电流整定的电路与相应的吸合整定电路相同，但具体的释放电流整定方法类似于电压继电器释放电压的整定。

由于过电流继电器对释放电流无固定要求，可不整定；但对于欠电流继电器，释放电流是一个重要参数，必须进行整定。

4. 电流继电器的符号

电流继电器的文字符号为 KA，图形符号如图 1-101 所示。

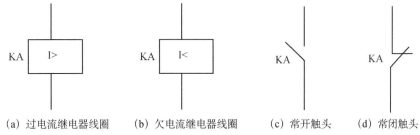

（a）过电流继电器线圈　　（b）欠电流继电器线圈　　（c）常开触头　　（d）常闭触头

图 1-101　电流继电器在电路图中的符号

5. 电流继电器的选用

① 电流继电器的额定电流一般可按电动机长期工作的额定电流来选择。对于频繁启动的电动机，考虑到启动电流在继电器中的热效应，额定电流可选大一个等级。

② 电流继电器的触头种类、数量、额定电流及复位方式应满足控制电路的要求。

③ 过电流继电器的整定值一般取电动机额定电流的 1.7～2 倍，对于频繁启动场合可取 2.25～2.5 倍。

6. 电流继电器的安装与使用

① 安装前应检查继电器的额定电流及整定值是否与实际使用要求相符。继电器的动作部分是否动作灵活、可靠，外罩及壳体是否有损坏或缺件等情况。

② 安装后应在触头不通电的情况下，使吸引线圈通电操作几次，看继电器动作是否可靠。

③ 定期检查继电器各零件是否有松动及损坏现象，并保持触头清洁。

电流继电器的常见故障及处理与接触器相似。

二、凸轮控制器

凸轮控制器就是利用凸轮来操作动触头动作的控制器，主要用于功率不大于 30kW 的中小型绕线转子异步电动机线路中，借助其触头系统直接控制电动机的启动、停止、调速、反转和制动，具有线路简单、运行可靠、维护方便等优点，在桥式起重机等设备中得到广泛应用。

下面我们以 KTJ1 系列凸轮控制器为例进行介绍。

1. 凸轮控制器的型号及含义（见图 1-102）

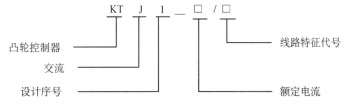

图 1-102　凸轮控制器的型号及含义

2. 凸轮控制器的结构及工作原理

凸轮控制器的结构如图 1-103 所示。它主要由手柄、触头系统、转轴、凸轮和外壳等部分组成。其触头系统共有 12 对触头，9 常开 3 常闭。其中，4 对常开触头接在主电路中，用于控制电动机的正反转，配有石棉水泥制成的灭弧罩，其余 8 对触头用于控制电路中，不带灭弧罩。

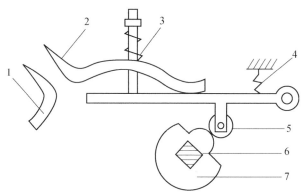

图 1-103　凸轮控制器的结构

1—静触头；2—动触头；3—触头弹簧；4—复位弹簧；5—滚子；6—绝缘方轴；7—凸轮

　　凸轮控制器的工作原理：动触头与凸轮固定在转轴上，每个凸轮控制一个触头。当转动手柄时，凸轮随轴转动，当凸轮的凸起部分顶住滚轮时，动、静触头分开；当凸轮的凹处与滚轮相碰时，动触头受到触头弹簧的作用压在静触头上，动、静触头闭合。在方轴上叠装形状不同的凸轮片，可使各个触头按预定的顺序闭合或断开，从而实现不同的控制目的。

　　凸轮控制器的触头分合情况，通常用触头分合表来表示。KTJ1—50/1 凸轮控制器的触头分合表如图 1-104 所示。上面第二行表示手轮的 11 个位置，左侧就是凸轮控制器的 12 对触头。各触头在手轮处于某一位置时的通、断状态用某些符号标记，符号"×"表示对应触头在手轮处于此位置时是闭合的，无此符号表示是分断的。例如：手轮在反转"3"位置时，触头 AC2、AC4、AC5、AC6 及 AC11 处有"×"标记，表示这些触头是闭合的，其余触头是断开的。两触头之间有短接线的表示它们一直是连通的。

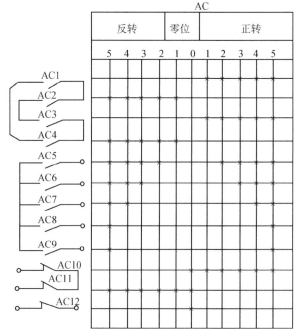

图 1-104　KTJ1—50/1 凸轮控制器的触头分合表

3. 凸轮控制器的选用

凸轮控制器主要根据所控制电动机的功率、额定电压、额定电流、工作制和控制位置数目来选择。KTJ1 系列凸轮控制器的技术数据见表 1-59。

表 1-59　KTJ1 系列凸轮控制器的技术数据

| 型号 | 位置数 | | 额定电流（A） | | 额定控制功率（kW） | | 每小时操作次数不超过 | 质量（kg） |
	向前（上升）	向后（下降）	长期工作制	通电持续率在 40%以下的工作制	220V	380V		
KTJ1—50/1	5	5	50	75	16	16		28
KTJ1—50/2	5	5	50	75	*	*		26
KTJ1—50/3	1	1	50	75	11	11		28
KTJ1—50/4	5	5	50	75	11	11		23
KTJ1—50/5	5	5	50	75	2X11	2X11	600	28
KTJ1—50/6	5	5	50	75	11	11		32
KTJ1—80/1	6	6	80	120	22	30		38
KTJ1—80/3	6	6	80	120	22	30		38
KTJ1—150/1	7	7	150	225	60	100		—

4. 凸轮控制器的安装与使用

① 凸轮控制器在安装前应检查外壳及零件有无损坏，并清除内部灰尘。

② 安装前应操作控制器手柄不少于 5 次，检查有无卡滞现象。检查触头的分合顺序是否符合规定的分合表要求及每一对触头是否动作可靠。

③ 凸轮控制器必须牢固可靠地安装在墙壁或支架上，其金属外壳上的接地螺钉必须与接地线可靠连接。

④ 应按触头分合表或电路图要求接线，经反复检查，确认无误后才能通电。

⑤ 凸轮控制器安装结束后，应进行空载试验。启动时若凸轮控制器转到 2 位置后电动机仍未转动，则应停止启动，检查线路。

⑥ 启动操作时，手轮不能转动太快，应逐级启动，防止电动机的启动电流过大。

⑦ 凸轮控制器停止使用时，应将手轮准确地停在零位。

5. 凸轮控制器的常见故障及处理方法

凸轮控制器的常见故障及处理方法见表 1-60。

表 1-60　凸轮控制器的常见故障及处理方法

故障现象	可能的原因	处理方法
主电路中常开主触头间短路	（1）灭弧罩破裂 （2）触头间绝缘损坏 （3）手轮转动过快	（1）调换灭弧罩 （2）调换凸轮控制器 （3）降低手轮转动速度
触头过热使触头支持件烧焦	（1）触头接触不良 （2）触头压力变小 （3）触头上连接螺钉松动 （4）触头容量过小	（1）修整触头 （2）调整或更换触头压力弹簧 （3）旋紧螺钉 （4）调换控制器
触头熔焊	（1）触头弹簧脱落或断裂 （2）触头脱落或磨光	（1）调换触头弹簧 （2）更换触头
操作时有卡滞现象及噪声	（1）滚动轴承损坏 （2）异物嵌入凸轮或触头	（1）调换轴承 （2）清除异物

三、转子绕组串接电阻启动控制线路

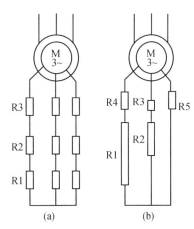

图 1-105　转子绕组串接电阻

启动时，在转子回路中接入作 Y 连接、分级切换的三相启动电阻器，并把可变电阻放到最大位置，以减小启动可变电阻。启动完毕后，可变电阻减小到零，转子绕组被直接短接，电动机便在额定状态下运行。

电动机转子绕组中串接的外加电阻在每段切除前和切除后，三相电阻始终是对称的，称为三相对称电阻器，如图 1-105（a）所示。启动过程依次切除 R1、R2、R3，最后全部电阻被切除。与上述相反，启动时串入的全部三相电阻是不对称的，而每段切除后三相仍不对称，称为三相不对称电阻器，如图 1-105（b）所示。启动过程依次切除 R1、R2、R3、R4，最后全部电阻被切除。

如果电动机要调速，则将可变电阻调到相应的位置即可，这时可变电阻便称为调速电阻。

1. 按钮操作控制线路

按钮操作转子绕组串接电阻启动的控制线路如图 1-106 所示。

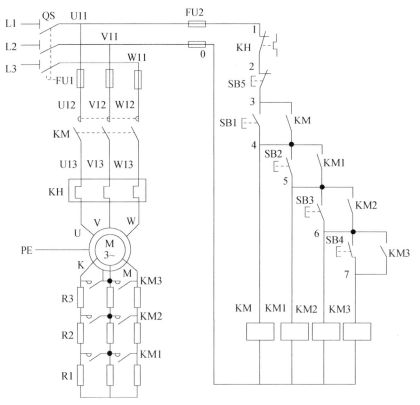

图 1-106　按钮操作转子绕组串接电阻启动的控制线路

线路的工作原理如下：

合上电源开关 QS。

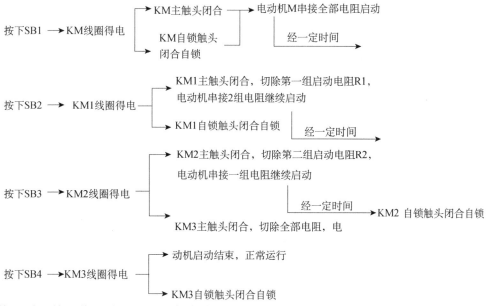

按下SB1 → KM线圈得电
→ KM主触头闭合 → 电动机M串接全部电阻启动
→ KM自锁触头闭合自锁
经一定时间

按下SB2 → KM1线圈得电
→ KM1主触头闭合，切除第一组启动电阻R1，电动机串接2组电阻继续启动
→ KM1自锁触头闭合自锁
经一定时间

按下SB3 → KM2线圈得电
→ KM2主触头闭合，切除第二组启动电阻R2，电动机串接一组电阻继续启动
经一定时间 → KM2 自锁触头闭合自锁
→ KM3主触头闭合，切除全部电阻，电

按下SB4 → KM3线圈得电
→ 动机启动结束，正常运行
→ KM3自锁触头闭合自锁

停止时，按下停止按钮 SB5，控制电路失电，电动机 M 停转。

2. 时间继电器自动控制线路

按钮操作控制线路的缺点是操作不便，工作也不完全可靠，所以在实际生产中常采用时间继电器自动控制短接启动电阻的控制线路，如图 1-107 所示。该线路是用三个时间继电器 KT1、KT2、KT3 和三个接触器 KM1、KM2、KM3 的相互配合来依次自动切除转子绕组中的三级电阻的。

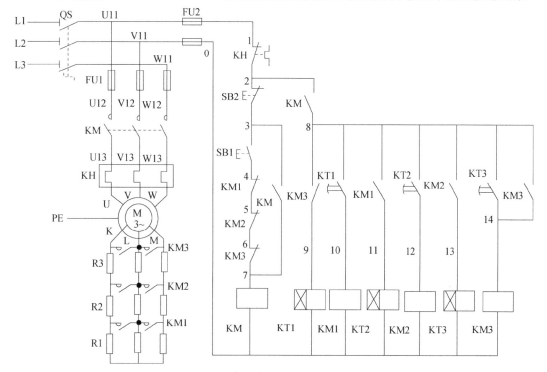

图 1-107 时间继电器自动控制短接启动电阻的控制线路

工作原理请学生自行分析。

与启动按钮 SB1 串接的接触器 KM1、KM2 和 KM3 的常闭辅助触头的作用是保证电动机在转子绕组中接入全部外加电阻的条件下才能启动。如果接触器 KM1、KM2 和 KM3 中任何一个触头因熔焊或机械故障而没有释放，启动电阻就没有被全部接入转子绕组中，从而使启动电流超过规定值。若把 KM1、KM2 和 KM3 的常闭触头和 SB1 串接在一起，就可避免这种现象的发生，因三个接触器中只要有一个触头没有恢复闭合，电动机就不可能接通电源直接启动。

停止时，按下 SB2 即可。

3. 电流继电器自动控制线路

电流继电器自动控制线路如图 1-108 所示，该线路是用三个过电流继电器 KA1、KA2 和 KA3 根据电动机转子电流变化，来控制接触器 KM1、KM2 和 KM3 依次得电动作，逐级切除外加电阻的。三个电流继电器 KA1、KA2 和 KA3 的线圈串接在转子回路中，它们的吸合电流都一样；但释放电流不同，KA1 的释放电流最大，KA2 次之，KA3 最小。

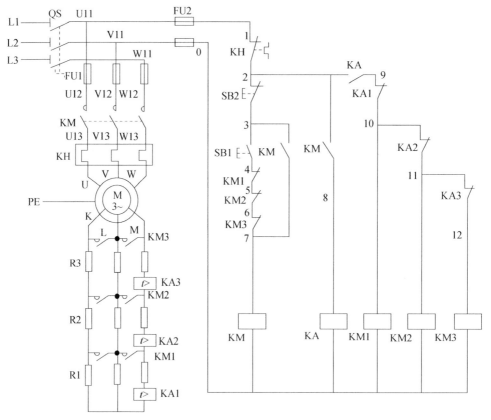

图 1-108　电流继电器自动控制线路

其工作原理如下：先合上电源开关 QS。

　　由于电动机 M 刚启动时转子电流很大，三个电流继电器 KA1、KA2 和 KA3 都吸合，它们接在控制电路中的常闭触头都断开，使接触器 KM1、KM2 和 KM3 的线圈都不能得电，接在转子电路中的常开触头都处于分断状态，全部电阻均被串接在转子绕组中。随着电动机转速的升高，转子电流逐渐减小，当减小至 KA1 的释放电流时，KA1 首先释放，使控制电路中 KA1 的常闭触头恢复闭合，接触器 KM1 线圈得电，其主触头闭合，短接切除第一组电阻 R1。当 R1 被切除后，转子电流重新增大，但随着电动机转速的继续升高，转子电流又会减小，当减小至 KA2 的释放电流时，KA2 释放，它的常闭触头 KA2 恢复闭合，接触器 KM2 线圈得电，主触头闭合，把第二组电阻 R2 短接切除。如此继续下去，直到全部电阻被切除，电动机启动完毕，进入正常运转状态。

　　中间继电器 KA 的作用是保证电动机在转子电路中接入全部电阻的情况下开始启动。因为电动机开始启动时，启动电流由零增大到最大值需一定的时间，这样就有可能出现 KA1、KA2、KA3 还未动作，KM1、KM2、KM3 就吸合而把电阻 R1、R2、R3 短接，使电动机直接启动。采用 KA 后，无论 KA1、KA2、KA3 有无动作，开始启动时可由 KA 的常开触头来切断 KM1、KM2、KM3 线圈的通电回路，保证了启动时串入全部电阻。

四、凸轮控制器控制线路

　　绕线转子异步电动机的启动、调速及正反转的控制，常常采用凸轮控制器来实现，尤其是功率不太大的绕线转子异步电动机用得更多，桥式起重机上大部分采用这种控制线路。

　　绕线转子异步电动机凸轮控制器控制线路如图 1-109（a）所示。图中转换开关 QS 作引入电源用；熔断器 FU1、FU2 分别作为主电路和控制电路的短路保护；接触器 KM 控制电动机电源通断，同时起欠压、失压保护作用；位置开关 SQ1、SQ2 分别作为电动机正反转时工作机构运动的限位保护；过电流继电器 KA1、KA2 作为电动机的过载保护；R 是电阻器；AC 是凸轮控制器，它有 12 对触头，如图 1-109（b）左边所示。图 1-109（b）中 12 对触头的分合状态是凸轮控制器手轮处于"0"位时的情况。当手轮处于正转的 1～5 挡或反转的 1～5 挡时，触头的分合状态如图所示，用"×"表示触头闭合，无此标记表示触头断开。AC 最上面的 4 对配有灭弧罩的常开触头 AC1～AC4 接在主电路中用以控制电动机正反转；中间 5 对常开触头 AC5～AC9 与转子电阻连接，用来逐级切换电阻以控制电动机的启动和调速；最下面的 3 对常闭辅助触头 AC10～AC12 都用于零位保护。

　　线路的工作原理如下：先合上电源开关 QS，然后将 AC 手轮放在"0"位，这时最下面 3 对触头 AC10～AC12 闭合，为控制电路的接通做准备。按下 SB1，接触器 KM 线圈得电，KM 主触头闭合，接通电源，为电动机启动做准备，KM 自锁触头闭合自锁。将 AC 手轮从"0"位转到正转"1"位置，这时触头 AC10 仍闭合，保持控制电路接通，触头 AC1、AC3 闭合，电动机 M 接通三相电源正转启动，此时由于 AC 触头 AC5～AC9 均断开，转子绕组串接全部电阻 R，所以启动电流较小，启动转矩也较小。如果电动机负载较大，则不能启动，但可起消除传动齿轮间隙和拉紧钢丝绳的作用。当 AC 手轮从正转"1"位转到"2"位时，触头 AC10、AC1、AC3 仍闭合，AC5 闭合，把电阻器 R 上的一级电阻短接切除，使电动机 M 正转加速。同理，当 AC 手轮一次转到正转"3"和"4"位置时，触头 AC10、AC1、AC3、AC5 仍保持闭合，AC6 和 AC7 先后闭合，把电阻器 R 的两级电阻相继短接，电动机 M 继续正转加速。当手轮转到"5"位置时，AC5～AC9 五对触头全部闭合，电阻器 R 全部电阻被切除，电动机启动完毕后全速运转。

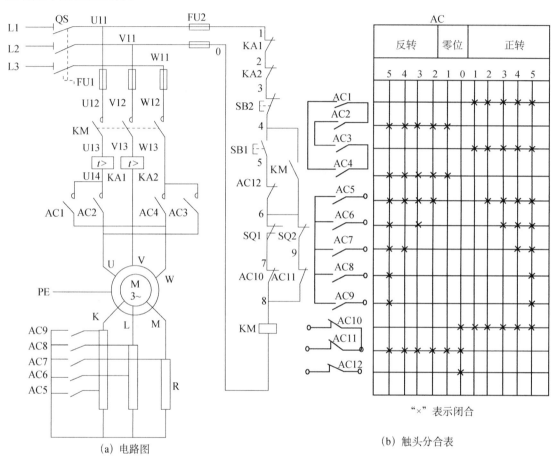

(a) 电路图　　　　　　　　　　　　(b) 触头分合表

图 1-109　绕线转子异步电动机凸轮控制器控制线路

当把手轮转到反转"1"～"5"位置时，触头 AC2 和 AC4 闭合，接入电动机的三相电源相序改变，电动机反转。触头 AC11 闭合使控制电路仍保持接通，接触器 KM 继续得电工作。凸轮控制器反向启动依次切除电阻的程序及工作原理与正转类似。

当凸轮控制器触头分合表[见图 1-109（b）]可以看出，凸轮控制器最下面的三对辅助触头 AC10～AC12，只有当手轮置于"0"位时才全部闭合，而在其余各位置都只有一对触头闭合（AC10 或 AC12），而其余两对断开。这三对触头在控制电路中如此安排，就保证了手轮必须置于"0"位时，按下启动按钮 SB1 才能使接触器 KM 线圈得电动作，然后通过凸轮控制器 AC 使电动机进行逐级启动，从而避免了电动机的直接启动，同时也防止了由于误按 SB1 而使电动机突然快速运转产生的意外事故。

复习题

1. 中间继电器和交流接触器各自有什么特点？
2. 什么是过电流继电器？它有哪些用途？如何选用？
3. 什么是频敏变阻器，安装和使用中应注意什么问题？
4. 绕线转子异步电动机的特点是什么？如何实现其启动控制及调速？
5. 什么是凸轮控制器？它的作用是什么？

任务八　三相异步电动机制动控制线路的安装、调试

学习目标

知识目标：

① 掌握三相异步电动机制动控制线路及相关低压电器的工作原理。
② 熟悉线路的安装、调试过程和工艺要求。
③ 掌握三相异步电动机制动控制线路的故障分析和检修方法。

能力目标：

① 提高学生运用技巧安装与布线的能力。
② 提高学生对电动机基本控制线路的故障分析能力。
③ 培养学生应急处理问题的能力。

情感目标：

① 培养学生严谨、认真、职业的工作态度。
② 培养学生解决实际问题的能力。
③ 养成学生安全操作、文明生产的工作习惯。

学习任务

电动机断开电源以后，由于惯性不会马上停止转动，而是需要转动一段时间才会完全停下来。这种情况对某些生产机械是不适宜的，如起重机的吊钩需要准确定位、万能铣床要求立即停转等。为满足生产机械的这种要求就需要对电动机进行制动。

所谓制动，就是给电动机一个与转动方向相反的转矩使它迅速停转（或限制其转速）。在这里我们着重介绍能耗制动。

任务要求：

① 根据电器元件明细表，配齐所用的电器元件，并检验其质量。

② 在规定的时间，依据电路图，按照板前线槽布线的工艺要求，熟练运用技巧安装布线；准确、安全地连接电源，在教师的监护下通电试车。

③ 在规定时间内，对人为设置的故障，用正确、合理的方法进行检修。

④ 正确使用工具、仪表；安装质量要可靠，安装、布线技术要符合工艺要求；检修步骤和方法要科学、合理。

⑤ 要做到安全操作、文明生产。

背景知识

一、速度继电器

速度继电器是反映速度和转向的继电器，其主要作用是以旋转速度的快慢为指令信号，与接触器配合实现对电动机的反接制动控制，因此也称反接制动继电器。

机床控制线路中常用的速度继电器有 JY1 型和 JFZ0 型。我们主要以 JY1 型速度继电器为例进行介绍。它是利用电磁感应原理工作的感应式速度继电器，具有结构简单、工作可靠、价格低廉等特点，广泛用于生产机械运动部件的速度控制和反接控制快速停车，如车床主轴、铣床主轴等。

1. 速度继电器的结构和原理

（1）结构

JY1 型速度继电器的结构如图 1-110（a）所示，它主要由转子、定子、可动支架、触头及端盖组成。转子由永久磁铁制成，固定在转轴上；定子由硅钢片叠成并装有笼型短路绕组，能做小范围偏转；触头有两组，一组在转子正转时动作，另一组在反转时动作。

（2）原理

JY1 型速度继电器的工作原理如图 1-110（b）所示。使用时，速度继电器的转轴与电动机的转轴连接在一起。当电动机旋转时，速度继电器的转子 7 随之旋转，在空间产生旋转磁场；旋转磁场在定子绕组 9 上产生感应电动势及感应电流，感应电流又与旋转磁场相互作用而产生电磁转矩，使得定子 8 以及与之相连的胶木摆杆 10 偏转。当定子偏转到一定角度时，胶木摆杆推动簧片 11，使继电器触头动作；当转子转速减少到接近零时，由于定子的电磁转矩减小，胶木摆杆恢复原状态，触头也随即复位。

速度继电器在电路图中的符号如图 1-110（c）所示。

2. 速度继电器的型号含义及技术数据

速度继电器的动作转速一般不低于 100～300r/min，复位转速在 100r/min 以下。常用的速度继电器中，JY1 型速度继电器能在 3000r/min 以下可靠工作。JFZ0 型的两组触头改用两个微动开关，使触头的动作速度不受定子偏转速度的影响，额定工作转速有 300～1000r/min 和

1000～3000r/min 两种。

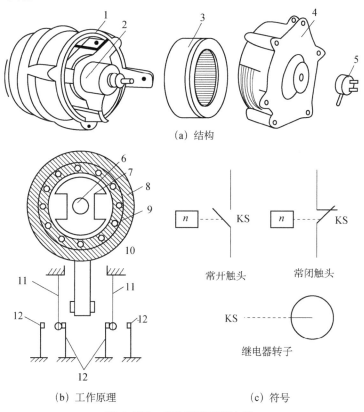

（a）结构

（b）工作原理　　　　　　（c）符号

图 1-110　JY1 型速度继电器

1—可动支架；2—转子；3—定子；4—端盖；5—连接头；6—电动机轴；7—转子（永久磁铁）；8—定子；

9—定子绕组；10—胶木摆杆；11—簧片（动触头）；12—静触头

JFZ0 型速度继电器的型号及含义如图 1-111 所示。

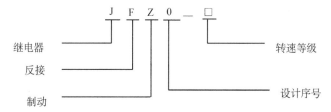

图 1-111　JFZ0 型速度继电器的型号及含义

3. 速度继电器的选用

速度继电器主要根据所需控制的转速大小、触头数量和电压、电流来选用。JY1 型和 JFZ0 型速度继电器的技术数据见表 1-61。

表 1-61　JY1 型和 JFZ0 型速度继电器的技术数据

型号	触头额定电压（V）	触头额定电流（A）	触头对数		额定工作转速（r/min）	允许操作频率（次/h）
			正转动作	反转动作		
JY1	380	2	1 组转换触头	1 组转换触头	100～3000	<30
JFZ0—1			1 常开、1 常闭	1 常开、1 常闭	300～1000	
JFZ0—2			1 常开、1 常闭	1 常开、1 常闭	1000～3000	

4. 速度继电器的安装和使用

① 速度继电器的转轴应与电动机同轴连接，且使两轴的中心线重合。速度继电器的轴可用联轴器与电动机连接，如图 1-112 所示。

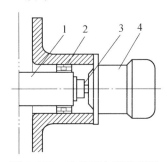

图 1-112 速度继电器的安装

1—电动机轴；2—电动机轴承；3—联轴器；4—速度继电器

② 安装接线时，应注意正反向触头不能接错，否则不能实现反接制动控制。

③ 金属外壳应可靠接地。

5. 速度继电器常见故障及处理方法

速度继电器常见故障及处理方法见表 1-62。

表 1-62 速度继电器常见故障及处理方法

故障现象	可能原因	处理方法
反接制动时速度继电器失效，电动机不能制动	胶木摆杆断裂	更换胶木摆杆
	触头接触不良	清洗触头表面油污
	弹性动触片断裂或失去弹性	更换弹性动触片
	笼型绕组开路	更换笼型绕组
电动机不能正常制动	弹性动触片调整不当	更新调节调整螺钉：将调整螺钉向下旋，弹性动触片增大，使速度较高时继电器才动作；或将调整螺钉向上旋，弹性动触片减小，使速度较低时继电器才动作

二、反接制动

在图 1-113（a）所示电路中，当 QS 向上投合时，电动机定子绕组电源电压相序为 L1—L2—L3，电动机将沿旋转方向[图 1-113（b）中顺时针方向]以小于 n_1 的转速正常运转。

当电动机需要停转时，拉下开关 QS，使电动机先脱离电源（此时转子由于惯性仍按原方向旋转）。随后，将开关 QS 迅速向下投合，由于 L1、L2 两相电源线对调，电动机定子绕组电源电压的相序变为 L2—L1—L3，旋转磁场翻转[图 1-113(b)中的逆时针方向]。此时转子将以 n_1+n 的相对转速沿原转动方向切割旋转磁场，在转子绕组中产生感应电流，用右手定则判断出其方向，如图 1-113（b）所示。而转子绕组一旦产生电流，又受到旋转磁场的作用，产生电磁转矩，其方向可用左手定则判断出来，如图 1-113(b)所示。可见，此转矩方向与电动机旋转方向相反，使电动机制动迅速停转。

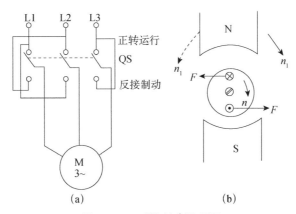

图 1-113　反接制动原理图

可见，反接制动是依靠改变电动机定子绕组的电源相序来产生制动力矩，迫使电动机迅速停转的。

当电动机转速接近零值时，应立即切断电动机电源，否则电动机将反转。为此，在反接制动设施中，为保证电动机的转速被制动到接近零值时，能迅速切断电源，防止反向启动，常利用速度继电器来自动地及时切断电源。

图 1-114 所示线路的主电路和正反转控制线路的主电路相同，只是在反接制动时增加了三个限流电阻 R，线路中 KM1 为正转运行接触器，KM2 为反接制动接触器，KS 为速度继电器，其轴与电动机轴相连（图 1-114 中用点画线表示）。

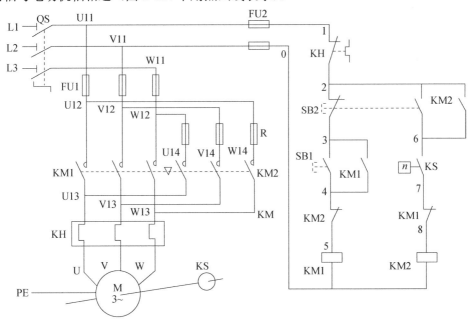

图 1-114　单向启动反接制动控制线路

线路工作原理如下：先合上电源开关 QS。

单向启动运转：

按下SB1 ──→ KM1线圈得电 ──┬──→ KM1自锁触头闭合自锁 ──→ 电动机M启动运转
　　　　　　　　　　　　　　├──→ KM1主触头闭合
　　　　　　　　　　　　　　└──→ KM1联锁触头分断对KM2联锁

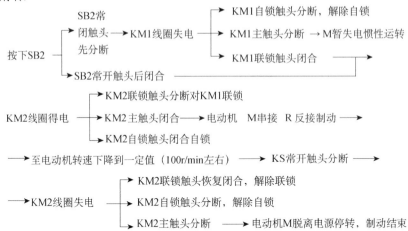

──→ 至电动机转速上升到一定值（120r/min左右）时 ──→ KS常开触头闭合为制
动做准备

能耗制动停转：

反接制动时，由于旋转磁场与转子的相对转速（n_1+n）很高，故转子绕组中感应电流很大，致使定子绕组中的电流很大，一般约为电动机额定电流的 10 倍。因此，反接制动适用于 10kW 以下小功率电动机的制动，并且对 4.5kW 以上的电动机进行反接制动时，须在定子绕组回路中串入限流电阻 R，以限制反接制动电流。限流电阻 R 的大小可参考下述经验计算公式进行计算。

在电源电压 380V 时，若要使反接制动电流等于电动机直接启动时启动电流的 $\frac{1}{2}I_{st}$，则三相电路每相应串入的电阻 R 值可取为

$$R \approx 1.5 \times \frac{220}{I_{st}}$$

若要使分解制动电流等于启动电流 I_{st}，则每相应串入的电阻 R' 值可取为

$$R' \approx 1.3 \times \frac{220}{I_{st}}$$

如果反接制动时，只在电源两相中串接电阻，则电阻值应加大，分别取上述电阻值的 1.5 倍。

反接制动的优点是制动力强，制动迅速。缺点是制动准确性差，制动过程中冲击强烈，易损坏传动零件，制动能量消耗大，不宜经常制动。因此，反接制动一般适用于制动要求迅速、系统惯性较大，不经常启动与制动的场合，如铣床、镗床、中型车床等主轴的制动控制。

三、能耗制动

1. 能耗制动工作原理

在图 1-115 所示电路中，断开电源开关 QS1，切断电动机的交流电源后，这时转子仍沿原方向惯性运转；随后立即合上开关 QS2，并将 QS1 向下合闸，电动机 V、W 两相定子绕组通入直流电，使定子中产生一个恒定的静止磁场，这样做惯性运转的转子因切割磁感线而在转子绕组中产生感应电流，其方向用右手点则判断，如图 1-115（b）所示。转子绕组中一旦

产生了感应电流，又立即受到静止磁场的作用，产生电磁转矩，用左手定则判断可知，此转矩的方向正好与电动机的转向相反，使电动机制动迅速停转。

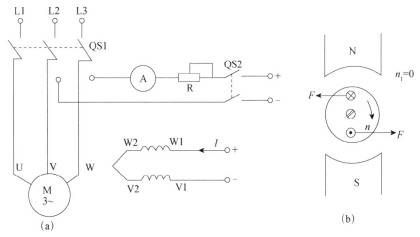

图 1-115　能耗制动原理图

由以上分析可知，这种制动方法是在电动机切断交流电源后，通过立即在定子绕组的任意两相中通入直流电，以消耗转子惯性运转的动能来进行制动的，所以称为能耗制动，又称动能制动。

2. 无变压器单相启动能耗制动自动控制线路

无变压器单相半波整流单向启动能耗制动自动控制电气原理如图 1-116 所示，线路采用单相半波整流器作为直流电源，所用附加设备较少，线路简单，成本低，常用于 10kW 以下小功率电动机，且对制动要求不高的场合。

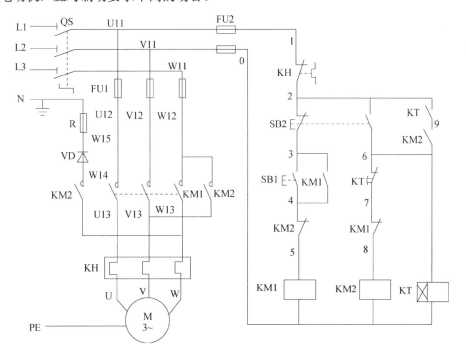

图 1-116　无变压器单相半波整流单向启动能耗制动自动控制电气原理图

线路工作原理如下：先合上电源开关 QS。

单向启动运转：

能耗制动停转：

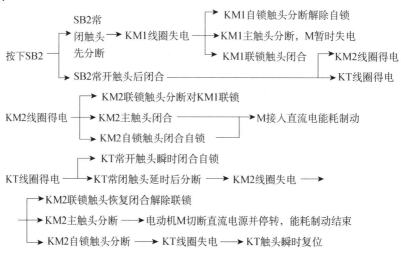

图 1-116 中 KT 瞬时闭合常开触头的作用是：当 KT 出现线圈断线或机械卡住等故障时，按下 SB2 后能使电动机制动后脱离直流电源。

3. 有变压器单相桥式整流单向启动能耗制动自动控制线路

对于功率在 10kW 以上的电动机，多采用有变压器单相桥式整流单向启动能耗制动自动控制线路，如图 1-117 所示。其中直流电源由单相桥式整流器 VC 供给，TC 是整流变压器，电阻 R 用来调节直流电流，从而调节制动强度，整流变压器一次侧与整流器的直流侧同时进行切换，有利于提高触头的使用寿命。

图 1-117 与图 1-116 的工作原理相同，但主电路的直流电源供给方式有所变化，工作原理请学生自己参照无变压器单相桥式整流能耗制动自动线路的工作原理自行分析。

能耗制动的优点是制动准确、平稳，且能量消耗较少。缺点是需要附加直流电源装置，设备费用较高，制动力较弱，在低速时制动力矩小。因此能耗制动一般用于要求制动准确、平稳的场合，如磨床、立式铣床等的控制线路中。

4. 能耗制动所需直流电源

一般用以下方法估算能耗制动所需的直流电源，其具体步骤如下（以常用的单相桥式整流电路为例）。

① 首先测量出电动机三根进线任意两根之间的电阻 R。

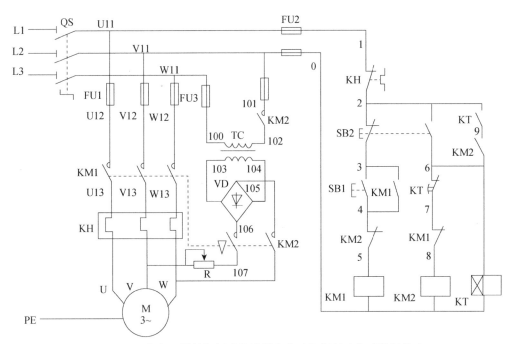

图 1-117 有变压器单相桥式整流单向启动能耗制动自动控制线路

② 测量出电动机的进线空载电流 I_0。

③ 能耗制动所需的直流电流 $I_L=KI_0$，所需的直流电压 $U_L=I_LR$。其中系数 K 一般取 $3.5\sim$ 4。若考虑到电动机定子绕组的发热情况，并使电动机达到比较满意的制动效果，对转速高、惯性大的传动装置可取其上限。

④ 单相桥式整流电源变压器二次侧绕组电压和电流有效值分别为

$$U_2=\frac{U_L}{0.9}, \quad I_2=\frac{I_L}{0.9}$$

变压器计算容量为

$$S=U_2I_2$$

如果制动不频繁，可取变压器实际容量为

$$S'=\left(\frac{1}{3}-\frac{1}{4}\right)S$$

⑤ 可调电阻 $R\approx2\Omega$，实际选用时，电阻功率的值也可以适当选小一些。

① 工具：测电笔、螺钉旋具、尖嘴钳、斜口钳、剥线钳、电工刀等。

② 仪表：兆欧表、钳形电流表、万用表等。

③ 电器元件见表 1-63。

表 1-63　有变压器单相桥式整流单向启动能耗制动自动控制线路相关设备及电器元件表

代号	名称	规格	型号	数量
M	三相笼型异步电动机	Y112M—4	4kW、380V、8.8A、△接法	1
QS	组合开关	HZ10—25/3	三极、380V、25A	1
FU1	熔断器	RL1—60/25	500V、60A、配熔体 25A	3
FU2	熔断器	RL1—15/4	500V、15A、配熔体 4A	2
KM1、KM2	交流接触器	CJT1—20	20A、线圈电压 380V	2
KT	时间继电器	JS7—2A	线圈电压 380V	1
KH	热继电器	JR36B—20/3	三极、20A、整定电流 8.8A	1
SB1,SB2	按钮	LA10—3H	保护式、按钮 3	1
XT	端子板	JD0—1020	380V、10A、20 节	1
VD	整流二极管	2CZ20	30A、600V	1
R	制动电阻		0.5Ω、50W	1
	配电盘一块			1
	导线	BVR	1.5 mm² （黑色）	若干
		BVR	1.5 mm² （黄绿双色）	若干
		BVR	1.0 mm² 和 0.75 mm² （红色）	若干
	走线槽			若干
	编码套管			若干
	紧固件			若干
	针形及叉形轧头			若干
	金属软管			若干

操作指导

一、安装训练

1. 安装步骤及工艺要求

① 按表 1-63 配齐所用电器元件，并检验元件质量。

② 根据图 1-117 所示电路图，画出布置图。

③ 在控制板上按布置图安装走线槽布线和除电动机、制动电阻以外的电器元件，并贴上醒目的文字符号。

④ 在控制板上按电路图进行板前线槽布线，并在导线端部套编码套管和冷压接线头。

⑤ 安装电动机，并进行直流部分的电子焊接。

⑥ 可靠连接电动机、直流部分和电器元件不带电的金属外壳的保护接地线。

⑦ 连接控制板外部的导线。

⑧ 自检。

⑨ 检查无误后通电试车。

2. 注意事项

① 时间继电器的整定时间不要测得太长，以免制动时间过长引起定子绕组发热。

② 整流二极管要配装散热器和固装散热器支架。

③ 制动电阻要安装在控制板外面。

④ 进行制动时，停止按钮 SB2 要按到底。

⑤ 通电试车时，必须有指导教师在现场监护，同时要做到安全文明生产。

二、检修训练

1. 故障设置

在控制电路或主电路中人为设置电器故障两处。

2. 故障检修

① 用通电试验法观察故障现象，若发现异常情况，应立即断电检查。

② 用逻辑分析法判断故障范围，并在电路图上用虚线标出故障部位的最小范围。

③ 用测量法准确迅速找到故障点。

④ 采用正确的方法排除故障。

⑤ 排除故障后通电试车。

3. 注意事项

① 检修前要掌握线路的构成、工作原理及操作顺序。

② 在检修过程中严禁扩大和产生新的故障。

③ 带电检修必须有指导教师在现场监护，并确保用电安全。

评分标准见表1-64。

表1-64　评分标准

项目内容	配分	评分标准	扣分
选用工具、仪表及器材	15分	（1）工具、仪表少选或错选，每个扣2分 （2）电器元件错选型号和规格，每个扣2分 （3）选错元件数量或型号规格没有写全，每个扣2分	
安装布线	45分	（1）电器元件布局不合理，每处扣5分 （2）电器元件安装不牢固，每处扣4分 （3）电器元件安装不整齐、不匀称、不合理，每处扣3分 （4）损坏电器元件，每个扣15分 （5）走线槽安装不符合要求，每处扣2分 （6）不按电路图接线，每处扣15分 （7）接线不符合要求，每处扣3分 （8）接点松动、露铜过长、反圈等，每处扣1分 （9）损伤导线绝缘层或线芯，每根扣5分 （10）漏装或套错编码套管，每个扣1分 （11）漏接接地线，每处扣10分	
通电试车	20分	（1）热继电器和时间继电器未整定或整定错误扣5分 （2）熔体规格选用不当扣5分 （3）第一次试车不成功扣10分 　　　第二次试车不成功扣15分 　　　第三次试车不成功扣20分	
安全文明生产	违反安全文明生产规程扣10～70分		
定额时间	3h，修复故障过程允许超时，每超1min扣5分		
备注	除定额时间外，各项内容的最高扣分不得超过配分数	成绩	
开始时间	结束时间	实际时间	

拓展与提高

一、常用于制动控制线路中的低压电器

1. 电磁抱闸制动器

（1）电磁抱闸制动器的结构

主要由两部分组成：制动电磁铁和闸瓦制动器，如图1-118所示。

制动电磁铁由铁芯、衔铁和线圈三部分组成。闸瓦制动器包括闸轮、闸瓦、杠杆和弹簧等，闸轮与电动机装在同一根转轴上。

断电制动型性能：当线圈得电时，闸瓦与闸轮分开，无制动作用，当线圈失电时，闸瓦紧紧抱住闸轮制动。

通电制动型的性能：当线圈得电时，闸瓦紧紧抱住闸轮制动；当线圈失电时，闸瓦与闸轮分开，无制动作用。

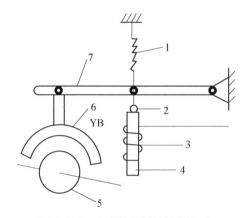

图 1-118 电磁抱闸制动器结构图

1—弹簧；2—衔铁；3—线圈；4—铁芯；5—闸轮；6—闸瓦；7—杠杆

（2）电磁抱闸制动的特点

优点：电磁抱闸制动器制动，制动力强，广泛应用在起重设备上。它安全可靠，不会因突然断电而发生事故。

缺点：电磁抱闸制动器体积较大，制动器磨损严重，快速制动时会产生振动。

2. 电磁离合器

电磁离合器靠线圈的通断电来控制离合器的接合与分离。

（1）电磁离合器种类

电磁离合器可分为：干式单片电磁离合器、干式多片电磁离合器、湿式多片电磁离合器、磁粉离合器、转差式电磁离合器等，如图1-119所示。

　　　　(a) 单片电磁离合器　　　　　　(b) 多片电磁离合器

图 1-119　常用电磁离合器

　　电磁离合器按工作方式又可分为：通电结合和断电结合。

　　① 干式单片电磁离合器：线圈通电时产生磁力吸合"衔铁"片，离合器处于接合状态；线圈断电时"衔铁"弹回，离合器处于分离状态。

　　② 湿式多片电磁离合器：原理同上，另外增加几个摩擦副，同等体积转矩比干式单片电磁离合器大，湿式多片电磁离合器工作时必须有油液冷却和润滑。

　　③ 磁粉离合器：在主动件与从动件之间放置磁粉，不通电时磁粉处于松散状态，通电时磁粉结合，主动件与从动件同时转动。

　　优点：可通过调节电流来调节转矩，允许较大滑差。

　　缺点：较大滑差时温升较大，相对价格高。

　　④ 转差式电磁离合器：离合器工作时，主、从部分必须存在某一转速差才有转矩传递。转矩大小取决于磁场强度和转速差。励磁电流保持不变，转速随转矩增加而剧烈下降；转矩保持不变，励磁电流减小，转速减少得更加严重。

　　转差式电磁离合器由于主、从动部件间无任何机械连接，无磨损消耗，无磁粉泄漏，无冲击，调整励磁电流可以改变转速，作无级变速器使用，这是它的优点。该离合器的主要缺点是转子中的涡流会产生热量，该热量与转速差成正比。低速运转时的效率很低，效率值为主、从动轴的转速比，即 $\eta = n_2/n_1$。适用于高频动作的机械传动系统，可在主动部分运转的情况下，使从动部分与主动部分结合或分离。主动件与从动件之间处于分离状态时，主动件转动，从动件静止；主动件与从动件之间处于接合状态，主动件带动从动件转动。

　　较差式电磁离合器广泛用于机床、包装、印刷、纺织、轻工及办公设备中。

　　（2）电磁离合器使用环境

　　电磁离合器一般用于环境温度−20～50℃、湿度小于85%、无爆炸危险的介质中，其线圈电压波动不超过额定电压的±5%。

　　（3）电磁离合器的特点

　　① 高速响应：因为是干式类所以扭力的传达很快，动作便捷。

　　② 耐久性强：散热情况良好，而且使用了高级的材料，即使是高频率、高能量下使用，也十分耐用。

　　③ 组装维护容易：属于滚珠轴承内藏的磁场线圈静止型，所以不需要将中芯取出也不必利用碳刷，使用简单。

　　④ 动作确实：使用板状弹片，虽有强烈振动亦不会产生松动，耐久性佳。

　　（4）电磁离合器使用注意事项

　　① 干式电磁离合器使用时禁止加入油脂，否则将导致扭矩下降。

② 电磁离合器安装前必须清洗干净，去除防锈脂及杂物。

③ 电磁离合器可同轴安装，也可以对轴安装，轴向必须固定，主动部分与从动部分均不允许有轴向窜动。对轴安装时，主动部分与从动部分轴之间同轴度应不大于 0.1mm。

④ 湿式电磁离合器工作时，必须在摩擦片间加润滑油。润滑方式：浇油润滑、油浴润滑（其浸入油中的部分约为离合器体积的 5 倍）、轴心供油润滑（在高速和高频动作时应采用轴心供油方法）。

⑤ 安装牙嵌式电磁离合器时，必须保证端面齿之间有一定间隙，使空转时无磨齿现象，但不得大于 δ 值。

⑥ 电磁离合器及制动器为 B 级绝缘，正常温升 40℃。极限热平衡时的工作温度不允许超过 100℃，否则线圈与摩擦部分容易发生破坏。

⑦ 离合器电源为一般为直流 24V（特殊定货除外）。它由三相或单相交流电压经降压和全波整流得到，无稳压及滤波要求，电源功率要大于电磁离合器额定功率 1.5 倍以上。使用半波整流电源必须加装续流二极管。

（5）电磁离合器安装注意事项

① 请在完全没有水分、油分等的状态下使用干式电磁离合器，如果摩擦部位沾有水分或油分等物质，会使摩擦扭力大为降低，离合器的灵敏度也会变差，为了在使用上避免这些情况，请加设罩盖。

② 在尘埃很多的场所使用时，请使用防护罩。

③ 用来安装离合器的长轴尺寸请使用 JIS0401 H6 或 JS6 的规格。用于安装轴的键请使用 JIS B1301—1959 所规定的其中一种。

④ 考虑到热膨胀等因素，安装轴的推力请选择在 0.2N 以下。

⑤ 安装时请在机械上将吸引间隙调整为规定值的±20%以内。

⑥ 请使托架保持轻盈，不要使离合器的轴承承受过重的压力。

⑦ 关于组装用的螺钉，请利用弹簧金属片、黏合剂等进行防止松弛的处理。

⑧ 利用机械侧的框架维持引线的同时，还要利用端子板等进行确实的连接。

（6）电磁离合器的保养与维护方法

为了保证电磁离合器不间断地运行，必须要经常对其进行维护和保养。

① 经常在电磁离合器的可动部分添加润滑剂。

② 定期检查衔铁行程的长度。因为在离合器的运行过程中，由于制动面的磨损，衔铁的行程长度将增大。当衔铁行程长度达不到正常值时，必须进行调整，以恢复制动面与转盘之间的最小间隙。如果衔铁行程长度增大到正常值以上，就可能大大降低吸力。

③ 如果更换了磨损的制动面，应重新适当调整制动面与转盘之间的最小间隙。

④ 经常检查螺栓的紧固程度，特别要拧紧电磁铁的螺栓、电磁铁与外壳的螺栓、磁轭的螺栓、电磁铁线圈的螺栓和接线螺栓。

⑤ 定期检查可动部件的机械磨损情况，并清除电磁铁零件表面的灰尘和污垢。

3. 电磁铁

电磁铁利用电磁吸力来操纵牵引机械装置，以完成预期的动作，或用于钢铁零件的吸持固定、铁磁物体的起重搬运等，因此它是将电能转化为机械能的一种低压电器。

电磁铁主要由铁芯、衔铁、线圈和工作机构四部分组成。

按线圈中通过的电流种类分为交流电磁铁和直流电磁铁。

（1）交流电磁铁

线圈中通以交流电的电磁铁称为交流电磁铁。

交流电磁铁在线圈工作电压一定的情况下，铁芯中的磁通幅值基本不变，因而铁芯与衔铁间的电磁吸力也基本不变。但线圈中的电流主要取决于线圈的感抗，在电磁铁吸合的过程中，随着气隙的减小，磁阻减小，线圈的感抗增大，电流减小。实验证明，交流电磁铁在开始时电流最大，一般比衔铁吸合后的工作电流大几倍到几十倍。因此，如果交流电磁铁的衔铁被卡住不能吸合时，线圈会很快因过热而烧坏。同时，交流电磁铁也不允许操作太频繁，以免线圈因不断受到启动电流的冲击而烧坏。

为减小涡流与磁滞损耗，交流电磁铁的铁芯和衔铁用硅钢片叠压铆成，并在铁芯端部装有短路环。

交流电磁铁的种类很多，按电流相数分为单相、二相和三相；按线圈额定电压可分为220V和380V；按功能分为牵引电磁铁、制动电磁铁和起重电磁铁。制动电磁体分为长行程（大于10mm）和短行程（小于5mm）两种。

常用的交流短行程制动电磁铁为MZD1系列，其型号和含义如图1-120所示。

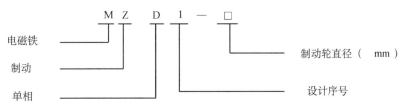

图1-120　MZD1系列电磁铁的型号及含义

不同种类的电磁铁在电路图中的符号不同，常用的电磁铁符号如图1-121所示。

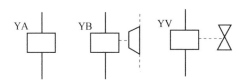

图1-121　常用的电磁铁符号

MZD1系列交流电磁铁的技术数据见表1-65。

表1-65　MZD1系列电磁铁的技术数据

型号	电磁体转矩（N·cm）		衔铁的重力转矩（N·cm）	回转角（°）	额定回转角度下制动杆的位移（mm）	反复短时工作制（次/h）
	通电持续率					
	40%	60%				
MZD1—100	550	300	50	7.5	3	
MZD1—200	4000	2000	360	5.5	3.8	300
MZD1—300	10000	4000	920	5.5	4.4	

（2）直流电磁铁

线圈中通以直流电的电磁铁称为直流电磁铁。

直流电磁铁的线圈电阻为常数，在工作电压不变的情况下，线圈的电流也是常数，在吸合过程中不会随气隙的变化而变化，因此允许的操作频率较高。它在吸合前，气隙较大，磁路的磁阻也较大，磁通较小，因而吸力也较小。吸合后，气隙很小，磁阻也很小，磁通最大，电磁吸力也最大。实验证明：直流电磁铁的电磁吸力与气隙大小的平方成反比。衔铁与铁芯在吸合的过程中电磁吸力是逐渐增大的。

直流长行程制动电磁铁是常见的一种电磁铁，其工作原理与交流制动电磁铁相同，通常为 MZZ2 系列，其型号和含义如图 1-122 所示。

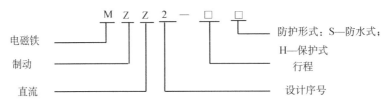

图 1-122　MZZ2 系列直流长行程电磁铁的型号及含义

MZZ2 系列直流长行程电磁铁的技术数据见表 1-66。

表 1-66　MZZ2 系列直流长行程电磁铁的技术数据

型号	行程（mm）	吸力（N）		衔铁质量（kg）	线圈需要的功率（W）	
		90%额定电压时				
		通电持续率为25%	通电持续率为40%		通电持续率为25%	通电持续率为40%
MZZ2—30H	30	65	45	0.7	200	140
MZZ2—40H	40	115	80	1.5	350	220
MZZ2—60H	60	190	140	2.8	560	330
MZZ2—80H	80	370	300	7	760	500
MZZ2—100H	100	520	400	12.3	1100	700
MZZ2—120H	120	1000	720	23.5	1600	950

（3）电磁铁的选用

① 根据机械负载的要求选择电磁铁的种类和结构形式。

② 根据控制系统电压选择电磁铁线圈电压。

③ 电磁铁的功率应不小于制动或牵引功率。对于制动电磁铁，当制动器的型号确定后，应根据规定的正确型号选配电磁铁。

（4）电磁铁的安装和使用

① 安装前应清除灰尘和脏物，并检查衔铁有无机械卡阻。

② 电磁铁要牢固地固定在底座上，并在紧固螺钉下放弹簧垫圈锁紧。制动电磁铁要调整好制动电磁铁与制动器之间的连接关系，保证制动器获得所需的制动力矩。

③ 电磁铁应按接线图接线，并接通电源，检查衔铁动作是否正常以及有无噪声。

④ 定期检查衔铁行程的大小，该行程在运行过程中由于制动面的磨损而增大。当衔铁行程达到正常值时，即进行调整，以恢复制动面和转盘间的最小空隙。不让行程增加到正常值以上，因为这样可能引起吸力的显著下降。

⑤ 检查连接螺钉的旋紧程度，注意可动部分的机械磨损。

（5）电磁铁常见故障及处理方法

电磁铁常见故障及处理方法见表 1-67。

表 1-67　电磁铁常见故障及处理方法

故障现象	可能的原因	处理方法
电磁铁通电后不动作	（1）电磁铁线圈开路或短路 （2）电磁铁线圈电源电压过低 （3）主弹簧张力过大 （4）杂物卡阻	（1）测试线圈阻值，修理线圈 （2）调整电源电压 （3）调整主弹簧张力 （4）清除杂物
电磁铁线圈发热	（1）电磁铁线圈短路或接头接触不良 （2）动、静铁芯未完全吸合 （3）电磁铁工作制度或容量规格选择不当 （4）操作频率太高	（1）修理或调换线圈 （2）修理或调换电磁铁铁芯 （3）调换规格或工作制合格的电磁铁 （4）降低操作频率
电磁铁工作时有噪声	（1）铁芯上短路环损坏 （2）动、静铁芯极面不平或有油污 （3）动、静铁芯歪斜	（1）修理短路环或调换铁芯 （2）修整铁芯极面或清除油污 （3）调整对齐
线圈断电后衔铁不释放	（1）机械部分被卡住 （2）剩磁过大	（1）修理机械部分 （2）增加非磁性垫片

二、常用的异步电动机的制动线路

制动的方法一般有两类：机械制动和电力制动。

1. 机械制动

利用机械装置使电动机断开电源后迅速停转的方法叫作机械制动。机械制动常用的方法有电磁抱闸制动和电磁离合器制动两种。两种方法的制动原理类似，控制线路也基本相同。下面以电磁抱闸制动器为例，介绍机械制动原理和控制线路。

（1）电磁抱闸制动器断电制动控制线路

电磁抱闸制动器断电制动控制线路如图 1-123 所示。

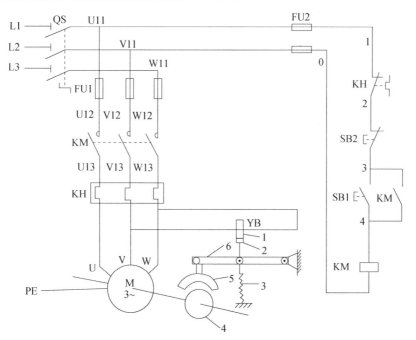

图 1-123　电磁抱闸制动器断电制动控制线路

1—线圈；2—衔铁；3—弹簧；4—闸轮；5—闸瓦；6—杠杆

线路工作原理如下。

① 启动运转：先合上电源开关 QS。按下启动按钮 SB1，接触器 KM 线圈得电，其自锁触头和主触头闭合，电动机 M 接通电源，同时电磁抱闸制动器 YB 线圈得电，衔铁与铁芯吸合，衔铁克服弹簧拉力，迫使制动杠杆向上移动，从而使制动器的闸瓦和闸轮分开，电动机正常运转。

② 制动停转：按下停止按钮 SB2，接触器 KM 线圈失电，其自锁触头和主触头分断，电动机 M 失电，同时电磁抱闸制动器 YB 线圈也失电，衔铁与铁芯分开，在弹簧拉力的作用下，制动器的闸瓦紧紧抱住闸轮，使电动机被迅速制动而停转。

电磁抱闸制动器断电制动在起重机机械上被广泛采用。其特点是能够准确定位，同时可防止电动机突然断电时重物自行坠落，但由于电磁抱闸制动器线圈耗电时间与电动机一样长，因此不够经济。另外，由于电磁抱闸制动器在切断电源后的制动作用，使手动调整工作很困难。

（2）电磁抱闸制动器通电制动控制线路

对要求电动机制动后能调整工件位置的机床设备，可采用通电制动型控制线路，如图1-124 所示。这种通电制动与上述断电制动方法稍有不同。当电动机得电运转时，电磁抱闸制动器的线圈断电，闸瓦和闸轮分开，无制动作用；当电动机失电停转时，电磁抱闸制动器的线圈得电，使闸瓦紧紧抱住闸轮制动；当电动机处于停转状态时，线圈也失电，闸瓦和闸轮分开，这样操作人员可以用手扳动主轴进行调整工件、对刀等操作。

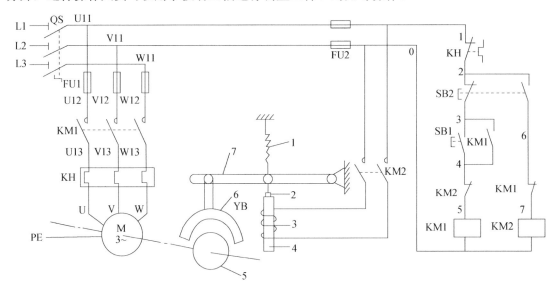

图 1-124　电磁抱闸制动器通电制动控制线路

1—弹簧；2—衔铁；3—线圈；4—铁芯；5—闸轮；6—闸瓦；7—杠杆

2. 电力制动

使电动机在切断电源停转的过程中，产生一个和电动机实际旋转方向相反的电磁力矩（制动力矩），迫使电动机迅速制动停转的方法叫作电力制动。电力制动常用的方法有反接制动、能耗制动、电容制动和再生发电制动等。

（1）电容制动

当电动机切断交流电源后，通过立即在电动机定子绕组的出线端接入电容器迫使电动机迅速停转的方法叫电容制动。

电容制动的原理是：当旋转着的电动机断开交流电源时，转子内仍有剩磁。随着转子的惯性转动，形成一个随转子转动的旋转磁场。该磁场切割定子绕组产生感应电动势，并通过电容器回路形成感应电流，这个电流产生的磁场与转子绕组中的感应电流相互作用，产生一个与旋转方向相反的制动力矩，使电动机受制动迅速停转。

电容制动控制线路图如图 1-125 所示。电阻 R1 是调节电阻，用以调节制动力矩的大小，电阻 R2 为放电电阻。经验证明，电容器的电容，对于 380V、50Hz 的笼型异步电动机，每千瓦每相约需要 150μF。电动机的耐压应不小于电动机的额定电压。

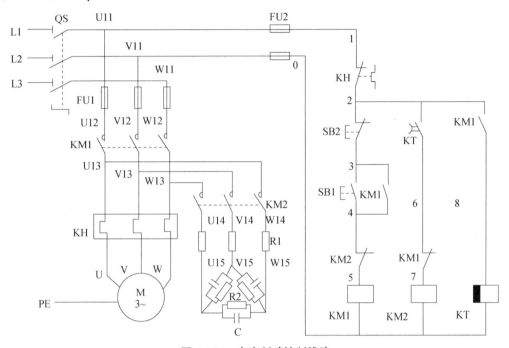

图 1-125　电容制动控制线路

实验证明，对于 5kW、△接法的三相异步电动机，无制动停车时间为 22s，采用电容制动后其停车时间仅为 2s。所以电容制动是一种制动迅速、能量损耗小、设备简单的制动方法，一般用于 10kW 以下的小功率电动机，特别适用于存在机械摩擦和阻尼的生产机械和需要多台电动机同时制动的场合。

工作原理如下。

① 电容制动停转：

② 电容制动停转：

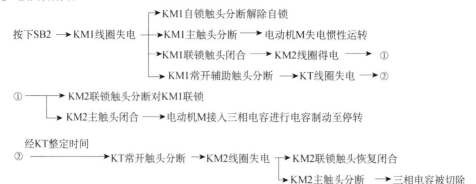

按下SB2 → KM1线圈失电

- KM1自锁触头分断解除自锁
- KM1主触头分断 → 电动机M失电惯性运转
- KM1联锁触头闭合 → KM2线圈得电 → ①
- KM1常开辅助触头分断 → KT线圈失电 → ②

①

- KM2联锁触头分断对KM1联锁
- KM2主触头闭合 → 电动机M接入三相电容进行电容制动至停转

② 经KT整定时间 → KT常开触头分断 → KM2线圈失电

- KM2联锁触头恢复闭合
- KM2主触头分断 → 三相电容被切除

（2）再生发电制动

再生发电制动（又称回馈制动）主要用在起重机械和多速异步电动机上。下面以起重机械为例说明其制动原理。

当起重机在高处开始下放重物时，电动机转速 n 小于同步转速 n_1，这时电动机处于电动运行状态，其转子电流和电磁转矩的方向如图 1-126（a）所示。但由于重力的作用，在重物的下放过程中，会使电动机的转速 n 大于同步转速 n_1，这时电动机处于发电运行状态，转子相对于旋转磁场切割磁感线的运动方向发生了改变（沿顺时针方向），其转子电流和电子转矩的方向都与电动运行时相反，如图 1-126（b）所示。可见，电磁力矩变为制动力矩限制了重物的下降速度，保证了设备和人身安全。

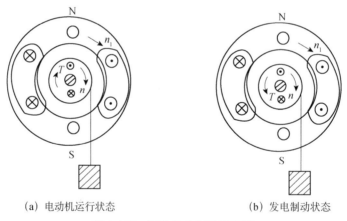

(a) 电动机运行状态　　　　　　　　　(b) 发电制动状态

图 1-126　再生发电制动原理图

对多速电动机变速时，如果电动机由 2 极变为 4 极，定子旋转磁场的同步转速 n_1 由 3000r/min 变为 1500r/min，而转子由于惯性仍以原来的转速 n（接近 3000r/min）旋转，此时 $n>n_1$，电动机处于发电制动状态。

再生发电制动是一种比较经济的制动方法，制动时不需要改变线路即可从电动运行状态自动地转入发电制动状态，把机械能转换成电能，再回馈给电网，节能效果显著。但存在应用范围较窄，仅当电动机转速大于同步转速时才能实现发电制动的缺点，所以常用于在位能负载作用下的起重机机械和多速异步电动机由高速转为低速时的情况（位能是物体系统发生形变或长生重力位移时所存储的能量，位能负载是指具有位能的负载）。

 复习题

1. 什么是速度继电器？它有哪些用途？安装和使用应注意什么问题？

2. 什么叫制动？制动的方法有哪两类？

3. 电磁抱闸制动分为哪两种类型？其性能是什么？

4. 什么叫电力制动？常用的电力制动的方法有哪两种？简要说明各种制动方法的制动原理。

5. 简述反接制动、能耗制动、电容制动和再生发电制动的优点、缺点及适用场合。

6. 图 1-127 所示为有变压器桥式整流单向启动能耗制动控制线路。试分析线路中哪些地方画错了，请改正后叙述其工作原理。

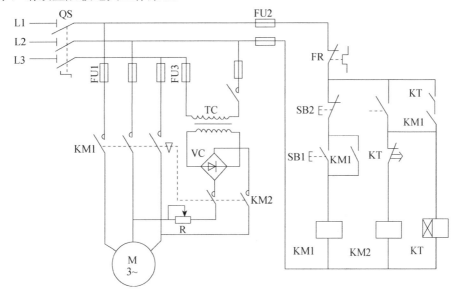

图 1-127　题 6 图

任务九　多速异步电动机控制线路的安装与调试

 学习目标

知识目标：

① 掌握多速异步电动机控制线路的工作原理。

② 熟悉线路的安装、调试过程和工艺要求。

③ 掌握电动机的控制、保护与选择方法。

能力目标：

① 提高学生运用技巧安装与布线的能力。

② 提高学生自主分析电路工作原理的能力。

③ 培养学生应急处理问题的能力。

情感目标：

① 培养学生严谨、认真、职业的工作态度。

② 培养学生解决实际问题的能力。

③ 培养学生安全操作、文明生产的工作习惯。

学习任务

由三相异步电动机的转速公式

$$n = (1-s)\frac{60f_1}{p}$$

可知，改变异步电动机转速可以通过三种方式来实现：一是改变电源频率 f_1，二是改变转差率 s，三是改变磁极对数 P。

改变异步电动机的磁极对数来调速称为变极调速。变极调速是通过改变定子绕组的连接方式来实现的，它是有级调速，且只适用于笼型异步电动机。磁极对数可改变的电动机称为多速电动机。常见的多速电动机有双速、三速、四速等几种类型。我们在这里重点介绍双速异步电动机的控制线路。

任务要求：

① 根据电器元件明细表，配齐所用的电器元件，并检验其质量。

② 在规定的时间，依据电路图，按照板前线槽布线的工艺要求，熟练运用技巧安装与布线；准确、安全地连接电源，在教师的监护下通电试车。

③ 正确使用工具、仪表；安装质量要可靠，安装、布线技术要符合工艺要求；检修步骤和方法要科学、合理。

④ 做到安全操作、文明生产。

⑤ 掌握电动机的控制、保护与选择方法。

背景知识

一、双速异步电动机定子绕组的连接

双速异步电动机定子绕组的△/YY连接图如图 1-128 所示。

图 1-128 中，三相定子绕组接成△，由三个连接点接出三个出线端 U1、V1、W1，U2、V2、W2，这样定子绕组共有 6 个出线端。通过改变这 6 个出线端与电源的连接方式，就可以得到两种不同的转速。

电动机低速工作时，就把三相电源分别接在出线端 U1、V1、W1 上，另外三个出线端 U2、V2、W2 空着不接，如图 1-128（a）所示。此时电动机定子绕组接成△，磁极对数为 4 级，同步转速为 1500r/min。

电动机高速工作时，要把三个出线端 U1、V1、W1 并接在一起，三相电源分别接到另外三个出线端 U2、V2、W2 上。如图 1-128（b）所示，这时电动机定子绕组接成 YY，磁极为 2 极，同步转速为 3000r/min。可见，双速电动机高速运转时的转速是低速运转转速的两倍。

值得注意的是，双速电动机定子绕组从一种接法改变为另一种接法时，必须把电源相序反接，以保证电动机的旋转方向不变。

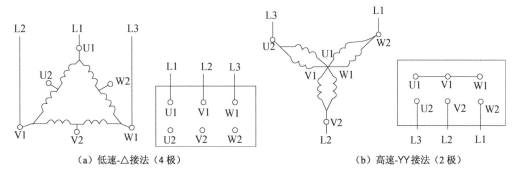

（a）低速-△接法（4 极）　　　　　　　　（b）高速-YY接法（2 极）

图 1-128　双速电动机三相定子绕组△/YY 接线图

二、双速电动机的控制线路

1. 接触器控制双速电动机的控制线路

如图 1-129 所示为接触器控制双速电动机的控制线路。

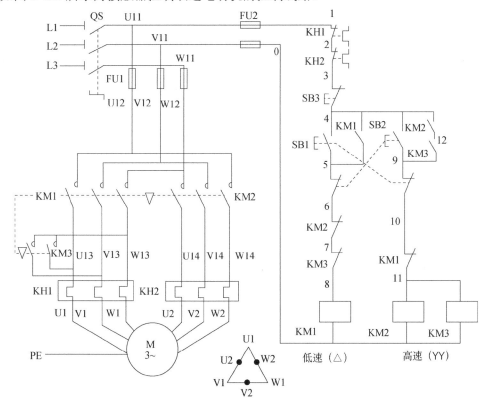

图 1-129　接触器控制双速电动机的控制线路

当进行低速运转的时候，按下按钮 SB1；当进行高速运转的时候，按下按钮 SB2。工作原理请学生自行分析。

2. 时间继电器控制双速电动机的控制线路

时间继电器控制双速电动机低速启动高速运转的控制线路如图 1-130 所示，时间继电器 KT 控制电动机△启动时间和△-YY 的自动换接运转。

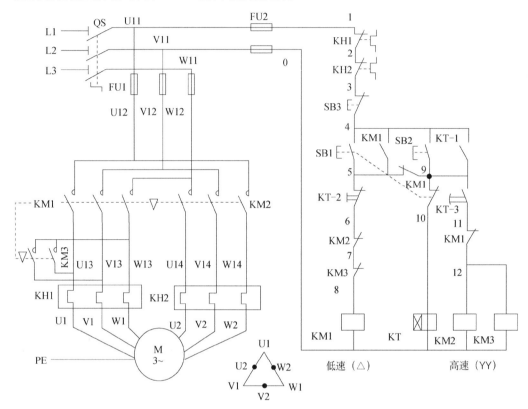

图 1-130 时间继电器控制双速电动机低速启动高速运转的控制线路

工作原理：先合上电源开关 QS。

① △低速启动运转：

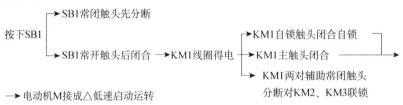

② YY 高速运转：经 KT 整定时间。

停止时，按下 SB3 即可。若电动机只需要高速运转，可直接按下 SB2，则电动机△低速启动后，YY 高速运转。

环境设备

① 工具：测电笔、螺钉旋具、尖嘴钳、斜口钳、剥线钳、电工刀、电烙铁等。

② 仪表：万用表、钳形电流表等。

③ 相关设备及电器见表 1-68。

表 1-68 时间继电器自动控制双速电动机控制线路的相关设备及电器

代号	名称	规格	型号	数量
M	三相笼型异步电动机	YD112M—4/2	3.3kW/4kW、380V、7.4A/8.6A、△/YY 接法、1440r/min 或 2890r/min	1
QS	电源开关	HK1—30	三极、380V、30A	1
FU1	熔断器	RL1—60/25	500V、60A、配熔体 25A	3
FU2	熔断器	RL1—15/2	500V、15A、配熔体 2A	2
KM1,KM2,KM3	交流接触器	CJT1—20	20A、线圈电压 380V	3
KT	时间继电器	JS7—2A	线圈电压 380V	1
FR1、FR2	热继电器	JR36B—20/3	三极、20A、整定电流 11.6A	1
SB1,SB2、SB3	按钮	LA4—3H	保护式、按钮 3	1
XT	端子板	JD0—1020	380V、10A、20 节	1
	配电盘一块			1
	导线	BVR	1.5 mm² (黑色)	若干
		BVR	1.5 mm² (黄绿双色)	若干
		BVR	1.0 mm² 和 0.75 mm² (红色)	若干
	走线槽			若干
	编码套管			若干
	紧固件			若干
	针形及叉形轧头			若干

操作指导

一、安装步骤

① 按表 1-68 配齐所用电器元件，并检验元件质量。

② 根据图 1-130 所示电路图，画出布置图。

③ 在控制板上按布置图固装除电动机以外的电器元件，并贴上醒目的文字符号。

④ 在控制板上根据电路图进行板前线槽布线，并在线端套编码套管和冷压接线头。

⑤ 安装电动机。

⑥ 可靠连接电动机及电器元件不带电金属外壳的保护接地线。

⑦ 可靠连接控制板外部的导线。

⑧ 自检。

⑨ 检查无误后，在指导教师的允许下进行通电试车，并用转速表测量电动机转速。

二、注意事项

① 接线时，注意主电路中接触器 KM1、KM2 在两种转速下电源相序的改变，不能接错；否则，两种转速下电动机的转向相反，换向时将产生很大的冲击电流。

② 控制双速电动机△接法的接触器 KM1 和 YY 接法的 KM2 的主触头不能对换接线，否则不但无法实现双速控制要求，而且会在 YY 运转时造成电源短路事故。

③ 热继电器 FR1、FR2 的整定电流及其在主电路中的接线不要搞错。

④ 通电试车前，要复验一下电动机的接线是否正确，并测试绝缘电阻是否符合要求。

⑤ 通电试车时，必须有指导教师在现场监护，并用转速表测量电动机的转速。

质量评价标准

评分标准见表 1-69。

表 1-69 评分标准

项目内容	配分	评分标准	扣分
选用工具、仪表及器材	15 分	（1）工具、仪表少选或错选，每个扣 2 分 （2）电器元件错选型号和规格，每个扣 2 分 （3）选错元件数量或型号规格没有写全，每处扣 2 分	
安装布线	45 分	（1）电器元件布局不合理，每处扣 5 分 （2）电器元件安装不牢固，每处扣 4 分 （3）电器元件安装不整齐、不匀称、不合理，每处扣 3 分 （4）损坏电器元件，每个扣 15 分 （5）走线槽安装不符合要求，每处扣 2 分 （6）不按电路图接线，每处扣 15 分 （7）布线不符合要求，每处扣 3 分 （8）接点松动、露铜过长、反圈等，每处扣 1 分 （9）损伤导线绝缘层或线芯，每根扣 5 分 （10）漏装或套错编码套管，每个扣 1 分 （11）漏接接地线，每处扣 10 分	
通电试车	20 分	（1）热继电器和时间继电器未整定或整定错误扣 5 分 （2）熔体规格选用不当扣 5 分 （3）第一次试车不成功扣 10 分 　　第二次试车不成功扣 15 分 　　第三次试车不成功扣 20 分	
安全文明生产	违反安全文明生产规程扣 10～70 分		
定额时间	3h，修复故障过程允许超时，每超 1min 扣 5 分		
备注	除定额时间外，各项内容的最高扣分不得超过配分数	成绩	
开始时间	结束时间	实际时间	

三、三速异步电动机

1. 三速异步电动机定子绕组的连接

三速异步电动机有两套定子绕组，分两层安放在定子槽内，第一套绕组（双速）有七个出线端 U1、V1、W1、U3、U2、V2、W2，可作△或 YY 连接；第二套绕组（单速）有三个出线端 U4、V4、W4，只作 Y 连接，如图 1-131（a）所示。当分别改变两套定子绕组的连接方式（即改变磁极对数）时，电动机就可以得到三种不同的转速。

三速异步电动机定子绕组的接线方法如图 1-131（b）、（c）、（d）所示并见表 1-70。

图 1-131 中，W1 和 U3 出线端分开的目的是当电动机定子绕组接成 Y 中速运转时，避免在△接法的电子绕组中产生感应电流。

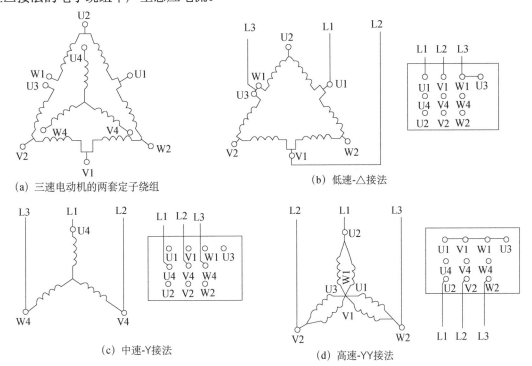

（a）三速电动机的两套定子绕组　　　（b）低速-△接法

（c）中速-Y接法　　　（d）高速-YY接法

图 1-131　三速电动机定子绕组接线图

表 1-70　三速异步电动机定子绕组接线方法

转速	电源接线			并头	连接方式
	LI	L2	L3		
低速	U1	V1	W1	U3、W1	△
中速	U4	V4	W4	—	Y
高速	U2	V2	W2	U1、V1、W1、U3	YY

2. 三速电动机控制线路

（1）接触器控制三速电动机的控制线路

用按钮和接触器控制三速异步电动机的控制线路如图 1-132 所示。其中，SB1、KM1 控制电动机△接法下低速运转，SB2、KM2 控制电动机 Y 接法下中速运转，SB3、KM3 控制电动机 YY 接法下高速运转。

线路的工作原理如下：先合上电源开关 QS。

① 低速启动运转：

按下 SB1→接触器 KM1 线圈得电→KM1 触头动作→电动机 M 第一套定子绕组出线端 U1、V1、W1（U3 通过 KM1 常开触头与 W1 并接）与三相电源接通→电动机 M 接成△低速运转

② 低速转为中速运转：

先按下停止按钮 SB4→KM1 线圈失电→电动机 M 失电→再按下 SB2→KM2 线圈得电→KM2 触头动作→电动机 M 第二套定子绕组出线端 U4、V4、W4 与三相电源接通→电动机 M 接成 Y，中速运转

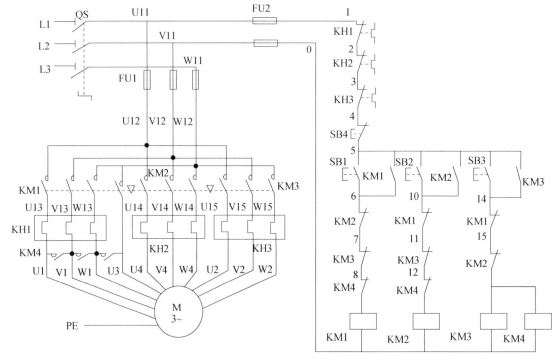

图 1-132 接触器控制的三速电动机的控制线路

③ 中速转为高速运转：

先按下 SB4→KM2 线圈失电→KM2 触头复位→电动机 M 失电

再按下 SB3→KM3 线圈得电→KM3 触头动作→电动机 M 第一套定子绕组出线端 U2、V2、W2 与三相电源接通（U1、V1、W1、U3 则通过 KM3 的三对常开触头并接）→电动机 M 接成 YY 高速运转

该线路的缺点是在进行速度转换时，必须先按下停止按钮 SB4 后，才能再按相应的启动按钮变速，所以操作不便。

（2）时间继电器自动控制的三速异步电动机控制线路

时间继电器自动控制三速异步电动机控制线路如图 1-133 所示。其中 SB1、KM1 控制电动机△接法下低速启动运转，SB2、KT2、KM2 控制电动机从△接法下低速启动到 Y 接法下中速运转的自动变换，SB3、KT1、KT2、KM3 控制电动机从△接法下低速启动到 Y 中速过渡到 YY 接法下高速运转的自动变换。

线路的工作原理如下：先合上电源开关 QS。

① △低速启动运转：

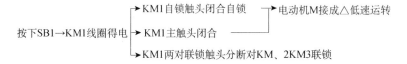

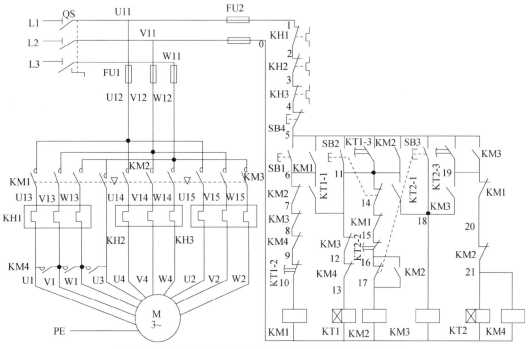

图1-133　时间继电器自动控制三速异步电动机控制线路

② △低速启动Y中速运转：

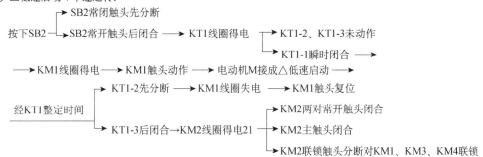

③ △低速启动Y中速运转过渡为YY高速运转：

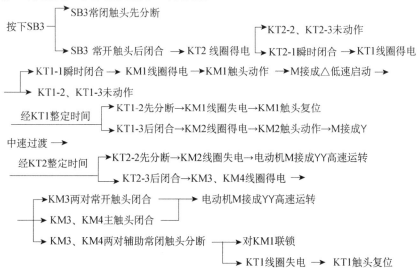

停止时，按下 SB4 即可。

四、电动机的控制、保护与选择

1. 电动机的控制

以上我们介绍了电动机的各种基本电气控制线路，而生产机械的电气控制线路都是在这些控制线路的基础上，根据生产工艺过程的控制要求设计的，而生产工艺过程必然伴随着一些物理量的变化，并根据这些量的变化对电动机实现自动控制。对电动机控制的一般原则，归纳起来，有以下几种：行程控制原则、时间控制原则、速度控制原则和电流控制原则。现分别叙述如下。

（1）行程控制原则

根据生产机械运动部件的行程或位置，利用位置开关来控制电动机的工作状态称为行程控制原则。行程控制原则是生产机械电气自动化中应用最多和工作原理最简单的一种方式。如三相异步电动机位置控制线路的安装、调试与检修都是按行程原则来控制的。

（2）时间控制原则

利用时间继电器按一定时间间隔来控制电动机的工作状态称为时间控制原则。如在电动机的降压启动、制动以及变速过程中，利用时间继电器按一定时间间隔改变线路的接线方式，来自动完成电动机的各种控制要求。在这里，换接时间的控制信号由时间继电器发出，换接时间的长短则根据生产工艺要求或者电动机启动、制动和变速过程的持续时间来整定时间继电器的动作时间。

（3）速度控制原则

根据电动机的速度变化，利用速度继电器等电器来控制电动机的工作状态称为速度控制原则。反映速度变化的电器有多种，直接测量速度的电器有速度继电器、小型测速发电机；间接测量电动机速度的电器，对于直流电动机用其感应电动势来反映，通过电压继电器来控制；对于交流绕线转子异步电动机可用转子频率来反映，通过频率继电器来控制。

（4）电流控制原则

根据电动机主回路电流的大小，利用电流继电器来控制电动机的工作状态称为电流控制原则。

2. 电动机的保护

电动机在运行过程中，除按生产机械的工艺要求完成各种正常运转外，还必须在线路出现短路、过载、过电流、欠电压、失压及弱磁等情况时，能自动切断电源停转，以防止和避免电气设备和机械设备的损坏事故，保证操作人员的人身安全。为此，在生产机械的电气控制线路中，采取了对电动机的各种保护措施。常用的有以下几种：短路保护、过载保护、欠压保护、失压保护及弱磁保护、过电流保护等。

（1）短路保护

当电动机绕组和导线的绝缘损坏或者控制电器及线路发生故障时，线路将出现短路现象，产生很大的短路电流，使电动机、电器及导线等电气设备严重损坏。因此，在发生短路故障时，保护电器必须立即动作，迅速将电源切断。

常用的短路保护电器有熔断器和低压断路器。熔断器的熔体与被保护的电路串联，当电路正常工作时，熔断器的熔体不起作用，相当于一根导线，其上面的压降很小，可忽略不计。当电路短路时，很大的短路电流流过熔体，使熔体立即熔断，切断电动机电源，电动机停转。同样，若电路中接入低压断路器，当出线短路时，低压断路器会立即动作，切断电源使电动机停转。

（2）过载保护

当电动机负载过大，启动操作频繁或缺相运行时，会使电动机的工作电流长时间超过其额定电流，电动机绕组过热，温升超过其允许值，导致电动机的绝缘材料变脆，寿命缩短，严重时会使电动机损坏。因此，当电动机过载时，保护电器应动作切断电源，使电动机停转，避免电动机在过载下运行。

常用的过载保护电器是热继电器。当电动机的工作电流等于额定电流时，热继电器不动作；当电动机短时过载或过载电流较小时，热继电器不动作，或经过较长时间才动作；当电动机过载电流较大时，串接在主电路中的热元件会在较短的时间内发热弯曲，使串接在控制电路中的常闭触头断开，先后切断控制电路和主电路的电源，使电动机停转。

（3）欠压保护

当电网电压降低时，电动机便在欠压下运行。由于电动机负载没有改变，所以欠压下电动机转速下降，定子绕组的电流增加。因为电流增加的幅度尚不足以使熔断器和热继电器动作，所以这两种电器起不到保护作用。如不采取保护措施，时间一长将会使电动机过热损坏。另外，欠压将引起一些电器释放，使线路不能正常工作，也可能导致人身设备事故。因此，应避免电动机在欠压下运行。

实现欠压保护的电器是接触器和电磁式电压继电器。在机床电器控制线路中，只有少数线路专门装设了电磁式电压继电器起欠压保护作用；而大多是继电-接触器控制线路，由于接触器已兼有欠压保护功能，所以不必再加设欠压保护电器。一般当电网电压降低到额定电压的 85%以下时，接触器（或电压继电器）线圈产生的电磁吸力将小于复位弹簧的拉力，动铁芯被迫释放，其主触头和自锁触头同时断开，切断主电路和控制电路电源，使电动机停转。

（4）失压保护（零压保护）

生产机械在工作时，由于某种原因而发生电网突然停电，这时电源电压下降为零，电动机停转，生产机械的运动部件也随之停止运转。一般情况下，操作人员不可能及时拉开电源开关，如不采取措施，当电源电压恢复正常时，电动机便会自行启动运转，很可能造成人身和设备事故，并引起电网过电流和瞬间网络电压下降。因此，必须采取失压保护措施。

在电气控制线路中，起失压保护作用的电器是接触器和中间继电器。当电网停电时，接触器和中间继电器线圈中的电流消失，电磁吸力减小为零，动铁芯释放，触头复位，切断了主电路和控制电路电源。当电网恢复供电时，若不重新按下启动按钮，则电动机就不会自行启动，实现了失压保护。

（5）过流保护

为了限制电动机启动或制动电流，在直流电动机的电枢绕组中或在交流绕线转子异步电动机的转子绕组中需要串入附加的限流电阻。如果在启动或制动时，附加电阻被短接，将会造成很大的启动或制动电流。使电动机或机械设备损坏。因此，对直流电动机或绕线转子异步电动机常常采用过电流保护。

过电流保护常用电磁式过电流继电器来实现。当电动机电流值达到过电流继电器的动作值时，继电器动作，使串接在控制电路中的常闭触头断开，切断控制电路，电动机随之脱离电源停转，达到了过电流保护的目的。

（6）弱磁保护

直流电动机必须在磁场具有一定强度时才能启动、正常运转。若在启动时，电动机的励磁电流太小，产生的磁场太弱，将会使电动机的启动电流很大；若电动机在正常运转过程中，磁场突然减弱或消失，电动机的转速将会迅速升高，甚至发生"飞车"。因此，在直流电动机的电气控制线路中要采取弱磁保护。弱磁保护是在电动机励磁回路中串入弱磁继电器（即欠电流继电器）来实现的。在电动机启动运行过程中，当励磁电流值达到弱磁继电器的动作值时，继电器就吸合，使串接在控制电路中的常开触头闭合，允许电动机启动或维持正常运转；但当励磁电流减小很多或消失时，弱磁继电器就释放，其常开触头断开，切断控制电路，接触器线圈失电，电动机断电停转。

（7）多功能保护器

选择和设置保护装置的目的不仅应使电动机免受损坏，而且还应使电动机得到充分的利用。因此，一个正确的保护方案应该是：使电动机在充分发挥过载能力的同时不但免于损坏，而且还能提高电力拖动系统的可靠性和生产的连续性。

采用双金属片的热保护和电磁保护属于传统的保护方式，这种方式已经越来越不适应生产发展对电动机保护的要求。例如，由于现代电动机工作时绕组电流密度显著增大，当电动机过载时，绕组电流密度增长速率比过去的电动机大2～2.5倍。这就要求温度检测元件具有更小的发热时间常数，保护装置具有更高的灵敏度和精度。电子式保护装置在这方面具有极大的优越性。

既然过载，断相、短路和绝缘损坏等都对电动机造成威胁，那就都必须加以防范，最好能在一个保护装置内同时实现电动机的过载、断相及堵转瞬动保护。多功能保护器就是这样一种电器。

对电动机的保护问题，现代技术正在提供更加广阔的途径。例如，研制发热时间常数小的新型PTC热敏电阻，增加电动机绕组对热敏电阻的热传导；发展高性能和多功能综合保护装置，其主要方向是采用固态集成电路和微处理器作为电流、电压、时间、频率、相位和功率等方面的检测和逻辑单元。

对于频繁或反复启动、制动和重载启动的笼型电动机以及大功率电动机，由于它们的转子温升比定子绕组温升高，所以较好的办法是检测转子的温度。国外已有用红外线保护装置的实际应用，它用红外线温度计从外部检修转子温度并加以保护。

3. 电动机的选择

在电力拖动系统中，正确选择拖动生产机械的电动机是系统安全、经济、可靠和合理运行的重要保证。而衡量电动机的选择合理与否，要看选择电动机时是否遵循了以下基本原则。

第一，电动机能够完全满足生产机械在机械特性方面的要求。如生产机械所需的工作速度、调速的指标、加速度以及启动、制动时间等。

第二，电动机在工作过程中，其功率能被充分利用。

第三，电动机的结构形式应适合周围环境的条件。如防止外界灰尘、水滴等物质进入电动机内部；防止绕组绝缘受有害气体的侵蚀；在有爆炸危险的环境中应把电动机的导电部位和有火花的部位封闭起来，不使它们影响外部等。

电动机的选择主要包括以下内容：电动机的额定功率、额定电压、额定转速、种类、结构形式等。其中以电动机额定功率的选择最为重要。

正确合理地选择电动机的功率是很重要的。因为如果电动机的功率选得过小，电动机将过载运行，使温度超过允许值，缩短电动机的使用寿命，甚至烧坏电动机；如果选得过大，虽然能保证设备的正常工作，但由于电动机不在满载下运行，其用电效率和功率因数较低，得不到充分利用，造成电力浪费，并且设备投资大，运行费用高，很不经济。

电动机的工作方式有连续工作制、短期工作制和周期性断续工作制三种。

（1）连续工作制电动机额定功率的选择

在这种工作方式下，电动机连续工作时间很长，可使其温升达到规定的稳定值，如通风机、泵等机械的拖动运转。连续工作制电动机的负载可分为恒定负载和变化负载两类。

① 恒定负载下电动机额定功率的选择。

在工业生产中相当多的生产机械在长期恒定的或变化很小的负载下运转，为这一类机械选择电动机的功率比较简单，只要电动机的额定功率等于或略大于生产机械所需要的功率即可。若负载功率为 P_L，电动机的额定功率为 P_N，则应满足下式：

$$P_N \geqslant P_L$$

电机制造厂生产的电动机，一般都是按照恒定负载连续运转设计，并进行形式试验和出厂试验的，完全可以保证电动机在额定功率工作时，电动机的温升不会超过允许值。

通常电动机的容量是按周围环境温度为 40℃ 而确定的。绝缘材料最高允许温度与 40℃ 的差值称为允许温升，各级绝缘材料的最高允许温度和允许温升见表 1-71。

表 1-71 各级绝缘材料的最高允许温度和允许温升

绝缘等级	Y	A	E	B	F	H	C
最该允许温度（℃）	90	105	120	130	155	180	>180
允许温升（℃）	50	65	80	90	115	140	>140

应该指出，我国幅员辽阔，地域之间的温差较大，就是在同一地区，一年四季的气温变化也较大，因此电动机运行时周围环境的温度不可能正好是 40℃，一般是小于 40℃。为了充分利用电动机，可以对电动机能够应用的功率进行修正，不同环境温度下电动机功率的修正值见表 1-72。

表 1-72 不同环境温度下电动机功率的修正值

环境温度（℃）	≤30	35	40	45	50	55
功率增减的百分数（℃）	+8	+5	0	−5	−12.5	−25

② 变化负载下电动机额定功率的选择。

在变化负载下使用的电动机，因其设计时一般是为恒定负载工作而设计的，所以使用时必须进行发热校验。

所谓发热校验，就是看电动机在整个运动过程中所达到的最高温升是否接近并低于允许温升。因为只有这样，电动机的绝缘材料才能充分利用而不致过热。

图 1-134 所示为某周期性变化负载的生产机械负载记录图，当电动机拖动这一机械工作

时，因为输出功率周期性改变，故其温升也必然做周期性的波动。在工作周期不长的情况下，此波动的过程也不大。波动的最大值将低于最大负载的稳定温升而高于最小负载的稳定温升。在这种情况下，如按最大负载选择电动机功率，电动机将不能充分利用；而按最小负载选择，电动机又有超过允许温升的危险。因此，电动机功率应在最大负载和最小负载之间适当选择，以使电动机得到充分利用，而又不致过载。

在变化负载下长期运转的电动机功率可按以下步骤进行选择。

第一步，计算并绘制如图 1-134 所示生产机械的负载记录图。

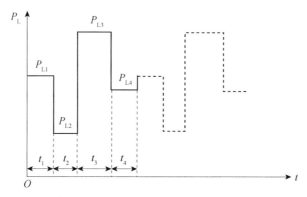

图 1-134　周期性变化负载图

第二步，根据下列公式求出负载的平均功率 P_{Lj}；

$$P_{Lj} = \frac{P_{L1}t_1 + P_{L2}t_2 + \cdots + P_{Ln}t_n}{t_1 + t_2 + \cdots + t_n} = \frac{\sum\limits_{i=1}^{n} P_{Li}t_i}{\sum\limits_{i=1}^{n} t_i}$$

式中，P_{L1}，P_{L2}，$\cdots$，P_{Ln} 为各段负载的功率；

t_1，t_2，$\cdots$，t_n 为各段负载工作所用时间。

第三步，按 $P_N \geqslant (1.5 \sim 1.6) P_{Lj}$ 预选电动机。如果在工作过程中大负载所占的比例较大，则系数应选得大些。

第四步，对预选电动机进行发热、过载能力及启动能力校验，合格后即可使用。

（2）短期工作制电动机额定功率的选择

在这种工作方式下，电动机的工作时间较短，在运行期间温度未升到规定的稳定值，而在停止运转期间，温度则可能降到周围环境的温度值，如吊桥、水闸、车床的夹紧装置的拖动运转。

为了满足某些生产机械短期工作的需要，电机生产厂家专门制造了一些具有较大过载能力的短期工作制电动机，其标准工作时间有 15min、30min、60min、90min 四种。因此，当电动机的实际工作时间符合标准工作时间时，选择电动机的额定功率 P_N 只要不小于负载功率 P_L 即可，即满足 $P_N \geqslant P_L$。

（3）周期性断续工作制电动机额定功率的选择

这种工作方式的电动机的工作与停止交替进行。在工作期间内，温度未升到稳定值，而在停止期间，温度也来不及降到周围温度值，如很多起重设备以及某些金属切削机床的拖动运转。

电机制造厂专门设计生产的周期性断续工作制的交流电动机有 YZR 和 YZ 系列。标准负载持续率 FC（负载工作时间与整个周期之比称为负载持续率）有 15%、25%、40% 和 60% 四种，一个周期的时间规定不大于 10min。

　　周期性断续工作制电动机功率的选择方法和连续工作制变化负载下的功率选择相类似，在此不再叙述。但需要指出的是，当负载持续率 FC≤10% 时，应按短期工作制选择；当负载持续率 FC≥70% 时，可按长期工作制选择。

　　（4）电动机额定电压的选择

　　电动机额定电压要与现场供电电网电压等级相符。否则，若选择的额定电压低于供电电源电压，电动机将由于电流过大而被烧毁；若选择的额定电压高于供电电源电压，电动机有可能因电压过低不能启动，或虽能启动，但因电流过大而减少其使用寿命甚至烧毁。

　　中小型交流电动机的额定电压一般为 380V，大型交流电动机的额定电压一般为 3kV、6kV等。直流电动机的额定电压一般为 110V、220V、440V 等，最常用的直流电压等级为 220V。直流电动机一般由车间交流供电电压经整流器整流后的直流电压供电。选择电动机的额定电压时，要与供电电网的交流电压及不同形式的整流电路相配合。当交流电压为 380V 时，若采用晶闸管整流装置直接供电，电动机的额定电压应选用 440V（配合三相桥式整流电路）或 160V（配合单相整流电路），电动机采用改进的 Z3 型。

　　电动机额定转速选择得合理与否，将直接影响到电动机的价格、能量损耗及生产机械的生产率等各项技术指标和经济指标。额定功率相同的电动机，转速高的电动机尺寸小，所用材料少，因而体积小、质量轻，价格低，所以选用高额定转速的电动机比较经济。但由于生产机械的工作速度一般较低（30～900r/min）。因此，电动机转速越高，传动机构的传动比越大，传动机构越复杂。所以，选择电动机的额定转速时，必须全面考虑，在电动机性能满足生产机械要求的前提下，力求电能损耗少，设备投资少，维护费用少。通常，电动机的额定转速选在 750～1500r/min 比较合适。

　　（5）电动机种类的选择

　　选择电动机的种类时，在考虑电动机的性能必须满足生产机械的要求下，优先选用结构简单、价格便宜、运行可靠、维修方便的电动机。在这方面，交流电动机优于直流电动机，笼型电动机优于绕线转子电动机，异步电动机优于同步电动机。电动机种类的选择方法见表 1-73。

表 1-73　电动机种类的选择方法

种类	特点	适用场合	应用实例	
			应用场合	适用机器
三相笼型异步电动机	采用最普遍的动力电源—三相交流电源，结构简单、价格便宜、运行可靠、维修方便，但启动和调速性能差	调速和启动性能要求不高的场合	各种机床、水泵、通风机等	
		要求大启动转矩的生产机械	某些纺织机械、空气压缩机、带式运输机等	斜槽式、深槽式或双笼式异步电动机
		需要有级调速的生产机械	某些机床和电梯等	多速笼型异步电动机
三相绕线转子异步电动机	一般采用转子串接电阻（或电抗器）的方法实现启动和调速，调速范围有限	启动、制动比较频繁，启动、制动转矩较大，而且有一定调速要求的生产机械	桥式起重机、矿井提升机等	
三相同步电动机	高电压、大容量，转速恒定，无启动转矩，可改变功率因数	要求大功率、恒转速和改善功率因数的场合	大功率水泵、压缩机、通风机等	
直流电动机	启动性能好，可以实现无级平滑调速，且调速范围广、精度高	要求大范围内平滑调速和需要准确的位置控制的生产机械	高精度的数控机床、龙门刨床、可逆轧钢机、造纸机、矿井卷扬机等	他励直流电动机或并励直流电动机
		要求启动转矩大、机械特性较软的生产机械	电车、重型起重机	串励直流电动机

随着技术的发展，各种电动机的应用范围在逐渐扩大，如变频调速技术的发展，使三相笼型异步电动机越来越多地应用在要求无级调速的生产机械上；使用晶闸管串级调速，可扩展绕线转子异步电动机的应用范围，如水泵、分级的节能调速；近年来，在大功率的生产机械上，还广泛采用晶闸管励磁的直流发电机-电动机组或晶闸管-直流电动机组。

（6）电动机形式的选择

原则上，电动机与生产机械的工作方式应该一致，在连续工作制、短期工作制和周期性断续工作制三种方式中选取，但也可选用连续工作制的电动机来代替。

电动机按其安装方式不同分为卧式和立式两种。由于立式电动机的价格较贵，所以一般情况下应选用卧式电动机。只有当需要简化传动装置时，如深井水泵和钻床等，才使用立式电动机。

电动机按轴伸个数分为单轴伸和双轴伸两种。一般情况下，选用单轴伸电动机；特殊情况下才选用双轴伸电动机。如需要一边安装测速发电机，另一边需要拖动生产机械时，则必须选用双轴伸电动机。

电动机按防护形式分为开启式、防护式、封闭式和防爆式四种。为防止周围的介质对电动机的损坏以及因电动机本身故障而引起的危害，电动机必须根据不同环境选择适当的防护形式。

开启式电动机价格便宜，散热好，但灰尘、铁屑、水滴及油垢等容易进入其内部，影响电动机的正常工作和寿命，因此，只能在干燥、清洁的环境中使用。

防护式电动机的通风孔在机壳下部，通风冷却条件较好，并能防止水滴、铁屑等杂物落入电动机内部，但不能防止潮气和灰尘侵入，因此只能用于比较干燥、灰尘不多、无腐蚀性气体和爆炸性气体的环境。

封闭式电动机分为自扇冷式、他扇冷式和封闭式三种。前两种用于潮湿、灰尘多、有腐蚀性气体、易引起火灾和易受风雨侵蚀的环境中，如纺织厂、水泥厂等。封闭式电动机则用于浸入水中的机械，如潜水泵电动机。

防爆式电动机主要用于有易燃、易爆气体的危险环境中，如煤气站、油库及矿井等场所。

总之，选择电动机时，应从额定功率、额定电压、额定转速、种类和形式有几方面综合考虑，做到既经济又合理。

1. 三相异步电动机的调速方法有哪三种？笼型异步电动机的变极调速是如何实现的？

2. 双速电动机的定子绕组共有几个出线端？分别画出双速电动机在低、高速时定子绕组的接线图，并简述其工作原理。

3. 三速异步电动机有几套定子绕组？定子绕组上有几个出线端？分别画出三速电动机在低、中、高速时定子绕组的接线图，并简述其工作原理。

4. 现有一台双速电动机，试按下述要求设计控制线路：

（1）分别用两个按钮操作电动机的高速启动和低速启动，用一个总停止按钮操作电动机停止。

（2）启动高速时，应先接成低速，然后经延时后再换接高速。

（3）有短路保护和过载保护。

5. 对电动机控制的一般原则有哪些？简述各种控制原则。

6. 在生产机械的电气控制线路中，对电动机常采用哪几种保护措施？各由什么电器来实现？

7. 简述正确合理选用电动机额定电压、额定转速、种类、形式的基本原则。

项目二　常用生产机械常见故障诊断与维修

任务一　CA6140 型车床控制的故障排除

学习目标

知识目标：

① 掌握 CA6140 型车床控制电路的工作原理及运动方式。
② 正确分析 CA6140 型车床控制电路故障。
③ 学会用电阻分阶测量法查找故障点。

能力目标：

① 培养学生识读复杂电路的能力。
② 培养学生按设备要求安装与配线的能力。
③ 培养学生由面到点分析问题、解决问题的能力。

情感目标：

① 培养学生严谨、认真的工作态度。
② 培养学生团结合作的团队精神。
③ 培养学生安全、文明的操作习惯。

学习任务

根据故障现象，能实际、准确地分析出 CA6140 型车床控制电路的故障范围，熟练运用电阻分段测量法和电阻长分段测量法查找故障点，正确排除故障，恢复电路正常运行。

一、工业机械电气设备维修的一般要求和方法

1. 维修人员的基本要求

机床电气设备在运行过程中，由于各种原因会产生各种故障，致使机床不能正常工作，影响生产效率，严重时还会造成人身与设备事故。因此，机床电气设备发生故障后，维修人员能够及时、熟练、准确、迅速、安全地查出故障，并加以排除，尽早恢复机床正常运行，是非常重要的；同时，日常的维护保养能有效减少故障发生率。机床维修时对维修人员的基本要求有：

① 针对不同机床采取正确的维修步骤和方法。

② 维修过程中不得损坏电器元件。

③ 不得擅自改动线路。

④ 不得随意更换电器元件，不得随意更改电器元件型号。

⑤ 损坏的电器元件及装置应尽量修复使用，但达不到其固有性能的，必须更换。

⑥ 维修后，电气设备的各种保护性能必须满足使用要求。

⑦ 通电试车能满足电路的各种功能，各控制环节的动作程序符合要求。

⑧ 修理后的电气装置必须满足其质量要求。

2. 工业机械电气设备维护的一般方法

电气设备在运行过程中出现的故障，有些可能是由于操作使用不当、安装不合理或维修不正确等人为因素造成的，称为人为故障。有些故障则可能是由于电气设备在运行时过载、机械振动、电弧的烧损、长期动作的自然磨损、周围环境温度和湿度的影响、金属屑和油污等有害介质的侵蚀以及电器元件的自身质量问题或使用寿命等原因而产生的，称为自然故障。显然，如果加强对电气设备的日常检查、维护和保养，及时发现一些非正常因素，并给予及时的修复或更换处理，就可以将故障消灭在萌芽状态，防患于未然，使电气设备少出甚至不出故障，以保证工业机械的正常运行。

电气设备的日常维护保养包括电动机和控制设备的日常维护保养。

（1）电动机的日常维护保养

① 电动机应保持表面清洁，进、出风口必须保持畅通无阻，不允许水滴、油污或金属屑等任何异物掉入电动机的内部。

② 经常检查运行中的电动机负载电流是否正常，用钳形电流表查看三相电流是否平衡，三相电流中的任何一相与其三相平均值相差不允许超过 10%。

③ 工作在正常环境条件下的电动机，应定期用兆欧表检查其绝缘电阻；对工作在潮湿、多尘及含有腐蚀性气体等环境条件下的电动机，更应该经常检查其绝缘电阻。三相 380V 的电动机及各种低压电动机，其绝缘电阻至少为 0.5MΩ 方可使用。高压电动机定子绕组绝缘电阻至少为 1MΩ，转子绝缘电阻至少为 0.5MΩ，方可使用。若发现电动机绝缘电阻达不到规定要求时，应采取相应措施处理后，使其符合规定要求，方可继续使用。

④ 经常检查电动机的接地装置，使之保持牢固可靠。

⑤ 经常检查电源电压是否与铭牌相符，三相电源电压是否对称。

⑥ 经常检查电动机温度是否正常。交流三相异步电动机各部位的最高允许温度见表2-1。

表2-1 三交流相异步电动机各部位的最高允许温度

（用温度计测量法，环境温度+40℃）

	绝缘等级	A	E	B	F	H
最高允许温度（℃）	定子和绕线转子绕组	95	105	110	125	145
	定子铁芯	100	115	120	140	165
	滑环	100	110	120	130	140

⑦ 经常检查电动机的振动、噪声是否正常，有无异常气味、冒烟、启动困难等现象。一旦发现，应立即停车检修。

⑧ 经常检查电动机轴承是否有过热、润滑脂不足或磨损等现象，轴承的振动和轴向位移不得超过规定值。轴承应定期清洗检查。定期（一般一年左右）补充或更换轴承润滑脂，各种电动机常用润滑脂特性见表2-2。

⑨ 对绕线转子异步电动机，应检查电刷与滑环之间的接触压力、磨损及火花情况。当发现有不正常的火花时，须进一步检查电刷或清理滑环表面，并校正电刷弹簧压力。一般，电刷与滑环的接触面积不应小于全面积的75%，电刷压强应为15000~25000Pa，刷握和滑环间应有2~4mm间距，电刷与刷握内壁应保持0.1~0.2mm游隙，对磨损严重者须更换。

表2-2 各种电动机常用润滑脂特性

名称	钙基润滑脂	钠基润滑脂	钙钠基润滑脂	铝基润滑脂
最高工作温度（℃）	70~85	120~140	115~125	200
最低工作温度（℃）	≥-10	≥-10	≥-10	—
外观	黄色软膏	暗褐色软膏	淡黄色、深棕色软膏	黄褐色软膏
适用电动机	封闭式、低速轻载的电动机	开启式、高速重载的电动机	开启式及封闭式高速重载的电动机	开启式及封闭式高速的电动机

⑩ 对直流电动机应检查换向器表面是否光滑圆整，有无机械损伤或火花灼伤。若沾有碳粉、油污等杂物，要用干净柔软的白布蘸酒精擦去。换向器在负荷下长期运行后，其表面会产生一层均匀的深褐色的氧化膜，这层薄膜具有保护换向器的功效，切忌用纱布磨去。但当换向器表面出现明显的灼痕或因火花烧损出现凹凸不平的现象时，则需要对其表面用零号纱布进行精细的研磨或用车床重新车光，而后再将换向器片间的云母下刻1~1.5mm深，并将表面的毛刺、杂物清理干净后，方能重新装配使用。

⑪ 检查机械传动装置是否正常，联轴器、带轮或传动齿轮是否跳动。

⑫ 检查电动机的引出线是否绝缘良好、连接可靠。

（2）控制设备的日常维护保养

① 电气柜的门、盖、锁及门框周边的耐油密封垫均应良好。门、盖应关闭严密，柜内应保持清洁，不得有水滴、油污和金属铁屑等进入电气柜内，以免损坏电器造成事故。

② 操纵台上的所有操纵按钮、主令开关的手柄、信号灯及仪表的护罩都应保持清洁完好。

③ 检查接触器、继电器等电器的触头系统吸合是否良好，有无噪声、卡住或迟滞现象；触头接触面有无烧蚀、毛刺或穴坑；电磁线圈是否过热；各种弹簧弹力是否适当；灭弧装置是否完好无损等。

④ 检验位置开关能否起位置保护作用。

⑤ 检查各电器的操作机构是否灵活可靠，有关整定值是否符合要求。

⑥ 保护导线的软管不得被冷却液、油污等腐蚀，接头处不得产生脱落或散头等现象。

⑦ 检查电气柜及导线通道的散热情况是否良好。

⑧ 检查各类指示信号装置和照明装置是否完好。

⑨ 检查电气设备和工业机械上所有裸露导体件是否接到保护接地专用端子上，是否达到了保护电路连续性的要求。

（3）电气设备的维护保养周期

对设置在电气柜内的电器元件，一般不经常进行开门监护，主要是靠定期的维护保养，来实现电气设备较长时间的安全稳定运行。其维护保养的周期，应根据电气设备的结构、使用情况以及条件等来确定。一般可采用配合工业机械的一、二级保养同时进行其电气设备的维护保养工作。

配合工业机械一级保养进行电气设备的维护保养工作。如金属切削机床的一级保养一般一个季度进行一次。机床作业时间常为 $6 \sim 12h$，这时可对机床电气柜内的电器元件进行如下维护保养。

① 清扫电气柜内的积灰异物。

② 修复或更换即将损坏的电器元件。

③ 整理内部接线，使之整齐美观。对需要应急修理的部位，应尽量复原成正规状态。

④ 紧固熔断器的可动部分，使之接触良好。

⑤ 紧固接线端子和电器元件上的压线螺钉，使所有压接线头牢固可靠，减小接触电阻。

⑥ 电动机需要进行小修和中修检查。

⑦ 通电试车，使电器元件的动作程序正确可靠。

配合工业机械二级保养进行电气设备的维护保养工作。如金属切削机床的二级保养一般一年进行一次，机床作业时间常为 $3 \sim 6$ 天，此时可对机床电气柜内电器元件进行如下维护保养。

① 机床一级保养时，对机床电器所进行的各项维护保养工作，在二级保养时仍须照例进行。

② 着重检查动作频繁且电流较大的接触器、继电器触头。为了承受频繁切合电路所受的机械冲击和电流的烧损，多数接触器和继电器的触头均采用银或银合金制成，其表面会自然形成一层氧化银或硫化银，它并不影响导电性能，这是因为在电弧的作用下它还能还原成银，因此不要随意清除掉。即使这类触头表面出现烧毛或凹凸不平的现象，仍不会影响触头的良好接触，不必修正挫平（但铜质触头表面烧毛后则应及时修平）。但触头严重磨损至原厚度的 1/2 以下时应更换新触头。

③ 检修有明显噪声的接触器和继电器，找出原因并修复后方可继续使用，否则应更换新件。

④ 校验热继电器，看其是否能正常动作。校验结果应符合热继电器的动作特性。

⑤ 校验时间继电器。看其延时时间是否符合要求。如误差超过允许值，应调整或修理，使之重新达到要求。

3. 工业机械电气故障检修的一般方法

尽管对电气设备采取了日常维护保养工作，降低了电气故障的发生率，但绝不可能杜绝电气故障的发生。因此，在此基础上还要掌握正确的检修方法。

（1）检修前的故障调查

机床电气发生故障后，不要盲目进行检修。检修前，应向操作者询问、了解故障发生前电路和设备的运行状况及故障发生后的现象。

【例】某普通车床主轴电动机工作时突然停转，然后不能启动。向操作者了解情况得知，该机床以前用于精车加工，现改为粗车加工，且进刀量较大。因此，判断电动机过载，检查热继电器已动作，过一段时间热继电器自动复位（热继电器调整为自动复位），机床恢复正常。告诉操作者调整进刀量，该故障没有再发生。该故障的检修正是通过向操作者了解情况，从而快速、准确地查明故障原因，找到故障点，缩短了检修时间。

（2）试车观察故障现象

为了使检修工作更具针对性，通过试车观察故障现象，划定故障范围。试车前提是不扩大故障范围，不损伤电气设备和机械设备。试车时需要注意观察以下内容。

① 电动机是否运转，转动时声音是否正常。

② 控制电动机的接触器、继电器等电器是否按工作原理正常工作；电磁线圈吸合声音是否正常。

③ 与故障范围相关的电气线路、控制环节都要试车，如多台电动机的顺序控制、单台电动机的多种工作方式及相关程序控制等。

④ 以上试车过程中通过看和听进行观察，试车停止切断电源后，还可通过触摸检查电动机、变压器、电磁线圈等电器，看是否超过允许的温升，还可通过闻，看是否有异常气味。

⑤ 试车前，为避免机床运动部分发生误动作或碰撞等意外情况，可将生产机械与电动机分离；或将电动机与电器线路分离，然后再试车。这也是区分电气故障与机械故障的有效方法之一。

⑥ 试车时，要求维修者熟悉电气设备，明确试车步骤。如不明确，必须与操作者配合进行试车。

（3）用逻辑分析法确定故障范围，用排除法缩小故障范围

逻辑分析法是根据电气控制线路的工作原理、各控制环节的动作顺序以及它们之间的相互联系，结合试车时确认的故障现象进行分析，从而判定故障的最小范围。以下是断路故障的分析依据。

分析依据一：逻辑分析一个电路的断路故障的故障范围，首先要熟悉电路的逻辑关系，电路的逻辑关系就是电路的工作原理。

分析依据二：当一个电器不能得电工作时，为其供电的线路就是故障范围，即供电线路内的任何一处断路都会造成该电器不能得电工作。

分析依据三：一个断路故障足以使电路不能正常工作，应先把故障定性为一个。特殊情况除外，如电路发生短路，短路电流造成多个电器元件损坏。

分析依据四：多个并联支路都不能工作时，故障通常发生在干路上（分支电路的公共部分）；反之，多个并联支路中有一条支路正常时，故障不在干路上（分支电路的公共部分），而在支路上。

（4）检修工作中，经常运用如下逻辑关系

① 主电路与控制电路的逻辑关系。

② 两台以上电动机顺序或程序控制的逻辑关系。

③ 单台电机各控制环节程序控制的逻辑关系。

④ 公共电路与分支电路（并联电路）之间的相互逻辑关系。

⑤ 电气设备与机械设备相互逻辑关系。

利用逻辑分析法确定故障的范围以后，我们会发现不同故障的范围有大有小，对故障范围较大的故障，要采用测量法进一步缩小故障范围。测量法常用的测试工具和仪表有验电笔、万用表、钳形电流表、兆欧表等。通过对电路进行带电或断电的有关参数（如电压、电阻、电流等）的测量来判断电器元件、设备以及线路的好坏及通断情况，最终找到故障点并加以排除。

⑥ 检查是否存在机械、液压故障。在许多电气设备中，电器元件的动作是由机械、液压来推动的，或与它们有着密切的联动关系，所以在检修电气故障的同时，应检查、调整和排除机械、液压部分的故障，或与机械维修工配合完成。

⑦ 采用正确合理的维修方法。电气设备的故障检修方法通常有低压试电笔法、电阻法、电压法、电流法、短接法等，在后面将逐一介绍。但须根据故障的性质和具体情况灵活选用，断电检查多采用电阻法，通电检查多采用电压法或电流法。各种方法可交替使用，以便迅速有效地找出故障点。

⑧ 修复及注意事项。当找出电气设备的故障点后，就要着手进行修复、试运转、记录等，然后交付使用，但必须注意如下事项。

第一，在找出故障点和修复故障时，应注意不能把找出的故障点作为寻找故障的终点，还必须进一步分析查明产生故障的根本原因。例如：在处理某台电动机因过载烧毁的事故时，绝不能认为将烧毁的电动机重新修复或换上一台同型号的新电动机就算完事，而应进一步查明电动机过载的原因，到底是因负载过重，还是电动机选择不当、功率过小所致，因为两者都将导致电动机过载。所以在处理故障时，修复故障应在找出故障原因并排除之后进行。

第二，找出故障点后，一定要针对不同情况和部位相应采取正确的修复方法，不要轻易采用更换电器元件和补线等方法，更不允许轻易改动线路或更换规格不同的电器元件，以防止产生人为故障。

第三，在故障点的修理工作中，一般情况下应尽量做到复原。但是，有时为了尽快恢复工业机械的正常运行，根据实际情况也允许采取一些适当的应急措施，但绝不可凑合。

第四，电气故障修复完毕，需要通电试运行时，应和操作者配合，避免出现新的故障。

第五，每次排除故障后，应及时总结经验，并做好维修记录。记录的内容可包括：工业机械的型号、名称、编号、故障发生日期、故障现象、部位、损坏的电器、故障原因、修复措施及修复后的运行情况等。记录的目的：作为档案以备日后维修时参考，并通过对历次故障的分析，采取相应的有效措施，防止类似事故的再次发生或对电气设备本身的设计提出改进意见等。

二、CA6140 型车床电气控制电路的工作原理分析

车床是一种应用最为广泛的金属车削机床，主要用来车削外圆、内圆、端面、螺纹和定型表面，也可用钻头、铰刀等进行加工。普通车床有两个主要的运动部分，一是卡盘或顶尖带动工件的旋转运动，也是车床主轴的运动；另外一个是溜板带动刀架的直线运功，称为进给运动。车床工作时，绝大部分功率消耗在主轴运动上。下面以CA6140 型车床为例进行介绍。

该车床型号及含义如图 2-1 所示。

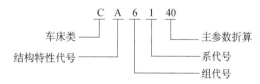

图 2-1　CA6140 型车床的型号及含义

1. 主要结构和运动形式

CA6140 车床是我国自行设计制造的普通车床，其外形如图 2-2 所示。它主要由主轴箱、进给箱、溜板箱、刀架、丝杠、光杠、床身、尾架等部分组成。

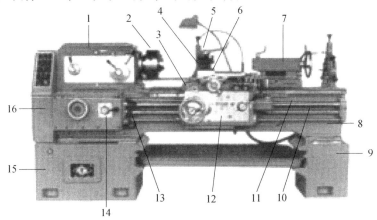

图 2-2　CA6140 型普通车床外形图

1—主轴箱；2—卡盘；3—纵溜板；4—转盘；5—方刀架；6—横溜板；7—尾架；8—床身；

9—右床座；10—光杠；11—丝杠；12—溜板箱；13—操纵手柄；14—进给箱；15—左床座；16—挂轮架

车床的主运动为工件的旋转运动，由主轴通过卡盘或顶尖带动工件旋转，其承受车削加工时的主要切削功率。车削加工时，应根据被加工工件材料、刀具种类、工件尺寸、工艺要求等选择不同的切削速度。其主轴正转速度有 24 种（10～1400r/min），反转速度有 12 种（14～1580r/min）。

车床的进给运动是溜板带动刀架的纵向或横向直线运动。溜板箱把丝杠或光杠的转动传递给刀架部分，变换溜板箱外的手柄位置，经刀架部分使车刀做纵向或横向进给。

车床的辅助运动有刀架的快速移动、尾架的移动以及工件的夹紧与放松等。

2. 电力拖动特点及控制要求

① 主拖动电动机一般选用三相笼型异步电动机，为满足调速要求，采用机械变速。

② 为车削螺纹，主轴要求正、反转。由主拖动电动机正反转或采用机械方法来实现。

③ 采用齿轮箱进行机械有级调速。主轴电动机采用直接启动，为实现快速停车，一般采用机械制动。

④ 车削加工时，由于刀具与工件温度高，所以需要冷却。为此，设有冷却泵电动机，且要求冷却泵电动机应在主轴电动机启动后方可选择启动与否；当主轴电动机停止时，冷却泵电动机应立即停止。

⑤ 为实现溜板箱的快速移动，由单独的快速移动电动机拖动，采用点动控制。

⑥ 刀架移动和主轴转动有固定的比例关系，以便满足对螺纹的加工需要。

⑦ 电路应具有必要的保护环节和安全可靠的照明和信号指示。

3. 电气控制电路分析

图 2-3 为 CA6140 型卧式车床控制电路图。

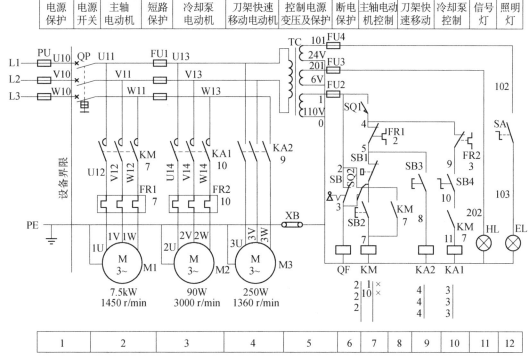

电源保护	电源开关	主轴电动机	短路保护	冷却泵电动机	刀架快速移动电动机	控制电源变压及保护	断电保护	主轴电动机控制	刀架快速移动	冷却泵控制	信号灯	照明灯

1	2	3	4	5	6	7	8	9	10	11	12

图 2-3　CA6140 型卧式车床控制电路图

（1）绘制和阅读机床电路图的基本知识

机床电路图所包含的电器元件和电气设备的符号较多，要正确绘制和阅读机床电路图，除了前面讲述的一般原则外，还要明确以下几点。

① 将电路图按功能划分若干各图区，通常是一条回路或一条支路划为一个图区，并从左向右依次用阿拉伯数字编号，标注在图形下部的图区栏中，如图 2-3 所示。

② 电路图中每个电路在机床电气操作中的用途，必须用文字标明在电路图上部的用途栏内，如图 2-3 所示。

③ 在电路图中每个接触器线圈 KM 下面画两条竖直线，分成左、中、右三栏，把受其控制而动作的触头所处的图区号按表 2-3 的规定填入相应的栏内。对备而未用的触头，在相应的栏中用记号"×"标出或不标出任何符合。接触器线圈符号下的数字标记见表 2-3。

表 2-3　接触器线圈符号下的数字标记

栏目	左栏	中栏	右栏
触头类型	主触头所处的图区号	辅助常开触头所处的图区号	辅助常闭触头所处的图区号
举例 KM 2　8　× 2　10　× 2	表示 3 对主触头均在图区 2	表示一对辅助常开触头在图区 8，另一对常开触头在图区 10	表示两对辅助常闭触头未用

④ 在电路图中每个继电器线圈符号下面画一条竖直线，分成左、右两栏，把受其控制而动作的触头所处的图区号，按表 2-4 的规定填入相应栏内。同样，对备而未用的触头在相应的栏中用记号"×"标出或不标出任何符合。继电器线圈符号下的数字标记见表 2-4。

⑤ 电路图中触头文字符号下面的数字表示该电器线圈所处的图区号。如图 2-3 所示，在图区 4 标有 KA2，表示中间继电器 KA2 的线圈在图区 9。

表 2-4　继电器线圈符号下的数字标记

栏目	左栏	右栏
触头类型	常开触头所处的图区号	常闭触头所处的图区号
举例 KA2 4 4 4	表示 3 对常开触头均在图区 4	表示常闭触头未用

（2）电路分析

电路分为主电路、控制电路和照明电路三部分。

① 主电路分析。

主电路中共有三台电动机。M1 为主轴电动机，带动主轴旋转和刀架的进给运动；M2 为冷却泵电动机，输送冷却液；M3 为刀架快速移动电动机。

将钥匙开关 SB 向右转动，再扳动断路器 QF 将三相电源引入。主轴电动机 M1 由接触器 KM 控制，熔断器 FU 实现短路保护，热继电器 FR1 实现过载保护；冷却泵电动机 M2 由中间继电器 KA1 控制，热继电器 FR2 实现过载保护。刀架快速移动电动机 M3 由中间继电器 KA2 控制，熔断器 FU1 实现对电动机 M2、M3 和控制变压器 TC 的短路保护。

② 控制电路分析。

控制电路的电源由控制变压器 TC 的二次侧输出 110V 电压提供。在正常工作时，位置开关 SQ1 的常开触头处于闭合状态。但当床头皮带罩被打开后，SQ1 常开触头断开，将控制电路切断，保证人身安全。在正常工作时，钥匙开关 SB 和位置开关 SQ2 是断开的，保证断路器 QF 能合闸。但当配电盘壁龛门被打开时，位置开关 SQ2 闭合使断路器 QF 线圈获电，则自动切断电路，以确保人身安全。

a. 主轴电动机 M1 的控制。

M1 启动：

M1 停止：

按下停止按钮 SB1→KM 线圈失电→KM 触头复位断开→M1 失电停转

主轴的正反转是采用多片摩擦离合器实现的。

b. 冷却泵电动机 M2 的控制。

由电路图可见，主轴电动机机 M1 与冷却泵电动机 M2 之间实现顺序控制。只有当电动机 M1 启动运转后，合上旋钮开关 SB4，中间继电器 KA1 线圈才会获电，其主触头闭合使电动机 M2 释放冷却液，即 M2 启动运转。当 M1 停止运行时，M2 自行停止。

c. 刀架快速移动电动机 M3 的控制。

刀架快速移动电动机 M3 的启动由安装在进给操作手柄顶端的按钮 SB3 控制，它与中间继电器 KA2 组成点动控制线路，因此在主电路中未设过载保护。刀架移动方向（前、后、左、右）的改变，是由进给操作手柄配合机械装置来实现的，如需要快速移动，按下按钮 SB3 即可。

③ 照明、信号电路分析。

照明灯 EL 和指示灯 HL 的电源分别由控制变压器 TC 二次侧输出 24V 和 6V 电压提供。开关 SA 为照明灯开关。熔断器 FU3 和 FU4 分别作为指示灯 HL 和照明灯 EL 的短路保护。

CA6140 型车床电器位置图和实物接线图分别如图 2-4 和图 2-5 所示。

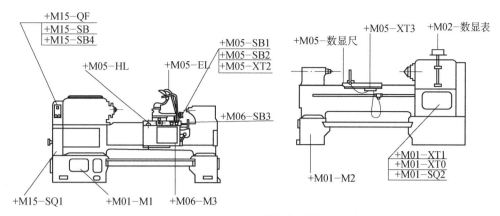

图 2-4　CA6140 型车床电器位置图

CA6140 型车床位置代号索引见表 2-5。

表 2-5　CA6140 型车床的位置代号索引

序号	部件名称	代号	安装的元件
1	床身底座	+M01	—M1、—M2、—XT0 、—XT1、—SQ2
2	床鞍	+M05	—HL、—EL、—SB1、—SB2、—XT2、—XT3 数显尺
3	溜板	+M06	—M3　　—SB3
4	传动带罩	+M15	—QF　—SB　—SB4　—SQ1
5	床头	+M02	数显表

CA6140 型车床电气元件明细表见 2-6。

表 2-6　CA6140 型车床电气元件明细表

代号	名称	型号及规格	数量	用途
KM	交流接触器	CJ0—20B、线圈电压 110V	1	控制电动机 M1
KA1	中间继电器	JZ7—44、线圈电压 110V	1	控制电动机 M2
KA2	中间继电器	JZ7—44、线圈电压 110V	1	控制电动机 M3
M1	主轴电动机	Y132M—4—B3 7.5kW、1450r/min	1	主传动用
M2	冷却泵电动机	AOB-25、90W/3000r/min	1	输送冷却液用
M3	快速移动电动机	AOS5634、250W	1	溜板快速移动用
FR1	热继电器	JR16—20/3D、15.4A	1	M1 的过载保护
FR2	热继电器	JR16—20/3D、0.32A	1	M2 的过载保护
SB1	按钮	LAY3—01ZS/1	1	停止电动机 M1
SB2	按钮	LAY3—10/3.11	1	启动电动机 M1
SB3	按钮	LA9	1	启动电动机 M3
SB4	旋钮开关	LAY3—10X/2	1	控制电动机 M2
SQ1、SQ2	位置开关	JWM6—11	2	断电保护
HL	信号灯	ZSD—0、6V	1	刻度照明
QF	断路器	AM2—40、20A	1	电源引入
TC	控制变压器	JBK2—100 380V/110V/24V/6V	1	控制电源电压
EL	机床照明灯	JC11	1	工作照明
SB	旋钮开关	LAY3—01Y/2	1	电源开关锁
FU1	熔断器	BZ001、熔体 6A	3	M2、M3、TC 短路保护
FU2	熔断器	BZ001、熔体 1A	1	110V 控制电路短路保护
FU3	熔断器	BZ001、熔体 1A	1	信号灯电路短路保护
FU4	熔断器	BZ001、熔体 2A	1	照明电路短路保护
SA	开关		1	照明灯开关

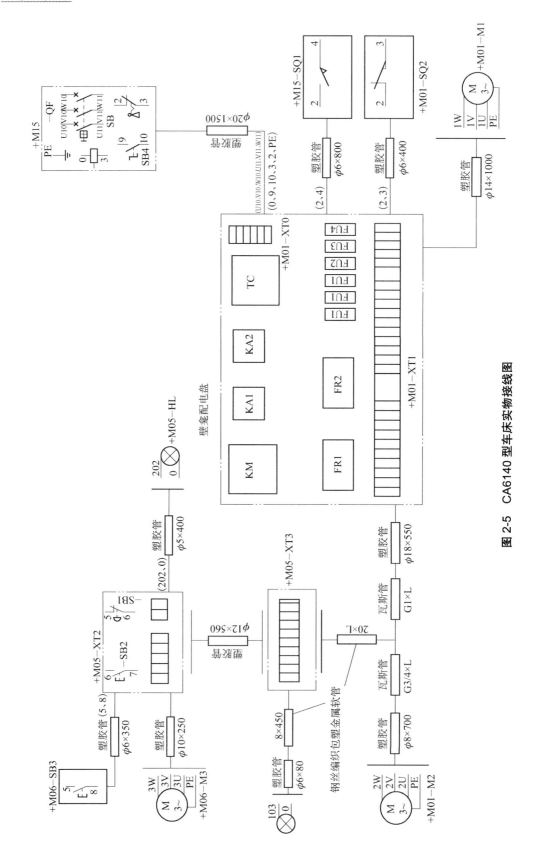

图 2-5　CA6140 型车床实物接线图

三、CA6140 型车床电气控制电路故障分析方法

（一）全无故障

1. 试车

所谓全无故障，即试车时，信号灯、照明灯、机床电动机都不工作，且控制电动机的接触器、继电器等均无动作和响声。

2. 分析

全无故障通常发生在电源电路。读图发现，信号灯、照明灯、电动机控制电路的电源均由变压器 TC 提供。经逻辑分析，故障范围确定为变压器 TC 以及为 TC 供电电路，即 U11—FU1—U13—TC，V11—FU1—V13—TC。值得注意的是，变压器 TC 副边三个绕组公共连接点 0 号线断线或接触不良时，也会造成全无故障。

3. 检查方法

（1）电压法

由电源侧向变压器 TC 方向测量，根据测量结果找出故障点，见表 2-7。

表 2-7　电压法

故障现象	测试状态	U11—V11	U13—V13	故障点
全无现象	接通电源	0	0	机床无电源
		380V	0	FU1 断路
		380V	380V	TC 断路或 0 号线断线

（2）电阻法

由变压器 TC 向电源方向测量，根据测量结果找出故障点，见表 2-8。该方法利用 TC 原边回路测量，可称电阻双分阶测量法。

表 2-8　电阻法

故障现象	测试状态	U13—V13	U11—V11	故障点
全无现象	切断电源	∞	∞	TC 断路或 FU1 断路
		R	∞	FU1 熔断或接触不良
		R	R	0 号线断线

注：R 为 TC 绕组电阻。

修复措施：若熔断器 FU1 熔断，要查明原因，如为短路，要排除短路点后，方可从新更换熔丝，通电试车。

若：变压器绕组断路，要检查变压器配置熔断器熔体是否符合要求，方可更换变压器试车。

（二）主轴电动机 M1 不能启动

1. 通电试车

主轴电动机 M1 不能启动原因较多，试车时首先观察接触器 KM 线圈是否得电，若不得电，应调试刀架快速电动机，并观察中间继电器 KA2 线圈是否得电。若接触器 KM 线圈得电，应观察电动机 M1 是否转动，是否有嗡嗡声，如有嗡嗡声，为缺相故障。

2. 故障分析

若接触器 KM 线圈不得电，故障在控制电路。如调试刀架快速电动机时，中间继电器 KA2

线圈也不能得电，逻辑分析故障范围在接触器 KM、中间继电器 KA2 线圈公共线路上，即 0—TC—1—FU2—2—SQ1—4。如中间继电器 KA2 线圈得电，故障范围在 5—SB1—4—SB2—7—KM 线圈—0 线路上。

若接触器 KM 线圈正常得电，电动机 M1 不启动，则故障在电动机 M1 主电路上。

3. 检查方法

注：R 为 KM 线圈、TC 绕组串联后的直流电阻。

（1）控制电路故障检查

用电压法或电阻法皆可。值得注意的是，控制电路由变压器 TC110V 绕组提供电源，该绕组与接触器线圈电路串联。用电阻法测量时，要在确认变压器 TC 绕组无故障后，将其当作二次回路断开，将 FU2 拧下即可；或不断开，利用其构成回路来测量，测量方法见表 2-9。

表 2-9　利用二次回路测量法

故障现象	测试状态	7—5	7—4	7—2	7—1	7—0	故障点
KM、KA2 均不能得电，照明灯亮	切断电源，不按 SB2	∞	R	R	R	R	FR1 动作或接触不良
		∞	∞	R	R	R	SQ1 接触不良
		∞	∞	∞	R	R	FU2 熔断或接触不良
		∞	∞	∞	∞	R	TC 线圈断路
		∞	∞	∞	∞	∞	KM 线圈断路

该方法合理利用 TC 绕组 110V 电压所构成二次回路。若测量中发现位置开关 SQ1 断路，要检查床头皮带罩是否关紧。

（2）主电路故障检查

主电路故障多为电动机缺相故障，电动机缺相时，不允许长时间通电，故主电路故障检查不宜采用电压法；只有接触器 KM 主触头以上电路在接触器 KM 主触头不闭合时，可采用电压法测量。若必须用电压法测量，可将电动机 M1 与主电路分开，再接通电源，使接触器 KM 主触点闭合后进行测量，但拆、接工作比较烦琐，不宜采用。

检测缺相故障，用电阻法也很简单。测量时，利用电动机绕组构成的回路进行测量，方法是切断电源后，用万用表测量 U12—V12、U12—W12、V12—W12 之间电阻，如三次测量电阻值相等，且较小（电动机绕组直流电阻较小），判断 U12、V12、W12 三点至电动机三段电路无故障；若某一相与其他两相电阻无穷大，则该相断路，可用此法继续按图向下测量，找到故障点，或用电阻分段测量法测量断路相，找到故障点。接触器 KM 主触头上端电路用电阻分段法测量即可。

若上述两次检查没发现故障点，则故障在 KM 主触头上。

【注意】使用电阻法测量时，如果压下接触器触头测量，变压器绕组会与电动机绕组构成回路，影响测量结果。

如维修者能灵活使用各种测量方法，接触器 KM 主触头上方线路可用电压法，接触器 KM 主触头下端电路采用电阻法，若都没找到故障，故障点必定在 KM 主触头上。

（三）主轴电动机 M1 启动后不能自锁

故障现象是按下按钮 SB2 时，主轴电动机 M1 能启动运行，但松开按钮 SB2 后，主轴电动机 M1 也随之停止。造成这种故障的原因是接触器 KM 的自锁常开触头接触不良或连接导线松脱。

（四）主轴电动机 M1 不能停车

造成这种故障的原因多是接触器 KM 的主触头熔焊；停止按钮 SB1 击穿或线路中 5、6 两点连接导线短路；接触器铁芯表面黏牢污垢。可采用下列方法判明是哪种原因造成电动机 M1 不能停车：若断开 QF，接触器 KM 释放，则说明故障为 SB1 击穿或导线短接；若接触器过一段时间释放，则故障为铁芯表面黏牢污垢；若断开 QF，接触器 KM 不释放，则故障为主触头熔焊，打开接触器灭弧罩，可直接观察到该故障。根据具体故障情况采取相应措施。

（五）刀架快速移动电动机不能启动

故障分析方法、检查方法与主轴电动机 M1 基本相同，若中间继电器 KA2 线圈不得电，故障多发生在按钮 SB3 上，按钮 SB3 安装在十字手柄上，经常活动，造成 FU2 熔断的短路点也常发生在按钮 SB3 上。试车时，注意将十字手柄扳到中间位置后再试，否则不易分清故障为电气部分故障还是机械部分故障。

（六）水泵电动机不能启动

故障分析方法与电动机 M1 的故障分析方法基本相同，如热继电器 FR2 热元件因水泵电动机接线盒进水发生短路而烧断，要考虑 FU1 是否超过额定值。

新安装水泵，如转动但不上水，多为水泵电动机电源相序不对，不能离心上水。

四、电阻测量法

（一）电阻测量法原理

能构成通路的电路或电器元件，用万用表电阻挡（欧姆挡）进行测量时，万用表指示（显示）为零或负载电阻值（直流电阻值）。如万用表指示（显示）为无穷大或较大值，即测得电阻阻值与电阻实际阻值不符，说明该电路或电器元件断路或接触不良。

（二）测量电路

电路如图 2-6 所示，接通电源，按下按钮 SB2，接触器 KM 线圈不能得电工作。经逻辑分析，故障范围是：L1—1—2—3—4（不包含 KM 辅助常开触头）—5—6—0—L2。此故障范围较大，故障只有一个，需要采用测量法找出故障点。

1. 电阻分段测量法

电阻分段测量法如图 2-6 所示。

首先，将万用表调到电阻挡 R×10 或 R×100 量程，将电路按 L1—1、1—2、2—3 相邻各点之间分段，L2—0、0—6、6—5、5—4 相邻各点之间分段，然后逐段测量，即可找到故障点。

测量结果（数据）及判断方法见表 2-10、表 2-11。

若测得上述各点之间的电阻阻值正常，则故障点在按钮 SB2 上。测量按钮 SB2 时，须按下后再测量。

【注意】实际测量时，电路中每个点至少有两个以上接线桩，电路的分段更多，电器元件之间的连接导线也是故障范围，不要漏测。

表 2-10　电阻分段测量法（一）

故障现象	测试状态	测试点	正常阻值	测量阻值	故障点
按下 SB2 时，接触器 KM 线圈不吸合	切断电源	L1—1	0	∞	FU 熔断或接触不良
	切断电源	1—2	0	∞	FR 动作或接触不良
	切断电源	2—3	0	∞	SB1 接触不良

表 2-11　电阻分段测量法（二）

故障现象	测试状态	测试点	正常阻值	测量阻值	故障点
按下 SB2 时，接触器 KM 线圈不吸合	切断电源	L2—0	0	∞	FU 熔断或接触不良
	切断电源	0—6	R	∞	KM 线圈断路
	切断电源	6—5	0	∞	SQ 接触不良
	切断电源	5—4	0	∞	KA 接触不良

注：表中 R 为 KM 线圈直流电阻值。

2. 电阻长分段测量法

为了提高测量速度或检验逻辑分析的正确性，还可采用电阻长分段测量法。电阻长分段测量法可将故障范围快速缩小 50%。

电阻长分段测量法如图 2-7 所示。

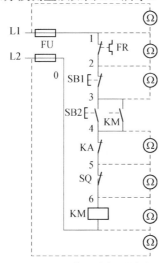

图 2-6　电阻分段测量法

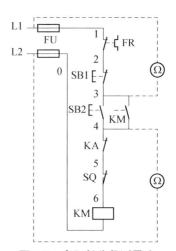

图 2-7　电阻长分段测量法

测量结果（数据）及判断方法见表 2-12。

表 2-12　电阻长分段测量法

故障现象	测试状态	测试点	正常阻值	测量阻值	故障范围
按下 SB2 时，接触器 KM 线圈不吸合	切断电源	L1—3	0	∞	L1—1—2—3
		L2—4	R	∞	L2—0—6—5—4

注：表中 R 为 KM 线圈直流电阻值。

3. 灵活运用电阻分段测量法和电阻长分段测量法

实际工作中操作者要根据线路实际情况，灵活运用电阻分段测量法和电阻长分段测量法，两种测量方法也可交替运用。如线路较短可采用电阻分段测量法，如线路较长可采用电阻长分段测量法，当运用电阻长分段测量法将故障范围缩小到一定程度后，再采用电阻分段测量法测量出故障点。

【注意事项】

① 电阻法属停电操作，要严格遵守停电、验电、防突然送电等操作规程。测量检查前，切断电源，然后将万用表转换开关置于适当倍率电阻挡（以能清楚显示线圈电阻值为宜）。

② 所测电路若与其他电路并联，必须将该电路与其他电路分开，否则会造成判断失误。

③ 用万用表电阻挡测量熔断器、接触器触头、继电器触头、连接导线的电阻值为零，测量电动机、电磁线圈、变压器绕组指示其直流电阻值。

④ 测量高电阻元件时，要将万用表的电阻挡转换到适当挡位。

环境设备

① 环境：实训教室、实训车间或企业场所。

② 设备：CA6140 型车床（实物）或 CA6140 型车床控制模拟电路。

③ 工具与仪表。

工具：常用电工工具。

仪表：MF30 型万用表、5050 型兆欧表、T301—A 型钳形电流表。

操作指导

（一）设备及工具

① CA6140 型车床模拟电路。

② 具有漏电保护功能的三相四线制电源，常用电工工具，万用表，绝缘胶带。

（二）实训步骤

① 在老师或操作师傅的指导下，参照电器位置图和机床接线图，在不通电情况下熟悉 CA6140 型车床电器元件的分布位置和走线情况。

② 在老师的指导下对车床进行操作，了解 CA6140 型车床的各种工作状态及操作方法。

③ 在老师的指导下，通电试车观察各接触器及电动机的运行情况。

合上电源，变压器二次侧输出电压正常时，让学生观察模拟盘上各电器的动作以及三台电动机的运行情况。

· 主轴运行：按下启动按钮 SB2，观察模拟盘内主接触器 KM1 的动作情况，以及电动机 M1 与卡盘的运行情况。

· 水泵运行：M1 主轴电动机运转后，转换按钮 SB4 使之闭合，观察模拟盘内中间继电器 KA1、接触器 KM1 的动作情况，电动机 M1、M2 的运行情况；转换 SB4 使之断开，再观察其运行情况。

· 刀架快速移动：按下点动按钮 SB3，观察模拟盘内中间继电器 KA 的动作情况，电动机 M3 的运行情况；手抬起时再观察其运行情况。

④ 由教师在 CA6140 型车床上设置 1、2 处典型的自然故障点，学生通过询问或通电试

车的方法观察故障点。

⑤ 学生练习排除故障点。

•教师示范检修，指导学生如何从故障现象着手进行分析，逐步引导学生采用正确的检修步骤和检修方法。

•可由小组内学生共同分析并排除故障。

•可由具备一定能力的学生独立排除故障。

排除故障步骤：

① 询问操作者故障现象。

② 通电试车观察故障现象。

③ 根据故障现象，依据电路图用逻辑分析法确定故障范围。

④ 采用电阻分段测量法和电阻长分段测量法相结合的方法查找故障点。

⑤ 通电试车，复核设备正常工作，并做好维修记录。

学生之间相互设置故障，练习排除故障。采用竞赛方式，比一比谁观察故障现象更仔细、分析故障范围更准确、测量故障更迅速、排除故障方法更得当。

（三）安装步骤及工艺要求

① 按照表 2-6 配齐电气设备和元件，并逐个检验其规格和质量是否合格。

② 根据电动机功率量、线路走向及要求和各元件的安装尺寸，正确选配导线的规格、导线通道类型和数量、接线端子板型号及节数、控制板、管夹、束节、紧固件等。

③ 在控制板上安装电器元件，并在各电器元件附近做好与电路图上相同代号的标记。

④ 按照控制板内布线的工艺要求进行布线和套编码套管。

⑤ 选择合理的导线走向，做好导线通道的支持准备，并安装控制板外部的所有电器。

⑥ 进行控制箱外部布线，并在导线线头上套装与电路图相同线号的编码套管。对于可移动的导线通道应预留适当的余量，使金属软管在运动时不承受拉力，并按规定在通道内放好备用导线。

⑦ 检查电路的接线是否正确和接地通道是否具有连续性。

⑧ 检查热继电器的整定值是否符合要求。各级熔断器的熔体是否符合要求，如不符合要求应予以更换。

⑨ 检查电动机的安装是否牢固，与生产机械传动装置的连接是否可靠。

⑩ 接通电源开关，点动控制各电动机启动，以检查各电动机的转向是否符合要求。

⑪ 检测电动机及线路的绝缘电阻，清理安装场地。

⑫ 通电空转试验时，应认真观察各电器元件、线路、电动机及传动装置的工作情况是否正常。如不正常，应立即切断电源进行检查，在调整或修复后方能再次通电试车。

【注意事项】

① 不要漏接接地线。严禁采用金属软管作为接地通道。

② 在控制箱外部进行布线时，导线必须穿在导线通道内或敷设在机床底座内的导线通道里，所有的导线不允许有接头。

③ 在导线通道内敷设的导线进行接线时，必须集中思想，做到查出一根导线，立即套上编码套管，接上后再进行复验。

④ 在进行快速进给时，要注意将运动部件处于行程的中间位置，以防止运动部件与车头

或尾架相撞产生设备事故。

⑤ 人为设置的故障要符合自然故障逻辑，设置不容易造成人身和设备事故的故障点，切忌设置更改线路的人为非自然故障。

⑥ 设置一处以上故障点时，故障现象尽可能不要相互掩盖，在同一线路上不设置重复故障点（不符合自然故障逻辑）。

⑦ 在安装、调试过程中，工具、仪表的使用应符合要求。

⑧ 检修时，严禁扩大故障或产生新的故障。

⑨ 排除故障时，必须修复故障点，但不得采用元件代换法。

⑩ 通电操作时，必须严格遵守安全操作规程，要有指导教师监护。

质量评价标准

实训考核及成绩评定（评分标准）见表 2-13。

表 2-13 评分标准

项目内容	配分	评分标准	扣分
故障分析	30	（1）不进行调查研究扣 5 分 （2）标不出故障范围或标错故障范围，每个故障点扣 15 分 （3）不能标出最小故障范围，每个故障点扣 10 分	
排除故障	70	（1）停电不验电扣 5 分 （2）仪器仪表使用不正确，每次扣 5 分 （3）排除故障的方法不正确扣 10 分 （4）损坏电器元件，每个扣 40 分 （5）不能排除故障点，每处扣 35 分 （6）扩大故障范围，每处扣 40 分	
安全文明生产		违反安全文明生产规程扣 10～70 分	
定额时间 30min		不许超时检查，修复故障过程中允许超时，但以每超时 5min 扣 5 分计算	
备注		除定额时间外，各项内容的最高扣分不得超过配分数	成绩
开始时间		结束时间　　　　实际时间	

拓展与提高

（一）低压试电笔法测量原理

试电笔是一种携带、使用较方便的电工工具，也可用来检测故障。电路正常工作时有电压的线路用试电笔测量，试电笔会发光或显示电压值（电子式试电笔）。故障电路某些线路段用试电笔测量时，试电笔不发光或不显示电压值（电子式试电笔），说明电路或电器元件断路或接触不良。

（二）低压试电笔法测量方法

测量电路如图 2-8 所示，接通电源，按下按钮 SB2，接触器 KM 线圈不能得电工作。逻辑分析故障的范围是：L1—1—2—3—4（不包含 KM 辅助常开触头）—5—6—0—L2。故障的范围较大，故障只有一个，需要采用测量法找出故障点。

首先，在确认有电处检验试电笔是否正常，然后用试电笔测量 L1、1、2、3 各点电压，测量 L2、0、6、5、4 各点电压，根据测量结果可找出故障点。

测量方法如图 2-8 所示。

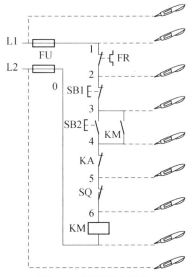

图 2-8　低压试电笔法

测量结果（数据）及判断方法见表 2-14、表 2-15。

若测得 3、4 点电压正常，则故障在 3、4 点之间 SB2 上。

表 2-14　低压试电笔法（一）

故障现象	测试状态	L1	1	2	3	故障点
按下 SB2 时，KM 线圈不吸合	接通电源	—	—	—	—	
		¤	—	—	—	FU 熔断或接触不良
		¤	¤	—	—	FR 动作或接触不良
		¤	¤	¤	—	SB1 接触不良
		¤	¤	¤	¤	故障不在 L1—3 之间

注：表中"¤"表示试电笔发光或显示电压值，表中"—"表示试电笔不发光或不显示电压值。

表 2-15　低压试电笔法（二）

故障现象	测试状态	L2	0	6	5	4	故障点
按下 SB2 时，KM 线圈不吸合	接通电源	—	—	—	—	—	无电源电压
		¤	—	—	—	—	FU 熔断或接触不良
		¤	¤	—	—	—	KM 线圈断路
		¤	¤	¤	—	—	SQ 接触不良
		¤	¤	¤	¤	—	KA 接触不良
		¤	¤	¤	¤	¤	故障不在 L2—4 之间

注：表中"¤"表示试电笔发光或显示电压值，表中"—"表示试电笔不发光或不显示电压值。

【注意事项】

① 试电笔法只能测试对地电压，不接地系统不能采用此方法。

② 氖管式试电笔不能用来测试安全电压以下的电路，如图 2-9 所示。

③ 与两相电源相连，且中间无断开点电路（如控制电路变压器原边线路），须将电路某点断开，再采用试电笔法测量，否则会造成判断错误，如图 2-10 所示。

④ 注意感应电对测试结果的影响。

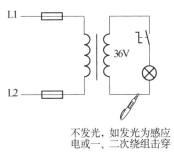

不发光，如发光为感应
电或一、二次绕组击穿

图 2-9　氖管式试电笔不能用来测试安全电压

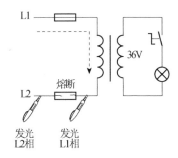

发光　　发光
L2相　　L1相

图 2-10　不断开电路造成判断错误

 复习题

1. 简述 CA6140 型车床控制电路的工作原理。

2. CA6140 型车床的主轴是如何实现正反转控制的？

3. 在 CA6140 型车床中，若主轴电动机 M1 只能点动，则可能的故障原因是什么？在此情况下，冷却泵能否正常工作？

4. CA6140 型车床的主轴电动机因过载而自动停车后，操作者立即按启动按钮，但电动机不能启动，试分析可能的原因。

5. 试分析三台电动机均不启动的故障原因。

6. 用电阻分段测量法检测照明灯不亮的故障原因。

7. 钥匙开关 SB 和位置开关 SQ2 在控制电路中的作用是什么？

8. 用电阻法测量主轴电动机能启动，而水泵电动机不启动，分析故障原因。

9. CA6140 型车床在车削过程中，若有一个控制主轴电动机的接触器主触头接触不良，会出现什么现象？如何解决？

10. 在 CA6140 型车床电气控制电路中，为什么未对 M3 进行过载保护？

11. 结合图 2-3 所示电路图，根据下列故障现象分析故障原因。

（1）接触器 KM 吸合动作，但主轴电动机 M1 不能启动；

（2）主轴电动机不能停车；

（3）刀架快速移动电动机 M3 不能启动；

（4）按下 SB2 后，M1 启动，松开 SB2，M1 又停车；

（5）主轴电动机 M1 启动运转后，旋转 SB4，冷却泵电动机 M2 不运转。

12. 逻辑分析法有几个分析依据？各是什么？

13. 电气设备维修工作中，经常运用哪些逻辑关系？

14. 电气设备日常维护和保养的意义是什么？包括哪两项内容？

15. 电气设备的维护保养周期是如何制定的？

16. 简述机床电气设备故障维修的一般方法。

任务二　Z37型摇臂钻床控制电路故障排除

知识目标：

① 掌握 Z37 型摇臂钻床控制电路的工作原理及运动形式。

② 正确分析 Z37 型摇臂钻床控制电路故障。

③ 学会用电压分阶测量法和电压分段测量法查找故障点。

能力目标：

① 培养学生识读复杂电路的能力。

② 培养学生按设备要求安装与配线的能力。

③ 培养学生由面到点分析问题、解决问题的能力。

情感目标：

① 培养学生严谨、认真的工作态度。

② 培养学生团结合作的精神。

③ 培养学生安全、文明的操作习惯。

　　根据故障现象，能准确、实地地在模拟板上或设备上分析出 Z37 型摇臂钻床控制电路的故障范围，熟练运用电压分阶测量法和电压分段测量法查找故障点，正确排除故障，恢复电路正常运行。

一、Z37型摇臂钻床电气控制电路原理分析

　　钻床是一种用途广泛的孔加工机床，主要用来加工精度要求不高的孔，另外还可以用来扩孔、绞孔、镗孔以及攻螺纹等。它的结构形式很多，有立式、卧式、深孔及多轴钻床等。Z37 型摇臂钻床是一种立式钻床，它适用于单件或批量生产中带有多孔的大型零件的孔加工。本节仅以 Z37 型摇臂钻床为例分析其电气控制电路。

该钻床型号及含义如图 2-11 所示。

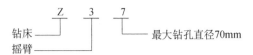

图 2-11　Z37 型摇臂钻床的型号及含义

（一）Z37 型摇臂钻床主要结构及运动形式

Z37 型摇臂钻床主要由底座、外立柱、内立柱、主轴箱、摇臂、工作台等部分组成，其外形如图 2-12 所示。底座上固定着内立柱，空心的外立柱套在内立柱外面，外立柱可绕着内立柱回转一周。摇臂一端的套筒部分与外立柱滑动配合，借助于丝杠，摇臂可沿外立柱上下移动，但不能做相对转动。主轴箱里包括主轴旋转和进给运动的全部机构，它被安装在摇臂的水平导轨上，通过手轮使其沿着水平导轨做径向移动。当进行加工时，利用夹紧机构将外立柱紧固在内立柱上，摇臂紧固在外立柱上，主轴箱紧固在摇臂导轨上，从而保证主轴固定不动，刀具不振动。

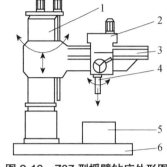

图 2-12　Z37 型摇臂钻床外形图

1—内、外立柱；2—主轴箱；3—摇臂；
4—主轴；5—工作台；6—底座

摇臂钻床的主运动是主轴带动钻头的旋转运动，进给运动是钻头的上下运动，辅助运动是摇臂沿外立柱上下移动、主轴箱沿摇臂水平移动及摇臂连同外立柱一起相对于内立柱的回转运动。

（二）电力拖动特点及控制要求

① 由于摇臂钻床的运动部件较多，为了简化传动装置，故采用多台电动机拖动。主轴电动机 M2 只要求单方向旋转，主轴的正反转则通过双向片式摩擦离合器来实现，主轴的转速和进刀量则由变速机构调节。

② 摇臂升降电动机 M3 要求实现正反转控制，摇臂的升降要求有限位保护。

③ 外立柱和主轴箱的夹紧与放松由电动机配合液压装置完成。摇臂的夹紧与放松由机械和电气联合控制。

④ 该钻床的各种工作状态都是通过十字开关 SA 操作的，为防止误动作，控制电路设有零压保护环节。

⑤ 冷却泵电动机 M1 拖动冷却泵输送冷却液。

（三）电气控制线路

Z37 型摇臂钻床的电气原理图如图 2-13 所示，它分为主电路、控制电路和照明电路三部分。

1. 主电路分析

该钻床共有四台三相异步电动机。M1 为冷却泵电动机，主要是释放冷却液，由组合开关 QS2 控制，熔断器 FU1 作短路保护；M2 为主轴电动机，由接触器 KM1 控制，热继电器 FR 作过载保护；M3 为摇臂升降电动机，上升和下降分别由接触器 KM2 和 KM3 控制，FU2 作短路保护；M4 为立柱松紧电动机，夹紧和松开分别由接触器 KM4 和 KM5 控制，FU3 作短路保护。设备电源由转换开关 QS1 和汇流环 YG 引入。

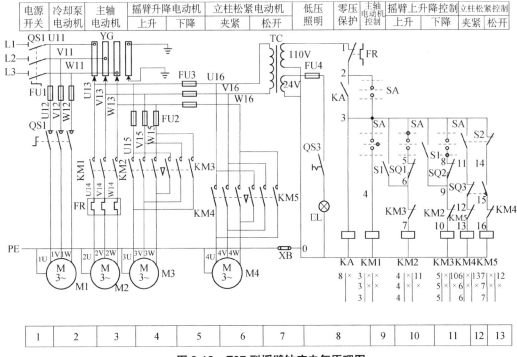

图 2-13　Z37 型摇臂钻床电气原理图

2. 控制电路分析

控制电路采用十字开关 SA 操作。SA 由十字手柄和四个微动开关组成，根据工作需要，可以选择左、右、上、下和中间五个位置中的任意一个，各个位置的工作情况见表 2-16。电路设有零压保护环节，是为了防止突然停电又恢复供电而造成的危险。

表 2-16　十字开关操作说明

手柄位置	接通微动开关的触头	工作情况
上	SA（3—5）	KM2 吸合，摇臂上升
下	SA（3—8）	KM3 吸合，摇臂下降
左	SA（2—3）	KA 获电并自锁
右	SA（3—4）	KM1 获电，主轴旋转
中	均不通	控制电路断电

（1）主轴电动机 M2 的控制

首先将十字开关 SA 扳到左边位置，SA（2—3）触头闭合，中间继电器 KA 获电吸合并自锁，为控制电路的接通做准备。再将十字开关 SA 扳到右边位置，此时 SA（2—3）触头分断后，SA（3—4）触头闭合，KM1 线圈获电吸合，KM1 主触头闭合，使电动机 M2 通电旋转。停车时将十字开关 SA 扳回中间位置即可。主轴的正反转则由摩擦离合器手柄控制。

（2）摇臂升降的控制

① 摇臂上升：将十字开关 SA 扳到向上位置，则 SA（3—5）触头闭合，接触器 KM2 获电吸合，电动机 M3 启动正转。在 M3 刚启动时，摇臂是被夹紧在立柱上不会上升的，先通过传动装置将摇臂松开，此时鼓形组合开关 S1（其结构示意图如图 2-14 所示）的常开触头（3—9）闭合，为上升后的夹紧做好准备，然后摇臂开始上升。当摇臂上升到合适的位置时，将 SA

扳到中间位置，KM2 线圈断电释放，电动机 M3 停转。由于 S1（3—9）已闭合，KM2 的联锁触头（9—10）由于 KM2 线圈的失电也闭合，使 KM3 获电吸合，电动机 M3 反转，带动夹紧装置将摇臂夹紧，夹紧后 S1 的常开触头（3—9）断开，接触器 KM3 断电释放，电动机 M3 停转，完成了摇臂的松开→上升→夹紧的整套动作。

② 摇臂下降：将 SA 扳到向下位置，其余动作情况与上升相似，请参照摇臂上升自行分析。

位置开关 SQ1 和 SQ2 作限位保护，使摇臂上升或下降时不至于超出极限位置。

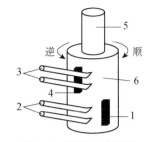

图 2-14 鼓形组合开关

1、4—动触头；2、3—静触头；5—转轴；6—转鼓

③ 立柱松紧的控制。

立柱的松开与夹紧是靠电动机 M4 的正反转拖动液压装置来完成的。扳动机械手柄使位置开关 SQ3 的常开触头（14—15）闭合，KM5 线圈获电吸合，M4 电动机反转拖动液压泵使立柱夹紧装置放松。当夹紧装置放松后，组合开关 S2 的常闭触头（3—14）断开，使接触器 KM5 断电释放，M4 停转，同时组合开关 S2 常开触头（3—11）闭合，为夹紧做好准备。当摇臂和外立柱绕内立柱转动到合适位置时，扳动手柄使 SQ3 复位，其常开触头（14—15）断开，常闭触头（11—12）闭合，使接触器 KM4 获电吸合，电动机 M4 带动液压泵正转，将内立柱夹紧。当完全夹紧后，组合开关 S2 复位，使 KM4 线圈失电，电动机 M4 停转。

主轴箱在摇臂上的松开与夹紧也是由电动机 M4 拖动液压装置完成的。

3. 照明电路分析

照明电路电源是由控制变压器 TC 提供的 24V 安全电压。开关 QS3 控制照明灯 EL，FU4 作短路保护。

Z37 型摇臂钻床电器元件明细表见表 2-17。

表 2-17 Z37 型摇臂钻床电器元件明细表

代号	元件名称	型号	规格	数量
M1	冷却泵电动机	JCB—22—2	0.125kW、2790r/min	1
M2	主轴电动机	Y132M—4	7.5kW、1440r/min	1
M3	摇臂升降电动机	Y100L2—4	3kW、1440r/min	1
M4	立柱夹紧放松电动机	Y802—4	0.75kW、1390r/min	1
KM1	交流接触器	CJ0—20	20A、线圈电压 110V	1
KM2~KM5	交流接触器	CJ0—10	10A、线圈电压 110V	4
FU1、FU4	熔断器	RL1—15/2	15A、熔体 2A	4
FU2	熔断器	RL1—15/15	15A、熔体 15A	3
FU3	熔断器	RL1—15/5	15A、熔体 5A	3
QS1	组合开关	HZ2—25/3	25A	1
QS2	组合开关	HZ2—10/3	10A	1
SA	十字开关	定制		1
KA	中间继电器	JZ7—44	线圈电压 110V	1
FR	热继电器	JR16—20/3D	整定电流 14.1A	1
SQ1、SQ2	位置开关	LX5—11		2
SQ3	位置开关	LX5—11		1
S1	鼓形组合开关	HZ4—22		1
S2	组合开关	HZ4—21		1
TC	变压器	BK—150	150V·A、380V/110V、24V	1
EL	照明灯	KZ 型带开关灯架灯泡		1
YG	汇流环		24V、40W	1

二、Z37 型摇臂钻床电气控制电路故障分析

（一）全无故障

合上电源开关 QS1，照明灯 EL 不亮，操作 SA 无反应，该故障是电源电路故障。这时应检查电源开关 QS1、汇流环 YG、熔断器 FU3、变压器 TC 是否正常。注意：变压器 TC 副边 0 号线断线或线头接触不良也会造成全无故障。

（二）主轴电动机 M2 不能启动

首先检查电源开关 QS1、汇流环 YG 是否正常。其次检查十字开关 SA 的触头、接触器 KM1 和中间继电器 KA 的触头接触是否良好。若中间继电器 KA 的自锁触头接触不良，则将十字开关 SA 扳到左面位置时，中间继电器 KA 吸合然后再扳到右面位置时，KA 线圈将断电释放；若十字开关 SA 的触头（3—4）接触不良，当将十字开关 SA 手柄扳到左面位置时，中间继电器 KA 吸合，然后再扳到右面位置时，继电器 KA 仍吸合，但接触器 KM1 不动作；若十字开关 SA 触头接触良好，而接触器 KM1 的主触头接触不良时，当扳动十字开关手柄后，接触器 KM1 线圈获电吸合，但主轴电动机 M2 仍然不能启动。此外，连接各电器元件的导线开路或脱落，也会使主轴电动机 M2 不能启动。

（三）主轴电动机 M2 不能停止

把十字开关 SA 的手柄扳到中间位置时，主轴电动机 M2 仍不能停止运转，其故障原因是接触器 KM1 主触头熔焊或十字开关 SA 的右边位置开关失控。出现这种情况，应立即切断电源开关 QS1，电动机才能停转。若触头熔焊需要换同规格的触头或接触器时，必须先查明触头熔焊的原因并排除故障后进行；若十字开关 SA 的触头（3—4）失控，应重新调整或更换开关，同时查明失控原因。

（四）中间继电器 KA 不得电

将十字开关 SA 扳到左边位置，中间继电器 KA 线圈不得电（其他动作都不能进行），故障范围是 0—TC 绕组—1—FR—2—SA。如果中间继电器 KA 线圈能得电，但将十字开关 SA 扳回到中间位置时，中间继电器 KA 线圈断电说明中间继电器 KA 不能自锁，检查中间继电器 KA 自锁触头。

（五）摇臂上升或下降后不能夹紧

故障原因是鼓形开关 S1 未按要求闭合。正常情况下，当摇臂上升到所需位置，将十字开关 SA 扳回到中间位置时，S1（3—9）应早已接通，使接触器 KM3 线圈获电吸合，摇臂会自动夹紧。若因触头位置偏移或接触不良，使 S1（3—9）未按要求闭合接通，接触器 KM3 不动作，电动机 M3 也就不能启动反转进行夹紧，故摇臂仍处于放松状态。若当摇臂下降到所需位置时不能夹紧，故障在 S1（3—6）触头上。

（六）摇臂上升或下降后不能按需要停止

故障原因是鼓形开关 S1 动作机构严重移位，导致其两常开触头（3—6）或（3—9）闭合顺序颠倒。当摇臂升或降到一定位置后，将十字开关 SA 由升或降位置扳到中间位置时，不能切断控制升或降的接触器线圈电路，升或降运动不能停止，甚至到了极限位置也不能使控

制升降的接触器线圈断电，由此可引发很危险的机械事故。若出现这种情况时，应立即切断电源总开关 QS1，使摇臂停止运动。

（七）主轴箱和立柱的松紧故障

主轴箱和立柱的夹紧与放松是通过电动机 M4 配合液压装置来完成的。电动机 M4 通过接触器 KM4、KM5 实现的正反转控制，出现故障时，观察清楚故障属于正转部分还是反转部分，加以排除即可。检修时还要注意观察区分液压故障和电气故障。

三、电压测量法

（一）电压分阶测量法

测量电路如图 2-15 所示，接通电源，按下按钮 SB2，接触器 KM 线圈不能得电工作。逻辑分析故障的故障范围是：L1—1—2—3—4—5—6—0—L2。故障的故障范围较大，故障只有一个，需要采用测量法找出故障点。

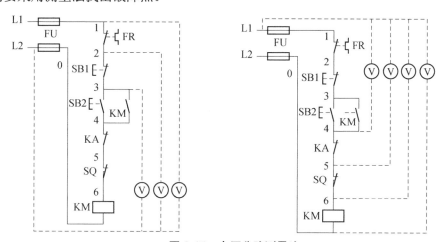

图 2-15　电压分阶测量法

电压分阶法测量原理，如图 2-15 所示，电路正常时，不按下按钮 SB2，1、2、3 点电位为 L1 相，4、5、6、0 点电位为 L2 相。只有 L1、L2 两相之间才有电位差（380V），如测不出电压，即可显示出故障点。

首先，将万用表调到交流电压挡 500V 量程，将电路按 L2—1、L2—2、L2—3 点分阶，按 L1—0、L1—6、L1—5、L1—4 点分阶，然后逐阶测量，即可找到故障点。

测量结果（数据）及判断方法见表 2-18、表 2-19。

表 2-18　电压分阶测量法（一）

故障现象	测试状态	L2—1	L2—2	L2—3	故障点
按 SB2 时，接触器 KM 线圈不吸合	接通电源	0V	0V	0V	FU 熔断或接触不良
	接通电源	380V	0V	0V	FR 动作或接触不良
	接通电源	380V	380V	0V	SB1 接触不良
	接通电源	380V	380V	380V	故障不在 L1—3 电路段

表 2-19　电压分阶测量法（二）

故障现象	测试状态	L1—0	L1—6	L1—5	L1—4	故障点
按 SB2 时，接触器 KM 线圈不吸合	接通电源	0V	0V	0V	0V	FU 熔断或接触不良
	接通电源	380V	0V	0V	0V	KM 线圈断路
	接通电源	380V	380V	0V	0V	SQ 接触不良
	接通电源	380V	380V	380V	0V	KA 接触不良
	接通电源	380V	380V	380V	380V	故障不在 L2—4 电路段

如测得 L2—3、L1—4 点电压正常，则故障在按钮 SB2 上。找到故障点后，可用电阻法进行验证。

【注意】实际测量时，电路中每个点至少有两个以上接线桩，电路的分阶更多，电器元件之间的连接导线也在故障范围内，不要漏测。

（二）电压长分阶测量法

为了提高测量速度或检验逻辑分析的正确性，还可采用电压长分阶测量法。电压长分阶测量法可将故障范围快速缩小 50%。

电压长分阶测量法如图 2-16 所示。

测量结果（数据）及判断方法见表 2-20。

如测得 L2—3、L1—4 点电压正常，则故障在按钮 SB2 上。找到故障点后，可用电阻法进行验证。

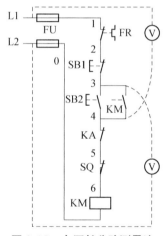

图 2-16　电压长分阶测量法

（三）灵活运用电压分阶测量法和电压长分阶测量法

实际工作中操作者要根据线路实际情况，灵活运用电压分阶测量法和电压长分阶测量法，两种测量方法也可交替运用。如线路较短可采用电压分阶测量法；如线路较长可采用电压长分阶测量法，当采用电压长分阶测量法将故障范围缩小到一定程度后，再采用电压分阶测量法测量出故障点。

表 2-20　电压长分阶测量法

故障现象	测试状态	L2—3	L1—4	故障范围
按 SB2 时，接触器 KM 线圈不吸合	接通电源	0V	380V	L1—1—2—3
		380V	0V	L2—0—6—5—4
		380V	380V	SB2 接触不良

【注意事项】

① 电压法属带电操作，操作中要严格遵守带电作业的安全规定，确保人身安全。测量检查前将万用表的转换开关置于相应的电压种类（直流、交流）、合适的量程（依据线路的电压等级）。

② 通电测量前，先查找被测各点所处位置，为通电测量做好准备。

③ 发现故障点后，先切断电源，再排除故障。

④ 电压测量法较电阻测量法能更真实、直观地反映电路的状态；电阻测量法较电压测量法更安全。建议初学者首先掌握电阻测量法，能够用电阻测量法解决问题时尽量采用电阻测量法，待能力提高后再将两种方法结合使用。

（四）电压分段测量法

测量电路，如图 2-17 所示，接通电源，按下按钮 SB2，接触器 KM 线圈不能得电工作。

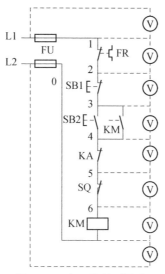

图 2-17　电压分段测量法

逻辑分析故障的故障范围是：L1—1—2—3—4（不包含 KM 辅助常开触头）—5—6—0—L2。故障的故障范围较大，故障只有一个，需要采用测量法找出故障点。

电压分段测量法测量原理如图 2-17 所示，电路正常时，不按下按钮 SB2，1、2、3 点电位为 L1 相，4、5、6、0 点电位为 L2 相。当按下 SB2（或 KM 已自锁）时，1、2、3、4、5、6 点电位为 L1 相，0 点电位为 L2 相。此时，等相位（电位）各点之间无电压，即 L1、1、2、3、4、5、6 各点之间无电压，L2、0 点之间无电压。若在等电位两点之间测得电压，说明该两点之间断路或接触不良。KM 线圈两端有 380V 电压（电压加在负载两端），若测得 KM 线圈两端 380V 电压，但是 KM 线圈仍不吸合，说明 KM 线圈断路或接触不良。依据上述分析测量，即可显示出故障点。

电压分段测量法的操作过程：首先，将万用表调到交流电压挡 500V 量程，将电路按 L1—1、1—2、2—3、3—4、4—5、5—6、6—0、0—L2 相邻各点之间分段；然后，一人按住按钮 SB2，另一人用万用表逐段测量，即可找到故障点。

测量结果（数据）及判断方法见表 2-21。

【注意】实际测量时，每个点至少有两个以上接线桩，电路分段更多，电器元件之间的连接导线也在故障范围内，不要漏测。

表 2-21　电压分段测量法

故障现象	测试状态	L1—1	1—2	2—3	3—4	4—5	5—6	6—0	0—L2	故障点
按下 SB2 时，KM 线圈不吸合	电源电压正常，按住 SB2	380V	0V	0V	0V	0V	0V	0V	0V	FU 熔断或接触不良
		0V	380V	0V	0V	0V	0V	0V	0V	FR 接触不良或动作
		0V	0V	380V	0V	0V	0V	0V	0V	SB1 接触不良
		0V	0V	0V	380V	0V	0V	0V	0V	SB2 接触不良
		0V	0V	0V	0V	380V	0V	0V	0V	KA 接触不良
		0V	0V	0V	0V	0V	380V	0V	0V	SQ 接触不良
		0V	0V	0V	0V	0V	0V	380V	0V	KM 线圈断路
		0V	0V	0V	0V	0V	0V	0V	380V	FU 熔断或接触不良

（五）电压长分段测量法

为了提高测量速度或检验逻辑分析的正确性，还可采用电压长分段测量法。电压长分段测量法可将故障范围快速缩小 50%。

电压长分段测量法如图 2-18 所示，将电路分成 L1—4、L2—4 两段进行测量。

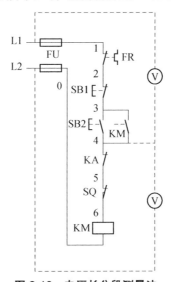

图 2-18　电压长分段测量法

测量结果（数据）及判断方法见表 2-22。

表 2-22　电压长分段测量法

故障现象	测试状态	L1—4	L2—4	故障范围
按下按钮 SB2，KM 线圈不得电	电源电压正常，按下按钮 SB2 不放	380V	0V	1—2—3—4
		0V	380V	4—5—6—0

（六）灵活运用电压分段测量法和电压长分段测量法

实际工作中操作者要根据线路实际情况，灵活运用电压分段测量法和电压长分段测量法，两种测量方法也可交替运用。如线路较短可采用电压分段测量法；如线路较长可采用电压长分段测量法，当电压长分段测量法将故障范围缩小到一定程度后，再采用电压分段测量法测量出故障点。

【注意事项】

①　电压法属带电操作，操作中要严格遵守带电作业的安全规定，确保人身安全。测量检查前将万用表的转换开关置于相应的电压种类（直流、交流），合适的量程（依据线路的电压等级）。

②　通电测量前，先查找清楚被测各点所处位置，为通电测量做好准备。

③　发现故障点后，先切断电源，再排除故障。

④　电压测量法较电阻测量法能更真实、直观地反映电路的状态，电阻测量法较电压测量法更安全。建议初学者首先掌握电阻测量法，能够用电阻测量法解决问题时尽量采用电阻测量法，待能力提高后在将两种方法结合使用。

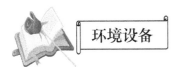

环境设备

（1）环境

实训教室、实训车间或企业场所。

（2）设备

Z37 型摇臂钻床（实物）或 Z37 型摇臂钻床控制模拟电路。

（3）工具与仪表

①　工具：常用电工工具。

②　仪表：MF30 型万用表、5050 型兆欧表、T301—A 型钳形电流表。

操作指导

（一）设备及工具

①　Z37 型摇臂钻床模拟电路

②　具有漏电保护功能的三相四线制电源，常用电工工具，万用表，绝缘胶带。

（二）实训步骤

①　在老师或操作师傅的指导下对钻床进行操作，了解 Z37 型摇臂钻床的各种工作状态及操作方法。

②　在教师指导下，弄清钻床电器元件安装位置及走线情况；结合机械、电气、液压几方面相关的知识，搞清钻床电气控制的特殊环节。

③　通电试车观察各接触器及电动机的运行情况。

接通电源，变压器二次侧输出电压正常，观察以下情况。

• 线路零压保护状态：将十字开关 SA 扳至左侧，观察继电器 KA 的动作情况。

• 主轴电动机运行及停转状态：将十字开关 SA 扳至右侧，观察继电器 KA、接触器 KM1 的动作情况，以及主轴电动机 M2 的运行情况；将 SA 扳至中间，观察继电器 KA、接触器 KM1 的动作情况。

• 摇臂上升及停止状态：将十字开关 SA 扳至向上，观察继电器 KA、接触器 KM2 的动作情况，以及电动机 M3 的运行情况；将 SA 扳至中间，再观察各电器及电动机的动作情况。

・摇臂下降及停止状态：将十字开关 SA 扳至向下，观察继电器 KA、接触器 KM3 的动作情况，以及电动机 M3 的运行情况；将 SA 扳至中间，再观察各电器及电动机的动作情况。

・立柱松开状态：拨动手柄使之压合 SQ3，观察继电器 KA、接触器 KM5 的动作情况，以及电动机 M4 的运行情况；扳动手柄使 SQ3 恢复，再观察各电器及电动机的动作情况。

・立柱夹紧状态：在模拟盘上转换组合开关 S2 时，观察继电器 KA、接触器 KM4 的动作情况，以及电动机 M4 的运行情况；恢复组合开关 S2，再观察各电器及电机的动作情况。

・水泵运行及停车状态：转换组合开关 QS2 使之闭合，观察电动机 M1 的运行情况；断开 QS2，再观察电动机的运行情况。

④ 由教师在 Z37 型摇臂钻床电气控制电路上设置 1、2 处典型的自然故障点，学生通过询问或通电试车的方法观察故障点。

⑤ 故障排除练习。

排除故障步骤：

・询问操作者故障现象。

・通电试车并观察故障现象。

・根据故障现象，依据电路图用逻辑分析法确定故障范围。

・采用电压测量法或电阻测量法查找故障点。

・通电试车，复核设备正常工作，并做好维修记录。

学生之间相互设置故障，练习排除故障，采用竞赛方式，比一比谁观察故障现象更仔细、分析故障范围更准确、测量故障更迅速、排除故障方法更得当。

【注意事项】

① 人为设置的故障要符合自然故障。

② 设置一处以上故障点时，故障现象尽可能不要相互掩盖，在同一线路上不设置重复故障点（不符合自然故障逻辑）。

③ 实物布线时，不要漏接地线。严禁采用金属软管作为接地通道。

④ 在控制箱外部进行布线时，导线必须穿在导线通道内或敷设在机床底座内的导线通道里，通道内所有的导线不允许有接头。

⑤ 不能互换开关 S1 上 6、9 两触头的接线，不能随意改变升降电动机原来的电源相序。否则将使摇臂升降失控，不接收开关 SA 的指令；也不接受位置开关 SQ1、SQ2 的限位保护。此时应立即切断总电源开关 QS1，以免造成严重的机损事故。

⑥ 发生电源缺相时，不要忽视汇流环的检查。

⑦ 检修时，教师要密切注意学生的检修动态。随时做好采取应急措施的准备。严禁扩大故障或产生新的故障。

⑧ 检修所用工具、仪表应符合使用要求。

⑨ 排除故障时，必须修复故障点，但不得采用元件代换法。

⑩ 带电检修时，要严格遵守安全操作规程，必须有指导教师监护。

质量评价标准

实训考核及成绩评定（评分标准）见表 2-23。

表 2-23　评分标准

项目内容	配分	评分标准	扣分
故障分析	30	（1）不进行调查研究扣 5 分 （2）标不出故障范围或标错故障范围，每个故障点扣 15 分 （3）不能标出最小故障范围，每个故障点扣 10 分	
排除故障	70	（1）停电不验电扣 5 分 （2）仪器仪表使用不正确，每次扣 5 分 （3）排除故障的方法不正确扣 10 分 （4）损坏电器元件，每个扣 40 分 （5）不能排除故障点，每处扣 35 分 （6）扩大故障范围，每处扣 40 分	
安全文明生产	违反安全文明生产规程扣 10～70 分		
定额时间 30min	不许超时检查，修复故障过程中允许超时，但以每超时 5min 扣 5 分计算		
备注	除定额时间外，各项内容的最高扣分不得超过配分数	成绩	
开始时间		结束时间	实际时间

拓展与提高

电压分阶测量法在测得电路有电压时为正常，在测得电路无电压时显示故障。这种方法符合常理，易于理解和掌握。

电压分段测量法在测得电路有电压时显示故障，测得电路无电压时为正常，看似违背常理，不易理解，可以选择性地使用。但是，电压分段测量法对电路中常开触点的测量却很方便，如图 2-17 所示，测量按钮 SB2 时，不按下按钮 SB2，直接用电压分段测量法按钮 SB2 两端，若测得 380V 电压，说明电路其他地方正常，而按钮 SB2 不能接通电路，故障在按钮 SB2 上。若测得 0V 电压，说明电路其他地方断路，不能将 L1、L2 两相电压送到按钮 SB2 两端。

复习题

1. Z37 型摇臂钻床的电力拖动特点及控制要求是什么？
2. 若 Z37 型摇臂钻床上升后不能夹紧，则可能的故障原因是什么？
3. 简述 Z37 型摇臂钻床的几种运动形式。
4. Z37 型摇臂钻床中的十字手柄是如何操作的？
5. 简述摇臂下降的工作过程。
6. 主轴电动机 M2 不能停转的故障原因有哪些？如何排除？
7. 使摇臂升降后不能按需要停车的故障原因有哪些？若出现这种情况应该怎么办？
8. 若出现主轴箱和立柱的松紧故障，应着重检查哪几部分？
9. 如何保证 Z37 型摇臂钻床摇臂的上升或下降不超出允许的极限位置？

任务三　M7130 型平面磨床控制电路的故障排除

知识目标：

① 掌握 M7130 型平面磨床控制电路的工作原理及控制方式。
② 正确分析 M7130 型平面磨床控制电路故障。
③ 学会用短接法查找故障点。
④ 了解桥式整流的工作过程。

能力目标：

① 培养学生识读复杂电路的能力。
② 培养学生按设备要求安装与配线的能力。
③ 培养学生由面到点分析问题、解决问题的能力。

情感目标：

① 培养学生严谨、认真的工作态度。
② 培养学生团结合作的团队精神。
③ 培养学生安全、文明的操作习惯。

根据故障现象，能准确、实地地分析出 M7130 型平面磨床控制电路的故障范围，并能熟练地运用各种方法查找故障点，正确排除故障，恢复电路正常运行。

一、M7130 型平面磨床电气控制电路原理分析

磨床是用砂轮的端面或周边对工件进行表面加工的精密机床。磨床的种类很多，根据其工作性质可分为平面磨床、内圆磨床、外圆磨床、工具磨床以及一些专用磨床，如齿轮磨床、螺纹磨床、球面磨床、花键磨床等。其中尤以平面磨床应用最为普遍，该磨床操作方便，磨削光洁度和精度都比较高，在磨具加工行业得到广泛的应用。本节就以 M7130 型平面磨床为

例进行分析与讨论。

该磨床型号及含义如图 2-19 所示。

（一）主要结构及运动形式

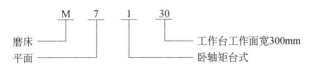

图 2-19　M7130 型平面磨床的型号及含义

M7130 型平面磨床主要由立柱、滑座、砂轮架、电磁吸盘、工作台、床身等组成，其外形如图 2-20 所示。砂轮的旋转是主运动，工作台的左右进给、砂轮架的上下、前后进给均为辅助运动。工作台每完成一次往复运动时，砂轮箱便做一次间断性的横向进给；当加工完整个平面后，砂轮架在立柱导轨上向下移动一次（进刀），将工件加工到所需的尺寸。

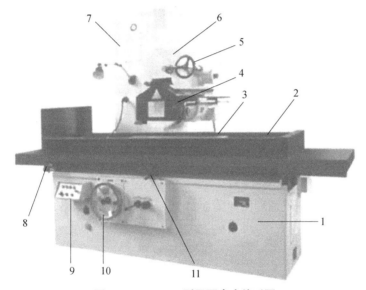

图 2-20　M7130 型平面磨床外形图

1—床身；2—工作台；3—电磁吸盘；4—砂轮箱；5—砂轮箱横向移动手柄；6—滑座；7—立柱；

8—工作台换向撞块；9—控制按钮板；10—砂轮箱垂直进刀手柄；11—工作台往复运动换向手柄

（二）电力拖动特点及控制要求

1. 砂轮的旋转运动

砂轮电动机 M1 拖动砂轮旋转。为了使磨床结构简单，提高其加工精度，采用了装入式电动机，砂轮可以直接装在电动机轴上使用。由于砂轮的运动不需要调速，使用三相异步电动机拖动即可。

2. 砂轮架的横向进给

砂轮架上部的燕尾形导轨可沿着滑座上的水平导轨做横向移动。在加工过程中，工作台换向时，砂轮架就横向进给一次。在调整砂轮的前后位置或修正砂轮时，可连续横向进给移动。砂轮架的横向进给运动可由液压传动，也可用手动操作。

3. 砂轮架的升降运动

滑座可沿着立柱导轨做垂直上下移动，以调整砂轮架的高度，这一垂直进给运动是通过操作手轮控制机械传动装置实现的。

4. 工作台的往复运动

因液压传动换向平稳，易于实现无级调速，因此，工作台在纵向做往复运动时，是由液压传动系统完成的。液压泵电动机 M3 拖动液压泵，工作台在液压泵作用下做纵向往复运动。当换向挡铁碰撞床身上的液压换向开关时，工作台就能自动改变运动的方向。

5. 冷却液的供给

冷却泵电动机 M2 的工作是供给砂轮和工件冷却液，同时冷却液还带走磨下的铁屑。冷却泵电动机 M2 与砂轮电动机 M1 在主电路上实现了顺序控制，即砂轮电动机启动后，冷却泵电动机才能启动。

6. 电磁吸盘的控制

在加工工件时，一般将工件吸附在电磁吸盘上进行加工。对于较大工件，也可将电磁吸盘取下，将工件用螺钉和压板直接固定在工作台上进行加工。电磁吸盘要有充磁和退磁控制环节。为了保证安全，电磁吸盘与电动机 M1、M2、M3 之间有电气联锁装置，即电磁吸盘充磁后，电动机才能启动；电磁吸盘不工作或发生故障时，三台电动机均不能启动。

（三）电气控制电路分析

M7130 型平面磨床的电气原理图如图 2-21 所示，它分为主电路、控制电路、电磁吸盘电路及照明电路四部分。

1. 主电路分析

主电路共有 3 台电动机。M1 为砂轮电动机，由接触器 KM1 控制，热继电器 FR1 作过载保护；M2 为冷却泵电动机，由于床身和冷却液箱是分装的，所以冷却泵电动机通过接插器 X1 和砂轮电动机 M1 的电源线相连，并在主电路实现顺序控制；M3 为液压泵电动机，由接触器 KM2 控制，热继电器 FR2 作过载保护。3 台电动机的短路保护均由熔断器 FU1 实现。

2. 控制电路分析

控制电路采用交流 380V 电压供电，由熔断器 FU2 作短路保护，转换开关 QS2 与欠电流继电器 KA 的常开触头并联，只有 QS2 或 KA 的常开触头闭合，3 台电动机才有条件启动，KA 的线圈串联在电磁吸盘 YH 工作回路中，只有当电磁吸盘得电工作时，KA 线圈才得电吸合，KA 常开触头闭合。此时按下启动按钮 SB1（或 SB3）使接触器 KM1（或 KM2）线圈得电吸合，砂轮电动机 M1 或液压泵电动机 M3 才能运转。这样实现了工件只有在被电磁吸盘YH 吸住的情况下，砂轮和工作台才能进行磨削加工，保证了安全。

砂轮电动机 M1 和液压泵电动机 M3 均采用了接触器自锁正转控制电路。它们的启动按钮分别是 SB1、SB3，停止按钮分别是 SB2、SB4。

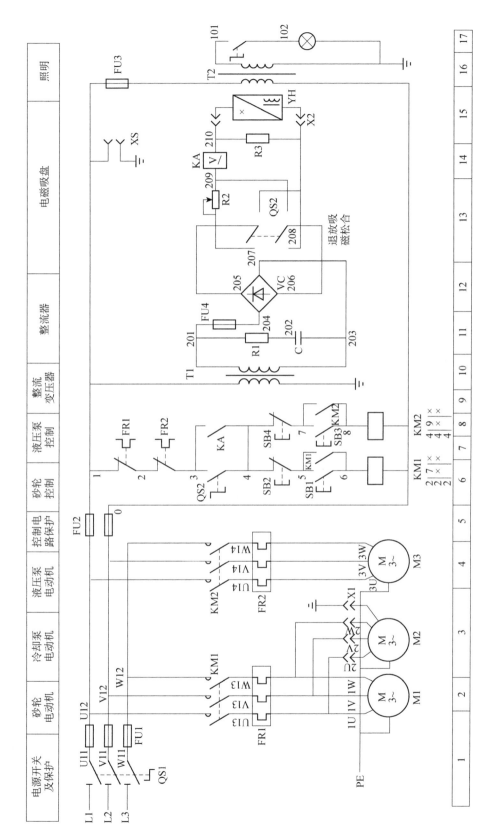

图 2-21　M7130 型平面磨床电气原理图

（四）电磁吸盘电路分析

1. 电磁吸盘的结构与工作原理

电磁吸盘是用来固定加工工件的一种夹具。它的结构示意图如图 2-22 所示。它的外壳由钢制箱体和盖板组成。在它的中部凸起的芯体 4 上绕有线圈 5，盖板 6 则用非磁性材料隔离成若干钢条。在线圈 5 中通入直流电流，芯体 4 和隔离的钢条将被磁化，当工件 1 被放在电磁吸盘上时，也将被磁化而产生与磁盘相异的磁极而被牢牢吸住。

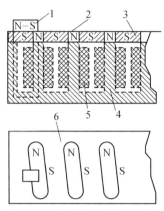

图 2-22　电磁吸盘结构示意图

1—工件；2—非磁性材料；3—工作台；4—芯体；5—线圈；6—盖板

电磁吸盘与机械夹具比较，具有不损坏工件、夹紧迅速、操作快速简便、不损伤工件、一次能吸牢若干个小工件，以及加工中工件发热可自由伸缩、不变形、加工精度高等优点。不足之处是夹紧力度小、调节不便，需用直流电源供电，只能吸住铁磁材料的工件，不能吸牢非磁性材料（如铜、铝等）的工件。

2. 电磁吸盘控制电路

电磁吸盘控制电路包括整流电路、控制电路和保护电路三部分。整流电路由整流变压器 T1 将 220V 交流电压降为 145V，后经桥式整流器 VC 输出 110V 直流电压。QS2 是电磁吸盘的转换开关（又叫退磁开关），有"吸合"、"放松"和"退磁"三个位置。当 QS2 扳到"吸合"位置时，触头（205—208）和（206—209）闭合，VC 整流后的直流电压输入电磁吸盘 YH，工件被牢牢吸住。同时欠电流继电器 KA 线圈获电吸合，KA 常开触头闭合，接通砂轮电动机 M1 和液压泵电动机 M3 的控制电路。磨削加工完毕，先将 QS2 扳到"放松"位置，YH 的直流电源被切断，由于工件仍具有剩磁而不能被取下，因此必须进行退磁。再将 QS2 扳到"退磁"位置，触头（205—207）和（206—208）闭合，此时反向电流通过退磁电阻 R2 对电磁吸盘 YH 退磁。退磁结束后，将 QS2 扳到"放松"位置，即可将工件取下。

若工件对退磁要求严格或不易退磁时，可将附件交流退磁器的插头插入插座 XS，使工件在交变磁场的作用下退磁。

若将工件夹在工作台上，而不需要电磁吸盘时，应将 YH 的 X2 插头拔下，同时将 QS2 扳到"退磁"位置，QS2 的常开触头（3—4）闭合，接通电动机的控制电路。

若将工件夹在工作台上，而不需要电磁吸盘时，应将 YH 的 X2 插头拔下，同时将 QS2 扳到"退磁"位置，QS2 的常开触头（3—4）闭合，接通电动机的控制电路。

3. 电磁吸盘保护环节

电磁吸盘具有欠电流保护、过电压保护及短路保护等。为了防止电磁吸盘电压不足或加工过程中出现断电，造成工件脱出而发生事故，故在电磁吸盘电路中串入欠电流继电器 KA。由于电磁吸盘本身是一个大电感，在它脱离电源的一瞬间，它的两端会产生较大的自感电动势，使线圈和其他电器由于过电压而损坏，故用放电电阻 R3 来吸收线圈释放的磁场能量。电容器 C 与电阻 R1 的串联是为了防止电磁吸盘回路交流侧的过电压。熔断器 FU4 为电磁吸盘作短路保护。

（五）照明电路分析

照明变压器 T2 为照明灯 EL 提供了 36V 的安全电压。由开关 SA 控制照明灯 EL，熔断器 FU3 作短路保护。

M7130 型平面磨床的接线图和位置图分别如图 2-23 和图 2-24 所示。

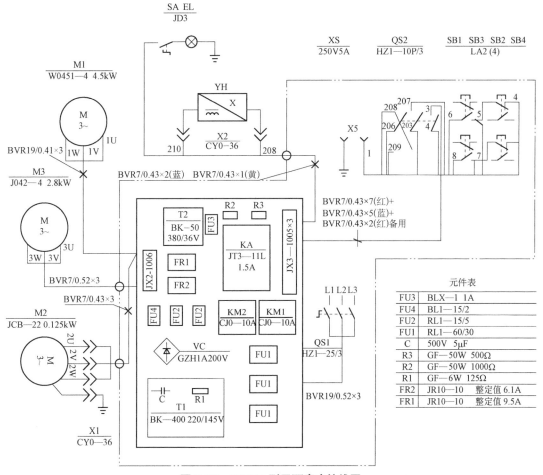

图 2-23　M7130 型平面磨床接线图

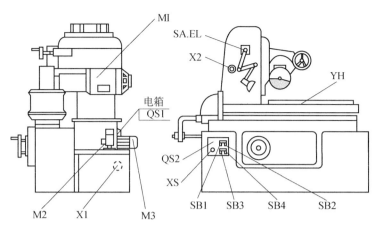

图 2-24 M7130 型平面磨床电器位置图

M7130 型平面磨床电器元件明细见表 2-24。

表 2-24 M7130 型平面磨床电器元件明细表

代号	名称	型号及规格	数量	用途
QS1	电源开关	HZ1—25/3	1	引入电源
QS2	转换开关	HZ1—10P/3	1	控制电磁吸盘
SA	照明灯开关		1	控制照明灯
M1	砂轮电动机	W451—4　4.5kW、220/380V、1440r/min	1	驱动砂轮
M2	冷却泵电动机	JCB—22　125W、220/380V、2790r/min	1	驱动冷却泵
M3	液压泵电动机	JO42—4　2.8kW、220/380V、1450r/min	1	驱动液压泵
FU1	熔断器	RL1—60/3　60A、熔体30A	3	电源保护
FU2	熔断器	RL1—15　15A、熔体5A	2	控制电路短路保护
FU3	熔断器	BLX—1　1A	1	照明电路短路保护
FU4	熔断器	RL1—15　15A、熔体2A	1	保护电磁吸盘
KM1	接触器	CJ0—10　线圈电压380V	1	控制电动机 M1
KM2	接触器	CJ0—10　线圈电压380V	1	控制电动机 M3
FR1	热继电器	JR10—10　整定电流9.5A	1	M1 的过载保护
FR2	热继电器	JR10—10　整定电流6.1A	1	M3 的过载保护
T1	整流变压器	BK—400　400VA、220/145V	1	降压
T2	照明变压器	BK—50　50VA、380/36V	1	降压
VC	硅整流器	GZH　1A、200V	1	输出直流电压
YH	电磁吸盘	1.2A、110V	1	工件夹具
KA	欠电流继电器	JT3—11L　1.5A	1	欠电流保护
SB1	按钮	LA2　绿色	1	启动电动机 M1
SB2	按钮	LA2　红色	1	停止电动机 M1
SB3	按钮	LA2　绿色	1	启动电动机 M3
SB4	按钮	LA2　红色	1	停止电动机 M3
$R1$	电阻器	GF　6W、125Ω	1	放电保护电阻
$R2$	电阻器	GF　50W、1000Ω	1	去磁电阻
$R3$	电阻器	GF　50W、500Ω	1	放电保护电阻
C	电容器	600V、5μF	1	保护用电容
EL	照明灯	JD3　24V、40W	1	工作照明
X1	接插器	CY0—36	1	电动机 M2 用
X2	接插器	CY0—36	1	电磁吸盘用
XS	插座	250V、5A	1	退磁用
附件	退磁器	TC1TH/H	1	工件退磁用

二、M7130 型平面磨床电气控制电路故障分析

（一）全无故障

试车时若出现照明灯不亮，电磁吸盘无吸力（电流继电器 KA 线圈不能得电），机床三台电动机在转换开关 QS2 扳到"吸合"、"退磁"两位置后都不能启动（接触器电磁线圈不得电），即整个机床电气线路试车均无任何反应。

整个机床电器线路电源均取自 0 号、1 号线，其故障范围为 U11—U22—1，V11—V12—0。该故障的测量用电压法、电阻双分阶测量法都能快速找到故障点，多为熔断器 FU1 或熔断器 FU2 熔断，更换熔丝即可。若熔丝熔断是因短路故障造成的要先排除短路点再更换熔丝。

（二）三台电动机都不能启动

试车时发现照明灯、电磁吸盘工作正常，电动机 M1、M2 不能启动，进一步观察接触器 KM1、KM2 线圈是否得电。若不得电，则说明故障在控制电路，能造成两并联支路线圈都不得电的故障在其公共电路。则故障范围为 1—FR1—2—FR2—3—KA，并联转换开关 QS2 的 4 及 0 号线。因公共电路有并联（3—4 之间），还可进一步试车观察，将转换开关 QS2 扳到"吸合"位置试一次，再将转换开关 QS2 扳到"退磁"位置试一次，若第一次试车接触器 KM1、KM2 线圈不得电，第二次试车接触器 KM1、KM2 线圈得电则故障在电流继电器 KA 常开触头，反之故障在转换开关 QS3—QS2—QS4 之间。若两次试车接触器 KM1、KM2 线圈都不得电，则故障不在 3—4 点间元件上，而在其他公共线路热继电器 FR1、FR2 上。若接触器 KM1、KM2 线圈得电，则故障在电动机 M1、M2 主电路的公共部分 FU1～W 相。

（三）砂轮电动机的热继电器 FR1 经常脱扣

砂轮电动机 M1 除因砂轮进刀量过大，电动机超负荷运行，造成电动机堵转，使电流上升，导致热继电器脱扣。砂轮电动机 M1 为装入式电动机，它的前轴承是轴瓦，易磨损，磨损后也易发生堵转现象，导致热继电器脱扣。若遇第一种情况，告知操作人员注意进刀量；若遇第二种情况，应修理或更换轴瓦。

（四）冷却泵电动机烧坏

冷却泵电动机没有专门的过载保护装置，虽然砂轮电动机与冷却泵电动机共用一个热继电器 FR1，但两台电动机容量相差太大。当冷却泵电动机因被杂物卡住，或切削液浓度过高，或切削液进入电动机内部造成匝间短路电流上升时，电流的增加不足以使热继电器 FR1 脱扣，故造成冷却泵电动机烧坏。更换冷却泵电动机后，建议改善冷却泵电动机的工作环境，或加装热继电器，从根本上避免烧坏电动机事故。

（五）电磁吸盘无吸力

电磁吸盘由整流变压器 TI 提供 145V 交流电源，由整流器 VC 提供 110V 直流电源，由电磁吸盘产生吸力。出现电磁吸盘无吸力故障时，首先测量变压器 TI 输出交流电压是否正常，若无电压，通常是熔断器 FU1、FU2 断路或变压器 T1 绕组断路造成的；若测变压器 T1 输出交流电压正常，再测量整流器 VC 输出直流电压是否正常，若无电压多是熔断器 FU4 断路或整流器断路造成的。若整流器 VC 输出电压正常，则依次检查电磁吸盘 YH 的线圈、接插器

X2、欠电流继电器 KA 线圈有无断路情况，采用适当的测量方法即可找到故障点。应注意熔断器 FU4 的熔断通常是整流器 VC 短路造成的，因此该故障要合并检查，一起排除。另外，测电压时还要注意万用表交、直流电压挡的切换。

（六）电磁吸盘吸力不足

导致电磁吸盘吸力不足的原因是电磁吸盘损坏或整流器 VC 输出直流电压不正常。整流器 VC 输出的直流电压，空载时为 130～140V，负载时不应低于 110V。若整流器输出电压达不到上述要求，多是整流元件短路或断路造成的。应检查整流器 VC 的交流侧电压及直流侧电压，若交流侧电压不正常，通常是电源电压过低或整流变压器匝间短路造成的；若交流侧电压正常，直流输出电压不正常，则表明整流器发生短路或断路故障。整流器 VC 为桥式全波整流电路，当一桥臂的整流二极管发生断路时，输出电压为半波电压，是额定电压的一半。整流器元件损坏的原因通常是过流（发热）、过压（反向过电压击穿）造成的。过电流是在电磁吸盘绕组出现匝间短路时，电流增加。过压是当放电电阻损坏或接线断路时，由于电磁吸盘线圈电感很大，在断开瞬间产生过电压将整流元件击穿。

由以上分析可看出，电磁吸盘某元件发生故障时，往往会引起连锁反应，如放电电阻 R3 断路，会造成整流器元件击穿，击穿后如造成短路，还会使 FU4 熔断。因此检修时要对可能出现故障的元件进行全面检查，防止更换元件后再次损坏或扩大故障范围。

若整流器输出电压正常，带负载时电压远低于 110V，则表明电磁吸盘线圈已短路，短路点多发生在线圈各绕组间的引线接头处。产生原因多是由于电磁吸盘密封不好，切削液流入，引起绝缘损坏，造成线圈匝间短路。若发生严重短路，过大电流会在 FU4 作出反应前，将整流器和整流变压器烧坏。出现这种故障时，不论短路严重与否都要更换电磁吸盘线圈，并且要处理好线圈绝缘，安装时做好密封。

（七）电磁吸盘退磁不好使工件取下困难

电磁吸盘退磁不好的故障原因，一是退磁电路断路，不能退磁。退磁电路与充磁电路基本为同一电路，只是增加了退磁电阻 R2，用转换开关 QS2 转换电流方向，因此在确定充磁正常后，只检查转换开关 QS2 接触是否良好，退磁电阻 R2 是否损坏即可。二是退磁电压过高，操作工人无法控制退磁时间，应调整电阻 R2，使退磁电压调至 5～10V。三是操作工人经验不够，退磁时间过短或过长，对于不同材料的元件，所需的退磁时间不同，注意掌握退磁时间。

三、短接测量法

（一）短接法原理

电气设备有时会出现"软故障"，即故障时有时无。"软故障"较难查找，此时，可以采用短接法。短接法是在其他测量方法不能明确找到故障点时，利用导线将故障电路短接，若短接到某处时电路接通，则说明该处断路。

（二）测量电路

如图 2-25 所示，接通电源，按下按钮 SB2，接触器 KM 线圈不能得电工作。逻辑分析故障的故障范围是：L1—1—2—3—4（不包含 KM 辅助常开触头）—5—6—0—L2。故障的故障范围较大，故障只有一个，需要采用测量法找出故障点。

（三）分段短接测量法

分段短接测量法如图 2-25 所示。

首先，取一根绝缘良好的导线，导线两端去掉绝缘层，漏铜部分不要太长。将电路按 1—2、2—3、3—4、4—5、5—6 相邻各点之间分段，然后，一人若按住按钮 SB2，另一人用准备好的导线逐段短接，当接触器 KM 线圈正常吸合时，被短接段为故障点。

短接结果（数据）及判断方法见表 2-25。

表 2-25　分段短接测量法

故障现象	测试状态	短接点	KM 动作	故障点
按下按钮 SB2 时，接触器 KM 线圈不得电	接通电源，按下按钮 SB2 不放	1—2	吸合	FR 接触不良或动作
		2—3	吸合	SB1 接触不良
		3—4	吸合	SB2 接触不良
		4—5	吸合	KA 接触不良
		5—6	吸合	SQ 接触不良

（四）长分段短接测量法

为了提高测量速度或检验逻辑分析的正确性，还可采用长分段短接测量法。长分段短接测量法可将故障范围快速缩小 50%。

长分段短接测量法如图 2-26 所示，将电路分成 1—4、4—6 两段进行短接。

短接结果（数据）及判断方法见表 2-26。

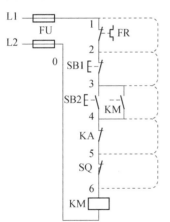

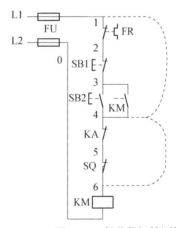

图 2-25　分段短接测量法　　　　　　图 2-26　长分段短接测量法

表 2-26　长分段短接测量法

故障现象	测试状态	短接点	KM 动作	故障范围
按下 SB2 时，KM 不吸合	接通电源	1—4	吸合	1—4
		4—6	吸合	4—6

（五）灵活运用分段短接测量法和长分段短接测量法

实际工作中操作者要根据线路实际情况，灵活运用分段短接测量法和长分段短接测量法，两种短接测量方法也可交替运用。如线路较短可采用分段短接测量法，如线路较长可采用长分段短接测量法，当长分段短接测量法将故障范围缩小到一定程度后，再采用分段短接测量法找出故障点。

【注意事项】

① 短接测量法更适用于电子电路。

② 短接测量法属带电操作，注意安全，避免触电事故。初学者可先接好短接点，再接通电源，按启动按钮。

③ 使用短接测量法时，短接的各点在电路原理上属于等电位点或电压降极小的导线和电流不大的触点（5A 以下），不能短接非等电位点、压降较大的电器，否则会造成短路事故（如接触器线圈、电阻、绕组等）。熔断器断路时，原因大多是短路故障，故熔断器不能用短接测量法检测，以免造成二次严重短路，伤及维修者。

④ 使用短接测量法时，机床电器设备或生产机械随接触器吸合而启动，故必须保证电气设备和生产机械不出现事故情况下才能使用短接测量法。

环境设备

（1）环境

实训教室、实训车间或企业场所。

（2）设备

M7130 型平面磨床（实物）或 M7130 型平面磨床模拟电路。

（3）工具与仪表

① 工具：常用电工工具。

② 仪表：MF30 型万用表、5050 型兆欧表、T301—A 型钳形电流表。

操作指导

（一）设备及工具

① M7130 型平面磨床或模拟电路。

② 具有漏电保护功能的三相四线制电源，常用电工工具，万用表，绝缘胶带。

（二）实训步骤

① 了解 M7130 型平面磨床的各种工作状态及操作方法。

② 参照磨床电器元件位置图和机床接线图，结合机械、电气、液压几方面相关的知识，搞清磨床电气控制的特殊环节。

③ 通电试车观察各接触器及电动机的运行情况。

通电试车时，接通电源开关 QS1，把退磁开关 QS2 扳至"退磁"位置，点动观察各电器元件、线路、电动机正常的工作情况；若正常，再把退磁开关扳至"吸合"位置，观察各电器元件、线路、电动机及传动装置的正常工作情况。若有异常，应立即切断电源进行检查，待调整或修复后方能再次通电试车。

④ 由教师在 M7130 型平面磨床电气控制电路上设置 1、2 处典型的自然故障点，学生通

过询问或通电试车的方法观察故障点。

⑤ 练习排除故障点。

·教师示范检修，指导学生如何从故障现象着手进行分析，逐步引导学生采用正确的检修步骤和检修方法。

·可由小组内学生共同分析并排除故障。

·可由具备一定能力的学生独立排除故障。

排除故障步骤如下：

☆ 询问操作者故障现象。

☆ 通电试车并观察故障现象。

☆ 根据故障现象，依据电路图用逻辑分析法确定故障范围。

☆ 采用电压测量法和电阻测量法相结合的方法查找故障点。

☆ 通电试车，复核设备正常工作，并做好维修记录。

采用竞赛方式，比一比谁观察故障现象更仔细、分析故障范围更准确、测量故障更迅速、排除故障方法更得当。

【注意事项】

① 严禁用金属软管作为接地通道。

② 整流二极管要装上散热器，二极管的极性连接要正确，否则，会引起整流变压器短路，烧毁二极管和变压器。

③ 进行控制箱外部布线时，导线必须穿在导线通道内或敷设在机床底座内的导线通道内。通道内导线每超过 10 根，应加 1 根备用线。

④ 人为设置的故障要符合自然故障，尽量设置不容易造成人身和设备事故的故障点，切忌设置更改线路的人为非自然故障。

⑤ 设置一处以上故障点时，故障现象尽可能不要相互掩盖，在同一线路上不设置重复故障点（不符合自然故障逻辑）。

⑥ 学生检修时，教师要密切注意学生的检修动态，随时做好采取应急措施的准备。

⑦ 检修时，严禁扩大故障或产生新的故障。

⑧ 在安装、调试过程中，工具、仪表的使用应符合要求。

⑨ 排除故障时，必须修复故障点，但不得采用元件代换法。

⑩ 带电检修时，要严格遵守安全操作规程，必须有指导教师监护。

质量评价标准

实训考核及成绩评定（评分标准）见表 2-27。

表 2-27　评分标准

项目内容	配分	评分标准	扣分
装前检查	10	（1）电动机质量检查，每漏一处扣 5 分 （2）电器元件错检或漏检，每处扣 2 分	

续表

项目内容	配分	评分标准	扣分
器材选用	10	（1）导线选用不符合要求，每处扣4分 （2）穿线管选用不符合要求，每处扣3分 （3）编码套管等附件选用不符合要求，每项扣2分	
元件安装	20	（1）控制箱内部元件安装不符合要求，每处扣3分 （2）控制箱外部元件安装不牢固，每处扣3分 （3）损坏电器元件，每只扣5分 （4）电动机安装不符合要求，每台扣5分 （5）导线通道安装不符合要求，每处扣4分	
布线	30	（1）不按电路图接线扣20分 （2）控制箱内导线敷设不符合要求，每根扣3分 （3）控制箱外部导线敷设不符合要求，每根扣5分 （4）漏接接地线扣10分	
通电试车	30	（1）熔体规格配错，每只扣3分 （2）整定值未整定或整定错，每只扣5分 （3）通电试车操作过程不熟练扣10分 （4）通电试车不成功扣30分	
安全文明生产		违反安全文明生产规程	
定额时间15h		每超时5min扣5分	
备注		除定额时间外，各项内容的最高扣分不得超过配分数	成绩
开始时间		结束时间	实际时间

拓展与提高

一、灵活运用各种测量方法查找故障点

每台机床都是一个电力拖动系统，机床操作工发现机床不工作，或不正常工作时，都会找维修电工进行维修，所以在检修电气故障的同时，应能够区分故障属电气部分还是机械或液压部分，或与机械维修工配合完成。

前面所述检查分析电气设备故障的一般顺序和各种方法，检修时应根据故障的性质、电路的具体情况灵活运用。电压法是最直观准确的方法，但对初学者而言，电阻法是最安全的方法，短接法适合软故障（时有时无）。熟练的维修工可以交替使用各种方法，以迅速有效地找出故障点。

二、电磁吸盘维修

磨床电磁吸盘工作条件比较恶劣，由于线圈完全密封，所以散热条件不好，若密封不好，可能使冷却液渗入线圈，造成线圈绝缘损坏、线圈短路等故障。若线圈损坏需要更换时，可先按线圈尺寸（加上包扎绝缘厚度）制成斜口对开磨具，按磨具尺寸用0.5～1.0mm厚的电工绝缘纸板制成线圈底架，然后进行绕线。层间用0.06～0.075mm厚的绝缘纸绝缘，绕完后用布带包扎。进行浸漆前先在120℃±10℃温度中预热5～6h，预热后浸入绝缘漆中，浸渍30min，取出滴干；然后在90～100℃烘箱中烘24h再进行第二次包扎，再次浸漆30min，取出再烘干即可完成。绝缘漆应使用三聚氰胺醇酸树脂漆或氨基醇酸树脂漆。

线圈制好后进行装配时，槽底应平整，线圈放入后用绝缘纸垫好，两侧和上方应有 2～

3mm 间隙。将 5 号绝缘胶溶化后，缓慢地浇灌到和盘体外缘平齐，冷却后，清洁盘体表面。盘体和面板接触处应平整，无毛刺、铁屑或杂物，然后再漆上一层用二甲苯或汽油稀释的 5 号绝缘胶，覆上一层 0.2mm 厚的紫铜皮或聚酯薄膜，再涂一次稀释的绝缘胶，然后盖上面板，均匀地旋紧螺钉，以使封闭严密。最后将线圈出线引至盘体外的接线盒内并接好，浇灌绝缘胶封固。

修理完毕，进行吸力测试，用电工纯铁或 10 号钢制成移动尺寸的试块，跨放在两极之间，用弹簧称在垂直方向拉试，吸力应达 588～882kPa。剩磁吸力应小于上磁吸力的 10%，线圈与盘体间绝缘电阻应大于 5MΩ。同时还应进行工频耐压试验。

复习题

1. 简述 M7130 型平面磨床控制电路的工作原理。
2. M7130 型平面磨床中的电磁吸盘与机械夹具比较，有哪些优点和缺点？
3. M7130 型平面磨床控制电路中，欠电流继电器 KA 和电阻 R3 的作用分别是什么？
4. 试分析 M7130 型平面磨床的电磁吸盘退磁不好的原因。
5. 用短接测量法测量主轴电动机能启动、水泵电动机不启动的故障，故障原因是什么？
6. 若变压器 T1 输出电压不正常，对电磁吸盘来说会引起哪些现象？
7. 电磁吸盘退磁不好的故障原因有哪些？
8. M7130 型平面磨床吸力不足的原因有哪些？
9. 电磁吸盘电路分为哪三部分？
10. 线路中热继电器 FR1 经常脱扣的故障原因是什么？

任务四　X62W 型卧式万能铣床控制电路故障排除

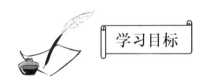

学习目标

知识目标：

① 掌握 X62W 型卧式万能铣床控制电路的工作原理及运动形式。
② 正确分析 X62W 型卧式万能铣床线路故障。
③ 学会查找短路故障点。
④ 掌握桥式整流的工作原理。

能力目标：

① 培养学生识读复杂电路的能力。
② 培养学生按设备要求安装与配线的能力。

③ 培养学生由面到点分析问题、解决问题的能力。

情感目标：

① 培养学生严谨、认真的工作态度。

② 培养学生团结合作的团队精神。

③ 培养学生安全、文明的操作习惯。

根据故障现象，能准确、实地地分析出 X62W 型卧式万能铣床的故障范围，并能熟练地运用电阻测量法、电压测量法和短接法查找故障点，正确排除故障，恢复电路正常运行。

一、X62W 型卧式万能铣床电气控制电路原理分析

铣床可用来加工平面、斜面、沟槽，装上分度头可以铣切直齿齿轮和螺旋面，装上圆工作台还可铣切凸轮和弧形槽，所以铣床在机械行业的机床设备中占有相当大的比重。铣床的种类很多，按照结构形式和加工性能的不同可分为卧式铣床、龙门铣床、立式铣床、仿形铣床和专用铣床等。

万能铣床是一种通用的多用途机床，它可以用圆柱铣刀、角度铣刀、端面铣刀等各种刀具对零件进行平面、斜面及成形表面等的加工，还可以加装圆工作台、万能铣头等附件来扩大加工范围。常用的万能铣床有两种：一种是 X52K 型立式万能铣床，铣头垂直方向放置；另一种是 X62W 型卧式万能铣床，铣头水平方向放置。这两种铣床在结构上大体相似，差别在于铣头的放置方向不同，而工作台的进给方式、主轴变速的工作原理等都一样，电气控制电路经过系列化以后也基本一样。本节以 X62W 型卧式万能铣床为例分析其控制电路。

该铣床型号及含义如图 2-27 所示。

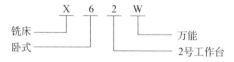

图 2-27 X62W 型万能铣床的型号及含义

（一）主要结构及运动形式

X62W 型卧式万能铣床外形如图 2-28 所示，它主要由主轴、刀杆、悬梁、工作台、回转盘、横溜板、升降台、床身、底座等几部分组成。床身固定在底座上，在床身的顶部有水平导轨，上面的悬梁装有一个或两个刀杆支架。刀杆支架用来支撑铣刀心轴的一端，另一端则固定在主轴上，由主轴带动铣刀铣削。刀杆支架在悬梁上以及悬梁在床身顶部的水平导轨上

都可以做水平移动，以便安装不同的心轴。在床身的前面有垂直导轨，升降台可沿着它上下移动。在升降台上面的水平导轨上，装有可前后移动的溜板。溜板上有可转动的回转盘，工作台就在回转盘的导轨上做左右移动。工作台用 T 形槽来固定工件，这样，安装在工作台上的工件就可以在三个坐标上的六个方向调整位置和进给。此外，由于回转盘相对于溜板可绕中心轴线左右转过一个角度，因此，工作台还可以在倾斜方向进给，加工螺旋槽，故称万能铣床。

铣削是一种高效率的加工方式。主轴带动铣刀的旋转运动是主运动，工作台的前后、左右、上下六个方向的运动是进给运动，工作台的旋转等其他运动则属于辅助运动。

（二）电力拖动特点及控制要求

由于主轴电动机的正反转并不频繁，因此采用组合开关来改变电源相序实现主轴电动机的正反转。由于主轴传动系统中装有避免振动的惯性轮，使主轴停车困难，故主轴电动机采用电磁离合器制动来实现准确停车。

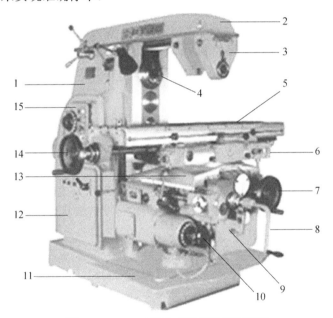

图 2-28 X62W 型卧式万能铣床外形图

1—床身；2—悬梁；3—刀杆挂脚；4—主轴；5—工作台；6—前按钮板；7—横向进给手柄；8—升降进给手柄；

9—升降台；10—进给变速手柄；11—底座；12—左配电柜；13—横溜板；14—纵向进给手柄；15—左按钮板

由于工作台要求有前后、左右、上下六个方向的进给运动和快速移动，所以也要求进给电动机能正反转，并通过操纵手柄和机械离合器配合实现。进给的快速移动是通过电磁铁和机械挂挡来实现的。为了扩大其加工能力，在工作台上可加装圆形工作台，圆形工作台的回转运动是由进给电动机经传动机构驱动的。

主轴和进给运动均采用变速盘来进行速度选择，为了保证齿轮的良好啮合，两种运动均要求变速后做瞬间点动。

当主轴电动机和冷却泵电动机过载时，进给运动必须立即停止，以免损坏刀具和铣床。

根据加工工艺的要求，该铣床应具有以下电气联锁措施。

① 由于六个方向的进给运动同时只能有一种运动产生，因此采用了机械手柄和位置开关相配合的方式来实现六个方向的联锁。

② 为了防止刀具和铣床的损坏，要求只有主轴旋转后才允许有进给运动。

③ 为了提高劳动生产率，在不进行铣削加工时，可使工作台快速移动。

④ 为了减少加工工件的表面粗糙度，要求只有进给停止后主轴才能停止或同时停止。

⑤ 要求有冷却系统、照明设备及各种保护措施。

（三）电气控制电路分析

图 2-29 所示为 X62W 型万能铣床的电气原理图。该电路主要由主电路、控制电路和照明电路三部分组成。

1. 主电路分析

主电路中共有三台电动机。M1 是主轴电动机，拖动主轴带动铣刀进行铣削加工，SA3 是 M1 正反转的换向开关；M2 是进给电动机，拖动工作台进行前后、左右、上下 6 个方向的进给运动和快速移动，其正反转由接触器 KM3、KM4 实现；M3 是冷却泵电动机，供应冷却液，与主轴电动机 M1 之间实现顺序控制，即 M1 启动后，M3 才能启动。熔断器 FU1 作为 3 台电动机的短路保护，3 台电动机的过载保护由热继电器 FR1、FR2、FR3 实现。

2. 控制电路分析

（1）主轴电动机 M1 的控制

为了方便操作，主轴电动机 M1 采用两地控制方式，两组启动按钮 SB1、SB2 并接在一起，两组停止按钮 SB5、SB6 串接在一起，分别安装在床身和工作台上。YC1 是主轴制动用的电磁离合器，KM1 是主轴电动机 M1 的启动接触器，SQ1 是主轴变速时瞬时点动的位置开关。主轴电动机是经过弹性联轴器和变速机构的齿轮传动链来实现传动的，可使主轴具有 18 级不同的转速（30～1500 r / min）。

（2）主轴电动机 M1 的启动

启动前，首先选好主轴的转速，然后合上电源开关 QS1，再将主轴转换开关 SA3（2 区）扳到所需要的转向。SA3 的位置及动作说明见表 2-28。按下启动按钮 SB1（或 SB2），接触器 KM1 线圈获电动作，其主触头和自锁触头闭合，主轴电动机 M1 启动运转，KM1 常开辅助触头（9—10）闭合，为工作台进给电路提供电源。

表 2-28　主轴电动机换向转换开关 SA3 的位置及动作说明

位置	正转	停止	反转
SA3-1	—	—	+
SA3-2	+	—	—
SA3-3	+	—	—
SA3-4	—	—	+

（3）主轴电动机 M1 的制动

当铣削完毕，需要主轴电动机 M1 停止时，按下停止按钮 SB5（或 SB6），SB5-1（或 SB6-1）常闭触头（13 区）分断，接触器 KM1 线圈失电，KM1 触头复位，主轴电动机 M1 断电惯性运转，SB5-2（或 SB6-2）常开触头（8 区）闭合，使电磁离合器 YC1 获电，主轴电动机 M1 制动停转。

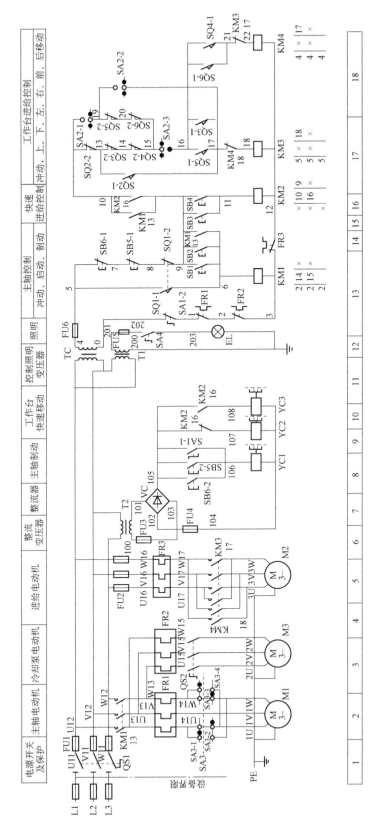

图 2-29　X62W 型万能铣床电气原理图

（4）主轴换铣刀控制

M1 停转后并不处于制动状态，主轴仍可自由转动。主轴在更换铣刀时，为避免其转动，造成更换困难，应将主轴制动。方法是将转换开关 SA1 扳到换刀位置，此时常开触头 SA1-1（8 区）闭合，电磁离合器 YC1 线圈获电，使主轴处于制动状态以便换刀；同时常闭触头 SA1-2（13 区）断开，切断了整个控制电路，保证了人身安全。

（5）主轴变速时冲动控制（瞬时点动）

主轴变速是由一个变速手柄和一个变速盘来实现的。主轴变速冲动控制是利用变速手柄与冲动位置开关 SQ1 通过机械上的联动机构来实现的，如图 2-30 所示。变速时，先将变速手柄 3 压下，使手柄的榫块从定位槽中脱出，然后向外拉动手柄使榫块落入第二道槽内，使齿轮组脱离啮合。转动变速盘 4 选定所需要的转速后，然后将变速手柄 3 推回原位，使榫块重新落进槽内，使齿轮组重新啮合（这时已改变了传动比）。变速时为了使齿轮容易啮合，扳动手柄复位时电动机 M1 会产生一冲动。当手柄 3 推进时，凸轮 1 将弹簧杆 2 推动一下又返回，则弹簧杆 2 又推动一下位置开关 SQ1（13 区），使 SQ1 的常闭触头 SQ1-2 先分断，常开触头 SQ1-1 后闭合，接触器 KM1 线圈瞬时得电动作，主轴电动机 M1 也瞬时启动；但紧接着凸轮 1 放开弹簧杆 2，位置开关 SQ1（13 区）复位，接触器 KM1 断电释放，电动机 M1 断电。由于未采取制动而使电动机 M1 惯性运转，使齿轮系统抖动，将变速手柄 3 先快后慢地推进去，故电动机 M1 产生一个冲动力，使齿轮系统抖动，齿轮便顺利地啮合。当瞬时点动过程中齿轮系统没有实现良好啮合时，可以重复上述过程直到啮合为止。变速前应先停车。

3. 进给电动机 M2 的控制

工作台的进给运动在主轴启动后方可进行。它是通过两个操作手柄和机械联动机构控制相应的位置开关使进给电动机 M2 正转或反转来实现的，工作台的进给可在 3 个坐标的 6 个方向运动，即工作台在回转盘上的左右运动，工作台与回转盘在溜板上和溜板一起前后运动，升降台在床身的垂直导轨上做上下运动。这 6 个方向的运动是联锁的，不能同时接通。

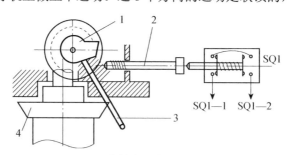

图 2-30　主轴变速冲动控制示意图

1—凸轮；2—弹簧杆；3—变速手柄；4—变速盘

（1）工作台的左右进给运动

工作台的左右进给运动是由工作台左右进给操作手柄与位置开关 SQ5 和 SQ6 联动来实现的，其控制关系见表 2-29，共有左、中、右三个位置。当手柄扳向中间位置时，位置开关 SQ5 和 SQ6 均未被压合，进给控制电路处于断开状态；当手柄扳向左或右位置时，手柄压下位置开关 SQ5（或 SQ6），使常闭触头 SQ5-2 或 SQ6-2（17 区）被分断，常开触头 SQ5-1（17 区）或 SQ6-1（18 区）闭合，使接触器 KM3 或 KM4 获电动作，电动机 M2 正转或反转。在 SQ5

或 SQ6 被压合的同时，机械机构已将电动机 M2 的传动链与工作台下面的左右进给丝杆相搭合，电动机 M2 的正转或反转就拖动工作台向左或向右运动。当工作台向左或向右进给到极限位置时，由于工作台两端各装有一块限位挡铁，所以挡铁碰撞手柄连杆使手柄自动复位到中间位置，位置开关 SQ5 或 SQ6 复位，电动机的传动链与左右丝杠脱离，电动机 M2 停转，工作台停止进给，从而实现左右进给的终端保护。

表 2-29　工作台左右进给手柄与位置开关的控制关系

手柄位置	位置开关动作	接触器动作	电动机 M2 转向	工作台运动方向
左	SQ5	KM3	正转	向左
右	SQ6	KM4	反转	向右
中	—	—	停止	停止

（2）工作台的上下和前后进给运动

工作台的上下和前后进给是由同一手柄控制的。该手柄与位置开关 SQ3 和 SQ4 联动，有上、下、前、后、中五个位置，其控制关系见表 2-30。当手柄扳到中间位置时，位置开关 SQ3 和 SQ4 均未被压合，工作台无任何进给运动；当手柄扳至下或前位置时，手柄压下位置开关 SQ3，使其常闭触头 SQ3-2（17 区）分断，常开触头 SQ3-1（17 区）闭合，接触器 KM3 得电动作，电动机 M2 正转，带动工作台向下或向前运动；当手柄扳向上或后位置时，手柄压下位置开关 SQ4，使其常闭触头 SQ4-2（17 区）分断，常开触头 SQ4-1（18 区）闭合，接触器 KM4 获电动作，电动机 M2 反转；带动工作台向上或向后运动。进给电动机 M2 虽只有正反两个转向，却能使工作台有四个方向的进给。这是当手柄扳向不同位置时，通过机械机构将电动机 M2 的传动链与不同的进给丝杠相搭合的缘故。当手柄扳向下或上时，手柄在压下位置开关 SQ3 或 SQ4 的同时，通过机械机构将电动机 M2 的传动链与升降台上下进给丝杠搭合，当 M2 得电正转或反转时，就带着升降台向下或向上运动；当手柄扳向前或后时，手柄在压下位置开关 SQ3 或 SQ4 的同时，又通过机械机构将电动机 M2 的传动链与溜板下面的前后进给丝杠搭合，当 M2 得电正转或反转时，就又带着溜板向前或向后运动。工作台的上、下、前、后四个方向的任一个方向进给到极限位置时，挡铁都会碰撞手柄连杆，使手柄自动复位到中间位置，位置开关 SQ3 和 SQ4 复位，上下丝杠或前后丝杠与电动机传动链脱离，电动机和工作台就停止了运动。

表 2-30　工作台上、下、前、后进给手柄与位置开关的控制关系

手柄位置	位置开关动作	接触器动作	电动机 M2 转向	工作台运动方向
上	SQ4	KM4	反转	向上
下	SQ3	KM3	正转	向下
前	SQ3	KM3	正转	向前
后	SQ4	KM4	反转	向后
中	—	—	停止	停止

（3）联锁控制

两个操作手柄被置于某一方向后，只能压下四个位置开关 SQ3、SQ4、SQ5、SQ6 中的一个开关，接通电动机 M2 正转或反转电路，同时通过机械机构将电动机的传动链与三根丝杠（左右丝杠、上下丝杠、前后丝杠）中的一根（只能是一根）丝杠相搭合，拖动工作台沿选定的进给方向运动，而不会沿其他方向运动。对上、下、前、后、左、右六个方向的进给只能选择其一，绝不可能出现两个方向的可能性。需要强调的是在两个手柄中，当一个操作手柄被置于某一进给方向时，另一个操作手柄必须置于中间位置，否则将无法实现任何进给运动，

实现了联锁保护。如当把左右进给手柄扳向右时，若又将另一个进给手柄扳到向上进给时，则位置开关 SQ6 和 SQ4 均被压下，使 SQ6-2 和 SQ4-2 均分断，接触器 KM3 和 KM4 的通路均断开，电动机 M2 只能停转，保证了操作安全。

（4）进给变速冲动（瞬时点动）

与主轴变速时一样，为使齿轮进入良好的啮合状态，也要进行变速后的瞬时点动。进给变速时，必须先把进给操作手柄放在中间位置，然后将进给变速盘向外拉出，使进给齿轮松开，转动变速盘选好进给速度，再将变速盘向里推回原位，齿轮便重新啮合。在推进过程中，挡块压下位置开关 SQ2（17 区），使触头 SQ2-2 分断，SQ2-1 闭合，接触器 KM3 经 10—19—20—15—14—13—17—18 路径获电动作，电动机 M2 启动；但随着变速盘的复位，位置开关 SQ2 也复位，使 KM3 断电释放，电动机 M2 失电停转。使电动机 M2 瞬时点动一下，齿轮系统产生一次抖动，齿轮便顺利啮合。

（5）工作台的快速移动控制

在不进行铣削加工时，为了提高劳动生产率，减少生产辅助工时，可使工作台快速移动，6 个进给方向的快速移动是通过两个进给操作手柄和快速移动按钮配合实现的。当进入铣削加工时，则要求工作台以原进给速度移动。

工件安装好后，扳动进给操作手柄选定进给方向，按下快速移动按钮 SB3 或 SB4（两地控制），接触器 KM2 得电，KM2 常开触头（9 区）分断，电磁离合 YC2 失电，将齿轮传动链与进给丝杠分离；KM2 两对常开触头闭合，一对使电磁离合 YC3 得电，电动机 M2 与进给丝杠直接搭合，另一对使接触器 KM3 或 KM4 得电动作，电动机 M2 得电正转或反转，带动工作台沿选定的方向快速移动。因工作台的快速移动采用的是点动控制，故松开 SB3 或 SB4，快速移动停止。

（6）圆形工作台的控制

为了扩大铣床的加工范围，可在工作台上安装附件圆形工作台，进行对圆弧或凸轮的铣削加工。转换开关 SA2 是用来控制圆形工作台的。当需要圆形工作台工作时，将 SA2 扳到接通位置，此时触头 SA2-1 和 SA2-3（17 区）断开，触头 SA2-2（18 区）闭合，电流经 10—13—14—15—20—19—17—18 路径，使接触器 KM3 得电，电动机 M2 启动，通过一根专用轴带动圆形工作台做旋转运动。当不需要圆形工作台时，则将转换开关 SA2 扳到断开位置，此时触头 SA2-1 和 SA2-3 闭合，触头 SA2-2 断开，工作台 6 个方向的进给方可运动。圆形工作台工作时，所有的进给系统均停止工作。因为圆形工作台的旋转运动和 6 个方向的进给运动是联锁控制的。

4. 冷却泵和照明电路的控制

冷却泵电动机 M3 在主电路上实现了与主轴电动机的顺序控制，即主轴电动机 M1 启动后冷却泵电机 M3 方可启动，由组合开关 QS2 控制。

铣床照明由变压器 T1 供给 24V 安全电压，由转换开关 SA4 控制。熔断器 FU5 作照明电路的短路保护。

X62W 型万能铣床电器位置图和电箱内电器布置图分别如图 2-31 和图 2-32 所示。

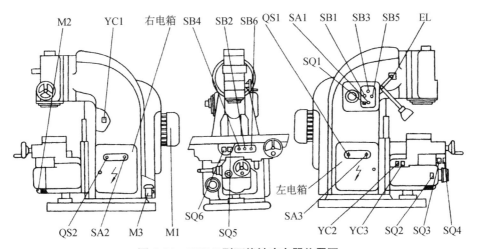

图 2-31　X62W 型万能铣床电器位置图

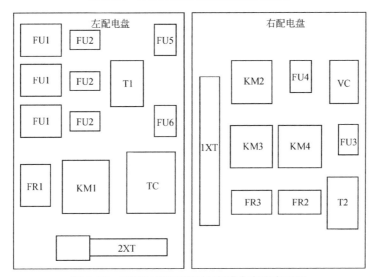

图 2-32　X62W 型万能铣床电箱内电器布置图

X62W 型万能铣床电器元件明细表见表 2-31。

表 2-31　X62W 型万能铣床电器元件明细表

代号	名称	型号及规格	数量	用途
QS1	开关	HZ10—60/3J　60A、380V	1	电源总开关
QS2	开关	HZ10—10/3J　10A、380V	1	冷却泵开关
SA1	开关	LS2—3A	1	换刀开关
SA2	开关	HZ10—10/3J　10A、380V	1	圆工作台开关
SA3	开关	HZ3—133　10A、500V	1	M1 换向开关
M1	主轴电动机	Y132M—4—B37.5kW、380V、1450r/min	1	驱动主轴
M2	进给电动机	Y90L—4　1.5kW、380V、1400r/min	1	驱动进给
M3	冷却泵电机	JCB—22　125W、380V、2790r/min	1	驱动冷却泵
FU1	熔断器	RL1—60　60A、熔体 50A	3	电源短路保护
FU2	熔断器	RL1—15　15A、熔体 10A	3	进给短路保护
FU3、FU6	熔断器	RL1—15　15A、熔体 4A	2	整流、控制电路短路保护
FU4、FU5	熔断器	RL1—15　15A、熔体 2A	2	直流、照明电路短路保护
FR1	热继电器	JR0—40　整定电流 16A	1	M1 过载保护
FR2	热继电器	JR0—10　整定电流 0.43A	1	M2 过载保护
FR3	热继电器	JR0—10　整定电流 3.4A	1	M3 过载保护

代号	名称	型号及规格		数量	用途
T2	变压器	BK—100	380/36V	1	整流电源
TC	变压器	BK—150	380/110V	1	控制电路电源
T1	照明变压器	BK—50	50VA、380/24V	1	照明电源
VC	整流器	2CZ×4	5A、50V	1	整流用
KM1	接触器	CJ0—20	20A、线圈电压110V	1	主轴启动
KM2	接触器	CJ0—10	10A、线圈电压110V	1	快速进给
KM3	接触器	CJ0—10	10A、线圈电压110V	1	M2 正转
KM4	接触器	CJ0—10	10A、线圈电压110V	1	M2 反转
SB1、SB2	按钮	LA2	绿色	1	启动电动机 M1
SB3、SB4	按钮	LA2	黑色	1	快速进给点动
SB5、SB6	按钮	LA2	红色	1	停止、制动
YC1	电磁离合器	B1DL-Ⅲ		1	主轴制动
YC2	电磁离合器	B1DL-Ⅱ		1	正常进给
YC3	电磁离合器	B1DL-Ⅱ		1	快速进给
SQ1	位置开关	LX3—11K	开启式	1	主轴冲动开关
SQ2	位置开关	LX3—11K	开启式	1	进给冲动开关
SQ3	位置开关	LX3—131	单轮自动复位	1	
SQ4	位置开关	LX3—131	单轮自动复位	1	M2 正、反转及联锁
SQ5	位置开关	LX3—11K	开启式	1	
SQ6	位置开关	LX3—11K	开启式	1	

二、X62W 型卧式万能铣床电气控制电路故障分析

（一）全无故障

全无故障的分析方法与前面介绍机床全无故障分析方法类似，故障范围是为变压器 TC、T1 供电的电源电路，采用电压法测量，很快便可找到故障。

（二）主轴电动机 M1 不能启动

主轴电动机 M1 不能启动故障要与主轴电动机 M1 变速冲动故障合并检查。因此，试车时，既要试电动机 M1 的启动，也要试其变速冲动。若主轴电动机 M1 既没启动，也无冲动（接触器 KM1 线圈不得电），则故障在其控制电路的公共线路上，即故障范围为 5—FU6—4—TC—SA1-2—1—FR1—2—FR2—3—KM1 线圈—6。若变速冲动时接触器 KM1 线圈得电，启动时接触器 KM1 线圈不得电，则故障在 5—SB6-1—7—SB5-1—8—SQ1-2—9—SB1（或 SB2）—6。测量故障前要先查看上刀制动开关 SA1 是否处于断开位置，变速冲动开关是否复位。检测方法可参照 CA6140 型车床主轴电机控制电路的检测方法。

若接触器 KM1 线圈得电，电动机 M1 仍不启动，且有嗡嗡之声，应立即停止试车，判断故障为主电路缺相，具体检测方法可参照 CA6140 型车床主轴电动机主电路的检测方法。若电动机 M1 正反转有一个方向缺相而另一方向正常，故障是正反转换向转换开关 SA3 触头接触不良造成的。

（三）工作台各个方向都不能进给

工作台的进给运动是通过进给电动机 M2 的正反转配合机械传动来实现的，若各个方向都不能进给，且试车时接触器 KM3、KM4 线圈都不得电，则故障在进给电动机控制电路公共部分，第一段 9—KM1 常开—10，第二段转换开关 SA2-3，第三段 12—FR3—3。第一段故障范围可通过试快速进给确认，如快速进给时，接触器 KM3、KM4 线圈得电，则故障范围必在接触器 KM1 常开触头或与 9 号、10 号的连线上；第二段很少出现断路故障，通常是因转换

开关 SA2 操作位置错转到"接通"位置造成；第三段通常是热继电器 FR3 脱扣，查明原因，复位即可。上述故障点还可用测量法确认。

若接触器 KM3、KM4 线圈可得电，则故障必在电动机 M2 主电路，范围是正反转公共电路上。

（四）工作台能上、下、前、后进给，不能左右进给

工作台左右进给电路是：先启动主轴电动机，电流经 9—10—13—14—15—16—17—18—12—3 接触器 KM3 线圈得电，电动机 M2 正转——工作台向左；电流经 9—10—13—14—15—16—21—22—12—3 接触器 KM4 线圈得电，电动机 M2 反转——工作台向右。

因上、下、前、后可进给，首先排除进给电动机 M2 主电路，再排除 9—10 段、15—16 段，17—18—12—3 段，21—22—12—3 段。位置开关 SQ5 和位置开关 SQ6 不可能同时损坏（除非压合 SQ5、SQ6 的纵向手柄机械故障），故还要排除 16—17 段、16—21 段。最终确定故障范围是 10—13—14—15 段。该段线路正是上、下、前、后及变速冲动，与左、右进给的联锁线路。如试车时进给变速冲动也正常，则排除 13—14—15 段，故障必在位置开关 10—SQ2-2—13 上；反之故障在 13—14—15 段。采用电阻法测量该线路时，为避免二次回路造成判断失误，可操作位置开关 SQ5、SQ6 或圆形工作台转换开关将寄生回路切断，再进行测量。该故障多因位置开关 SQ2、SQ3、SQ4 接触不良或没复位造成。

（五）工作台能左、右进给，不能上、下、前、后进给

参照故障（四）的分析方法，工作台不能上、下、前、后进给的故障范围是 10—19—20—15。检测方法同故障（四）。

（六）工作台上、下、前、后能进给，向左能进给，向右不能进给

采用故障（四）所使用的方法分析，判定该故障的故障范围是位置开关 SQ6-1 的常开触头及连线上；反之，如只有向左不能进给故障，故障范围是位置开关 SQ5-1 的常开触头及其连线。

由此可分析判断只有向下、前（下、前方向用不同的丝杠拖动，但电气线路是一个）不能进给时，故障范围是位置开关 SQ3-1 的常开触头及连线。

只有上、后不能进给时，故障范围是位置开关 SQ4-1 的常开触头及连线。造成上述故障的原因多是位置开关经常被压合，使螺钉松动、开关移位、触头接触不良、开关机构卡住等。

（七）工作台下、前、左能进给，上、后、右不能进给

工作台上、后、右由电动机 M2 反转拖动，电动机 M2 反转由接触器 KM4 控制，逻辑分析可知，若接触器 KM4 线圈不得电，故障范围是 21—KM3—22—KM4 线圈—12。若接触器 KM4 线圈得电，则故障必在接触器 KM4 的主触头及连线上。

如故障现象正相反，则故障范围是 17—KM4—18—KM3 线圈—12，或接触器 KM3 的主触头及其连线。

（八）工作台不能快速移动、主轴制动失灵

这种故障是因电磁离合器电源电路故障所致。故障范围是变压器 TC—FU3、VC、熔断器 FU4 以及连接线路。首先检查变压器 TC 输出交流电压是否正常，再检查整流器 VC 输出直流电压是否正常。如不正常，采用相应的测量方法找到故障点，加以排除。

检修时还应注意，若整流器 VC 中一只二极管损坏断路，将导致输出电压偏低，吸力不够。这

种故障与离合器的摩擦片因磨损导致摩擦力不足现象较相似。检修时要仔细检测辨认，以免误判。

（九）变速时不能冲动

如电动机能正常启动，变速时不能冲动是由于冲动位置开关 SQ1（主轴）、位置开关 SQ2（进给）经常受频繁冲击，致使开关位置移动、线路断开或接触不良。检修时，如位置开关没有撞坏，可调整好开关与挡铁的距离，重新固定，即可恢复冲动控制。

三、对地短路故障测量法

对地短路故障发生后，短路处往往有明显烧伤、发黑痕迹，仔细观察就可发现，如不能发现可采用逐步接入法查找。

测量电路如图 2-33 所示，接通电源，L1 相的熔断器熔断，经逻辑分析得故障现象是 L1 相对地短路。

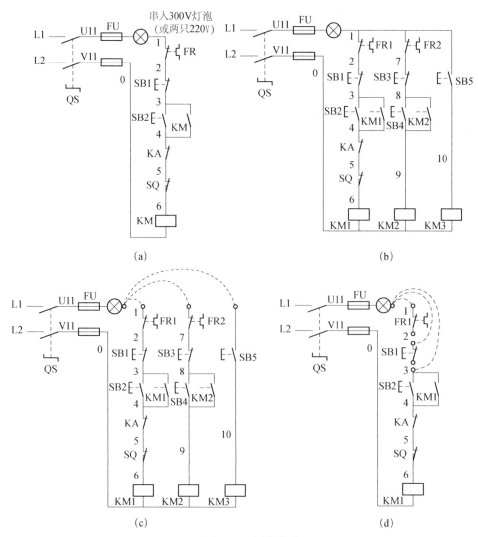

图 2-33　测量电路

检查方法：在此线路中串入一只 380V 或（两只 220V）的白炽灯，如图 2-33（a)所示，通过观看灯泡的亮与灭来确定故障点。针对具体线路，如图 2-33（b）所示的对地短路故障加以分析。先切断每一条支路，然后逐一与 L1 相线连接，通电观看灯泡是否亮，如图 2-33（c）所示，若亮，说明此支路有对地短路故障。再在此支路中查找短路故障点，具体查找方法如图 2-33（d）所示。测量结果及判断方法见表 2-32。注意，更换的熔断器规格要尽量小，满足查找要求即可。

表 2-32　串灯泡对地短路检测法

故障现象	测试方法	断开状态	接入状态	灯亮情况	故障范围
接通电源，L1 相熔断器熔断	接通电源，串入 380V 或两只 220V 灯泡	1—3 号点	FU—1 号间	灯亮	FU—1 号间
		1—3 号点	FU—1 号间	灯不亮	1—3 号点
		2—3 号点	FU—2 号间	灯亮	FU—2 号间
		2—3 号点	FU—2 号间	灯不亮	2—3 号点

【注意事项】

① 串灯泡对地短路检测法属带电操作，操作中要严格遵守带电作业的安全规定，确保人身安全。测量检查前将万用表的转换开关置于相应的电压种类（直流、交流），合适的量程（依据线路的电压等级）。

② 通电测量前，先查找清楚被测各点所处位置，为通电测量做好准备。

③ 发现故障点后，先切断电源，再排除故障。

四、电磁离合器

结构认识（摩擦片式电磁离合器）：实物如图 2-34 所示，电磁离合器的结构如图 2-35 所示。电磁离合器主要由激磁线圈、铁芯、衔铁、摩擦片及连接件等组成，一般采用直流 24V 作为供电电源。

电磁离合器工作方式又可分为：通电结合和断电结合。

图 2-34　电磁离合器实物图

动作原理分析：主动轴 1 的花键轴端装有主动摩擦片 2，它可以沿轴向自由移动，因系花键连接，将随主动轴一起转动。从动摩擦片 3 与主动摩擦片交替装叠，其外缘凸起部分卡在与从动齿轮 4 固定在一起的套筒 5 内，因而从动摩擦片可以随同从动齿轮，在主动轴转动时它可以不转。当线圈 6 通电后，将摩擦片吸向铁芯 7，衔铁 8 也被吸住，紧紧压住各摩擦片。依靠主、从动摩擦片之间的摩擦力，使从动齿轮随主动轴转动。线圈断电时，装在内外摩擦片之间的圈状弹簧使衔铁和摩擦片复原，离合器即失去传递力矩的作用。线圈一端通过电刷和滑环9输入直流电，另一端可接地。

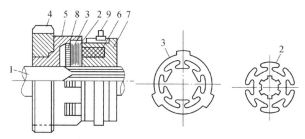

图 2-35　电磁离合器结构图

1—主动轴；2—主动摩擦片；3—从动摩擦片；4—从动齿轮；5—套筒；6—线圈；7—铁芯；8—衔铁；9—滑环

电磁离合器的作用：电磁离合器是一种自动化执行元件，它利用电磁力的作用来传递或中止机械传动中的扭矩。电磁离合器靠线圈的通断电来控制离合器的接合与分离。

（1）环境

实训教室、实训车间或企业场所。

（2）设备

X62W 型卧式万能铣床（实物）或 X62W 型卧式万能铣床控制模拟电路。

（3）工具与仪表

① 工具：常用电工工具。

② 仪表：MF30 型万用表、5050 型兆欧表、T301—A 型钳形电流表。

（一）设备及工具

① X62W 型卧式万能铣床控制模拟电路。

② 具有漏电保护功能的三相四线制电源，常用电工工具，万用表，绝缘胶带。

（二）实训步骤

在老师或操作师傅的指导下，熟悉铣床的主要结构和运动形式，对铣床进行实际操作，了解铣床的各种工作状态及操作手柄的作用。

参照铣床电路图、电器元件的安装位置、走线情况，在老师或操作师傅的指导下对铣床进行操作，观察操作手柄处于不同位置时，位置开关的工作状态及运动部件的工作情况。

合上电源 QS1 时，操作启动按钮 SB1 或 SB2，让学生观察主轴启动时各继电器、线路及电动机的运行情况；操作停止按钮 SB5 或 SB6，让学生观察主轴停车时各继电器、电磁离合器、线路及电动机的运行情况；扳动手柄压合行程开关 SQ1，观察主轴冲动时各继电器、线路及电动机的运行情况；转换开关 SA1，观察主轴换刀时电动机及电磁离合器的运行状态。扳动手柄分别压合 SQ3、SQ4、SQ5、SQ6，观察工作台向上、下、左、右、前、后进给时，各继电器、电磁离合器、线路及电动机的运行情况。转换开关 SA2，观察圆形工作台运行时，各继电器、线路及电动机的运行情况。扳动手柄压合行程开关 SQ2 时，观察进给冲动时各继电器、线路及电动机的运行情况；操作点动按钮 SB3 或 SB4 时，观察快速进给时各继电器、线路及电动机的运行情况。

由教师在 X62W 型卧式万能铣床电路上设置1、2处典型的自然故障点，学生通过询问或通电试车的方法观察故障点。根据故障现象，先在电路图上正确标出故障电路的最小范围。然后采用正确的检查排除故障方法，在规定时间内查出并排除故障。

学生练习排除故障点。

① 教师示范检修，指导学生如何从故障现象着手进行分析，逐步引导学生采用正确的检修步骤和检修方法。

② 可由小组内学生共同分析并排除故障。

③ 可由具备一定能力的学生独立排除故障。

排除故障步骤：

① 询问操作者故障现象。

② 通电试车并观察故障现象。

③ 根据故障现象，依据电路图用逻辑分析法确定故障范围。

④ 采用电压分阶测量法和电阻测量法相结合的方法查找故障点。

⑤ 用正确的方法排除故障。

⑥ 通电试车，复核设备正常工作。

学生之间相互设置故障，练习排除故障。

采用竞赛方式，比一比谁观察故障现象更仔细、分析故障范围更准确、测量故障更迅速、排除故障方法更得当。

【注意事项】

① 检修前要认真阅读电路图，熟练掌握各个控制环节的原理及作用。并认真观察教师的示范检修。

② 由于该类铣床的电气控制与机械结构配合十分紧密，因此，在出现故障时，应首先先判断是机械故障还是电气故障。

③ 人为设置的故障要符合自然故障逻辑，切忌设置更改线路的人为非自然故障。

④ 设置一处以上故障点时，故障现象尽可能不要相互掩盖，在同一线路上不设置重复故障点（不符合自然故障逻辑）。

⑤ 应尽量设置不容易造成人身和设备事故的故障点。

⑥ 学生检修时，教师要密切注意学生的检修动态。随时做好采取应急措施的准备。

⑦ 检修时，严禁扩大故障或产生新的故障。

⑧ 检修所用工具、仪表应符合使用要求。

⑨ 排除故障时，必须修复故障点，但不得采用元件代换法。

⑩ 带电检修时，必须有指导教师监护，观看的学生要保持安全距离。

实训考核及成绩评定（评分标准）见表 2-33。

表 2-33　评分标准

项目内容	配分	评分标准	扣分
故障分析	30	（1）排除故障前不进行调查研究，试车不彻底扣 5 分 （2）标不出故障范围或标错故障范围，每个故障点扣 15 分 （3）不能标出最小故障范围，每个故障点扣 10 分	
排除故障	70	（1）停电不验电扣 5 分 （2）仪器仪表使用不正确，每次扣 5 分 （3）排除故障的方法不正确扣 10 分 （4）损坏电器元件，每个扣 40 分 （5）不能排除故障点，每处扣 35 分 （6）扩大故障范围，每处扣 40 分	
安全文明生产		违反安全文明生产规程扣 10～70 分	
定额时间 1h		不许超时检查，修复故障过程允许超时，但每超时 5min 扣 5 分	
备注		除定额时间外，各项内容的最高扣分不得超过配分数	成绩
开始时间		结束时间	实际时间

为了保证机床电气设备长期处于良好的运行状态，提高生产效率，对机床电气设备进行有计划的维护保养是必不可少的。当机床电气设备使用到一定年限后，机床电气设备及线路老化，精度降低，故障频发，此时就要对机床进行大修。

一、修理计划编制

修理编制计划时，要考虑设备状况、生产状况、资金安排和技术水平等多种因素，必要时还要引进技术力量，首先确定修理类型，其次制订年度计划、季度计划和各月份计划。

1. 调查设备状况

了解设备技术状况及大修间隔期，使修理计划更符合设备生产的需求。

2. 年度计划编制

年度计划的编制牵涉财力、物力、人力，因此要认真分析设备调查资料，制订出切实可行的计划，这也是季度修理计划及月份修理计划的依据。

（1）分析设备调查的资料，提出年度修理计划的编制意见

① 生产设备现状分析。包括待维修设备状况，不能满足产品质量的设备状态，性能好的设备状况，待修理设备的类别与修理项目。

② 生产设备技术改造分析。包括设备原技术缺陷，新技术特点，电器元件、电动机等电器更新换代等，提出设备技术改造方案。

③ 生产设备的质量分析。由于生产产品改型或换代，生产设备也要改进满足生产需要，以适应新的生产形势。

（2）分析修理设备的资料

① 修理设备的资料分析。了解资料完整性，包括图纸、性能数据、元器件目录等。

② 分析电器元件的市场供应，包括型号、安装尺寸、容量等。

③ 技术力量分析。本工厂工程技术人员与技术工人的技术状况，如有人力缺口，是否要聘请等。

④ 编制年度维修计划的准备工作。在上述分析的基础上，由设备动力科负责组织修理计划的编制工作，组织参加编制修理计划的有关人员来共同完成。研究分析下年度的生产任务、产品种类与数量、产品质量要求、产品更新换代的品种等，从而提出对电器设备的要求。研究与分析设备调查资料，从图纸准备、元件供应、关键设备、关键工序等角度进行。根据初步修理安排意见进行修理工作量的核算，尽可能做到逐季、逐月的修理，工作量相对平衡。

⑤ 编写年度修理计划草案。年度修理计划内容包括大修计划、项修计划、中修计划、预防性试验计划等的初稿。初稿编制完成后，分发各有关科室、车间进行讨论。

⑥ 编制年度修理计划。各有关科室、车间讨论后，汇总各方面意见，对草案进行补充修改，编制正式的年度修理计划。

⑦ 年度修理计划的执行。年度修理计划编制好后，经上级主管部门批准，由设备动力部门组织实施。

3. 季度修理计划的编制

在年度修理计划的基础上，动力部门按照年计划中关于季计划和月计划的内容及进度，结合具体情况调整补充，制订出每季度修理计划。原则上第一季度修理计划与年度修理计划一致，不做大的调整，第四季度尽可能少安排一些修理任务，以利下一年工作开展；临时任务与原计划矛盾时，要分轻重缓急，合理安排。

4. 月份修理计划编制

月份修理计划是具体执行计划，编制时要了解准备工作的完成情况，临时修理任务对原计划的影响，修理项目与类别、修理时间，停工修复投产日期等。

二、大修方案制定

1. 设备技术资料准备

① 产品资料。

② 技术动态资料。

③ 电器电子产品和零配件市场供应和价格动态。

④ 维修记录资料。

2. 大修项目的确定

根据设备的实际情况来确定大修项目，常见的项目：

① 配电箱大修。

② 配电箱至设备的穿管线路更换。

③ 电动机大修。

④ 控制电动机性能测试（或大修、更换）。

⑤ 各种检测装置定位检查和元件测试。

⑥ 液压传动中电器液压元件的测试。

⑦ 整机调试。

⑧ 引进机床如外方不提供电气图纸、电子线路图纸时，要对照引进设备画出电气原理图。

3. 技术改革项目

近年来，新技术与高科技不断涌现，生产上对设备原有的动作和功能进行一定程度改变，因此大修过程中就同时伴随着局部技术改革。近几年常见的技术改革项目如下：

① 采用晶闸管技术替代发电机组。

② 采用 PC 可编程序控制器替代有触点继电器控制系统。

③ 采用微机控制电气系统。

④ 加装检测装置，特别是在线检测。

⑤ 机械传动改装为液压传动。

4. 编写技术准备工作的初表

根据资料及初步制定的大修项目，编写初表，编写步骤如下：

① 资料阅读与分析。主要为设备出厂说明书和图纸，设备技术档案，大修项目、革新项目初定意见等。

② 了解实际情况。现场了解维修人员和操作人员提出的设备缺陷和存在问题。

③ 设备检查。空载和满载运行时，设备的性能数据，反映出来的缺陷与故障，检查电器元件的损坏情况和型号。此项内容也需要维修人员和操作人员配合。

④ 局部解体。因故障的部件和部位不同，必要时对电器产品予以解体，以更精确地确定修理项目和修理程度。

⑤ 提出大修项目意见。经上述分析和检查，提出大修的项目和改进意见。

5. 大修方案的制定

经过各种调查、分析，设备状况得以初步了解，下一步要制定大修方案。

（1）项目分析表

为更方便制定大修方案，在调查、分析的同时，先填写大修项目分析表，表中列出各个项目大修前情况和大修项目，大修项目可提出几个方案供分析选择。

（2）大修方案的制定

大修方案是负责人、技术员、技术工人共同讨论产生的，最后由领导签发，定案时，要考虑以下几方面的可行性。

① 大修设备投产后，其技术水平对产品数量与质量的影响。

② 大修所需的电器电子产品和零配件的市场供应可靠性和价格分析。

③ 设备大修期间对生产的影响。

④ 大修技术力量的配备。大修时，根据任务情况，将高级电工、中级电工、初级电工依一定比例配备，并由电气技师指导。

⑤ 大修过程的安全措施。设备大修时，电气方面工作的安全至关重要，每个环节都要考虑，制定切实可行的安全措施，以确保设备和人身安全。

大修方案确定后，接下来是下达大修任务书，进行技术设计和组织大修。

6. 编制和审定设备技术大修任务书

主要内容包括：

① 设备存在的主要故障、故障原因和设备状态。

② 大修的项目与要求。

③ 大修后预期技术和经济效益的分析。

④ 费用预算。

⑤ 大修时间，包括停产时间、竣工验收时间和投产时间。

7. 技术设计

技术设计资料包括修改的图纸、技术改造新设计的图纸、引进设备补缺图纸、引进设备替代图纸等。技术设计通常由动力科进行，也可以和设计部门共同负责设计。

8. 大修准备工作

大修所需标准件、电器元件、电缆电线、紧固件等材料，要在大修前采购到位。

9. 大修计划书

大修计划书内容包括：

① 计算工时定额，合理配置修理人员，注意电工的分工和技术等级。

② 标准件、非标准件采购、加工到位日期。

③ 大修进度计划，一般当准备工作完成 90％以上时，即可确定停机日期和大修开工日期，从开工日起，制订大修分段计划。

10. 大修施工安排

大修施工安排由设备动力科组织，大修期间注意和技术、工艺、计划、供应、计量等部门密切合作与协调。

（1）停机编制复查表

设备停机后立即安排主修人员、修理人员、技术人员、操作人员等对设备进行一次复查，提出新损坏电气元器件和漏统计的电气元器件。

（2）施工安排准备

电气设备大修要按大修项目类别和施工前后进行分工，要逐项有人负责。根据大修的内容和本企业的修理工时定额来确定劳动工时定额，以及配备劳动力的计划等。

11. 试车、调试、试验

设备大修后的试车与调试试验工作，也是确保质量的工作关键。

（1）校核线路

在不通电的情况下，按新设计的图纸校核线路的编号、接线、元器件位置、有无变动线路等。

（2）分段划块试车

为避免造成试车混乱，将相邻等主电流分开进行分段划块试车，各分段试车正常后，进行整机试车。

（3）性能调试

按设备出厂技术性能或革新后技术性能调试。

12. 大修检修工作

验收工作可以由设备主管部门、大修部门、质量管理部门和设备使用部门共同验收。验收后在验收报告表上签字。

① 修理技术总结。由主修人员以书面形式书写。

② 整理上交最终图纸资料，整理上交调试试验技术数据，收入该设备的资料档案。

③ 填写最终验收表，要在验收 3 个月后填写。

④ 填写设备增值报表。

13. 填写企业规定的其他报表

机床大修方案制定后，下一步就要编制大修工艺。大修工艺亦称大修工艺规程，它具体规定了机床电气设备的修理程序、元器件的修理与调换、系统调试方法及技术要求等，以保证达到电器大修整体质量标准。大修工艺规程是电器大修时必须认真贯彻执行的修理技术文件。大修工艺是大修方案的具体实施步骤。现以 X62W 型万能铣床为例说明大修工艺的编制。

三、大修工艺编制（以 X62W 型万能铣床为例）

1. 确定修理项目

① 填写机床修前情况记录表，见表 2-34，该表经动力科现场复查，填写补充情况后，即可作为大修申请。

表 2-34　设备情况记录表

设备编号		设备名称	万能铣床	型号	X62W
制造单位		复杂系数			
主要状态： 1.上次大修至今已经 8 年，超过大修周期 2.自 1976 年购买，至今使用已近 25 年，电控装置陈旧、落后 3.进给运动与快速进给运动之间转换，仍采用电磁铁控制，噪声大，耗能大，电磁铁易损坏，且更换困难 4.主轴制动采用串电阻反接制动，方式落后 5.控制线路混乱，线路编号含糊、脱落，电线老化，故障频发，控制进给电机正反转接触器经常损坏 6.右侧电器柜门关合不严，常有铁屑进入 7.机械加工精度差 8.机床外壳油漆变色脱落					
需要改装或补充的附件： 1.建议机械与电气装置结合大修 2.进给转换和主轴制动建议改革为电磁离合器控制					
申请部门： 生产组长：　　机械员：　　主管：　　　　年　月　日					
动力科补充病态： 1.纵向进行手柄和十字进给手柄机械磨损严重，导致行程开关压合不上或过压合 2.机床管线老化 3.主轴电动机输出功率不够					
鉴定结论： 电气设备更新大修，部分电气设备须进行改革。机械进行大修，修复精度，更换磨损件并配合电气改革					
技术组	动力组	动力组	动力组	修理工段	科长

② 根据机床状态，填写大修项目分析表，见表 2-35。

表 2-35　大修项目分析表

设备编号		×-××××	设备名称	万能铣床	型号	X62W
制造单位		××××	复杂系数		5	
序号	项目	大修前情况	大修方案一	大修方案二	估计费用	工时定额
1	配电箱	电器陈旧、电线老化	更新	更新		
2	配电管线	电线老化	更新	更新		
3	电磁铁	常损坏	改用电磁离合器	更新		
4	线路	主轴电动机控制不利	改用电磁离合器制动	不改动		
6	机械调试		全过程	全过程		
7	电气调试		全过程	全过程		
合计费用			定额工时合计：			

③ 制定大修方案，见表 2-36。

表 2-36　设备大修方案表

设备编号		×-××××	设备名称	万能铣床	型号	X62W
制造单位		××××	复杂系数		5	
序号	项目		大修方案	估计费用	定额工时	备注
1	配电箱		更新			
2	配电管线		更新			
3	电磁铁		改造			
4	线路		重新设计			
费用合计：				定额工时合计：		
批准人：						

2. 技术、计划准备

根据改革情况，绘制图纸，编写电器缺损明细表见表 2-37。

表 2-37　电器缺损明细表

类别	序号	图号备注	电气名称	数量	制造方法				备注
					修理	新制	外购	库存	
主修技术人员：				备件技术员：					

3. 修理施工安排

根据各项修理的内容和本企业的修理工时定额，就可确定各分块工作的劳动工时定额，以便配备劳动力。

4. 调试试车试验和完工验收

调试试车试验并验收后填写电气设备大修质量验收单，见表 2-38。

表 2-38　电气设备大修质量验收单

设备编号		设备名称	万能铣床	型号	X62W
制造单位		复杂系数			
电气图纸号：			图册编号：		
序号		检查项目		检查员意见	
其他更换记录					

结论			
车间验收：	负责技术员：	检验员：	
			年　月　日

复习题

1. X62W 型卧式万能铣床电气控制电路具有哪些电气联锁措施？

2. 简述 X62W 型卧式万能铣床主轴制动的控制过程。

3. 如果铣床的工作台能左右进给，但不能前后、上下进给，试分析故障原因。

4. 简述 X62W 型卧式万能铣床的工作台快速移动的控制过程。

5. 安装在 X62W 型卧式万能铣床工作台上的工件可以在哪些方向上调整或进给？

6. 如何用电压法来检修 X62W 型卧式万能铣床圆工作台不能进给的故障？

7. 试分析照明灯亮，而 X62W 型卧式万能铣床的三台电动机全不启动的故障原因。

8. 铣床线路中接触器 KM1、KM2 的常开辅助触头并联于进给控制电路中，各起什么作用？

9. 在圆工作台工作期间，若拨动了两个进给手柄中的任一个，会出现什么结果？

10. 在主轴制动离合器 YC1 电路中，并联触头 SB6-2、SB5-2、SA1-1 各有什么作用？

11. 主轴变速时产生瞬时冲动的目的是什么？并简述其冲动过程。

12. 在按钮 SB3 和 SB4 两端是否可以并联 KM2 的常开辅助触头？为什么？

13. 简述机床电气设备大修方案的制定步骤。

14. 简述机床电气设备大修方案的执行步骤。

15. 简述编制机床大修工艺的意义。

16. 修理计划的编制包括哪些内容？

项目三　PLC 程序设计与应用电路的安装与调试

任务一　小车自动往返的 PLC 控制

学习目标

知识目标：

① 了解 PLC 的基本概念；熟悉从传统的电气控制到 PLC 控制的转换；熟悉 PLC 硬件的构成，各部分的功能；熟悉 PLC 的软件构成；掌握 PLC 的基本指令；掌握 PLC 基本程序的编写。

② 掌握 PLC 的基本使用方法，掌握程序的基本调试方法。

能力目标：

① 培养学生电气控制转换到 PLC 控制的能力。

② 培养学生基本程序阅读和编写的能力。

③ 培养学生 PLC 基本操作的能力。

情感目标：

培养学生严谨、认真的学习态度，安全、文明的操作习惯。

学习任务

① 控制要求：某工作台可自动往返，按下电动机正转启动按钮后，工作台前进，工作台上的前挡块随工作台前进到行程开关 SQ1 位置，碰到 SQ1，由 SQ1 发出电动机正转停止和反转启动指令完成工作台由前进向后退的转换；当工作台的后挡块随工作台后退到行程开关 SQ2 位置时，碰到 SQ2，由 SQ2 发出电动机反转停止和正转启动指令，完成工作台由后退向

前进的转换。此后，循环往复，完成自动往返控制。当 SQ1 不能使工作台换向时，工作台继续向前运行，前挡块运行到 SQ3 时，碰到 SQ3，由 SQ3 发出电动机正转停止指令，从而实现工作台的向前限位控制；向后的限位控制由 SQ4 实现。

② 根据控制要求找出相应的输入、输出。

③ 完成程序的编写。

④ 完成程序的验证与调试。

背景知识

传统的继电接触器控制系统具有结构简单、价格低廉、容易操作、技术难度较小等优点，被长期广泛地使用在工业控制的各种领域中。由于这种系统存在如下缺点：

① 继电器接点间、接点与线圈间存在大量的连接导线，因而使控制功能单一，更改困难；

② 大量的继电器元器件须集中安装在控制柜内，因而使设备体积庞大，不宜搬运；

③ 继电器接点的接触不良、导线的连接不牢等会导致设备故障的大量存在，且查找、排除故障困难，使系统的可靠性降低；

④ 继电器动作时固有的电磁时间使系统的动作速度较慢。

因此，继电接触器控制系统越来越不能满足现代化生产的控制要求，特别当产品更新换代时，生产加工线的改变，迫使对旧的继电接触器控制系统进行改造，为此所带来的经济损失是相当可观的。

20 世纪 60 年代末期，美国汽车制造工业竞争十分激烈，为了适应市场从少品种大批量生产向多品种小批量生产的转变，为了尽可能减少转变过程中控制系统的设计制造时间，减少经济成本，1968 年美国通用汽车公司（General Motors，GM）公开招标，要求用新的控制装置取代生产线上的继电接触器控制系统，其具体要求是：

① 程序编制、修改简单，采用工程技术语言；

② 系统组成简单、维护方便；

③ 可靠性高于继电接触器控制系统；

④ 与继电接触器控制系统相比，体积小、能耗小；

⑤ 购买、安装成本可与继电器控制柜相竞争；

⑥ 能与中央数据收集处理系统进行数据交换，以便监视系统运行状态及运行情况；

⑦ 采用市电输入（美国标准系列电压值 AC 115V），可接受现场的按钮、行程开关信号；

⑧ 采用市电输出（美国标准系列电压值 AC 115V），具有驱动电磁阀、交流接触器、小功率电动机的能力；

⑨ 能以最小的变动，在最短的停机时间内，从系统的最小配置扩展到系统的最大配置；

⑩ 程序可存储，存储器容量至少能扩展到 4000B。

1969 年，美国数字设备公司 DEC 根据上述要求，首先研制出了世界上第一台可编程控制器 PDP—14，用于通用汽车公司的生产线，取得了满意的效果。由于这种新型工业控制装置可以通过编程改变控制方案，且专门用于逻辑控制，所以人们称这种新的工业控制装置为可编程逻辑控制器（Programmable Logic Controller），简称 PLC。

一、PLC 的组成

由于 PLC 的核心是微处理器，因此它的组成也就同计算机有些相似，由硬件系统和软件系统组成。

（一）PLC 的硬件系统

PLC 的硬件系统如图 3-1 所示。

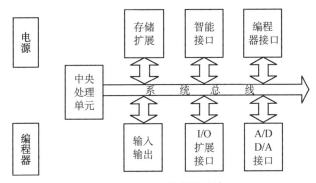

图 3-1 PLC 的硬件系统

1. 中央处理单元

（1）微处理器 CPU

CPU 作为整个 PLC 的核心起着总指挥的作用，是 PLC 的运算和控制中心。

（2）存储器 RAM/ROM

存储器是具有记忆功能的半导体电路，用来存放系统程序、用户程序、逻辑变量和其他信息。在 PLC 中使用的存储器有两种类型，它们分别是只读存储器（ROM）和随机存储器（RAM）。

（3）微处理器 I/O 接口

它一般由数据输入寄存器、选通电路和中断请求逻辑电路构成，负责微处理器及存储器与外部设备的信息交换。

2. 输入、输出接口

这是 PLC 与被控设备相连接的接口电路。用户设备须输入 PLC 的各种控制信号，如限位开关、操作按钮、选择开关、行程开关以及其他一些传感器输出的开关量或模拟量（要通过模数变换进入机内）等，通过输入接口电路将这些信号转换成中央处理单元能够接收和处理的信号。输出接口电路将中央处理单元送出的弱电控制信号转换成现场需要的强电信号输出，以驱动电磁阀、接触器、电动机等被控设备的执行元件。

3. I/O 扩展接口

小型的 PLC 输入、输出接口都是与中央处理单元 CPU 制造在一起的，为了满足模拟量和数字量控制的需要，常需要扩展模拟量和数字量输入、输出模块，如 A/D、D/A 转换模块等。I/O 扩展接口就是为连接各种扩展模块而设计的。

4. 通信接口

它用于 PLC 与计算机、PLC、变频器、触摸屏等智能设备之间的连接，以实现 PLC 与智能设备之间的数据传送。

5. 编程器

编程器用于用户程序的编制、编辑、调试和监视，还可以通过其键盘去调用和显示 PLC 的一些内部状态和系统参数，它经过编程器接口与中央处理器单元联系，完成人机对话操作。

（二）PLC 的软件系统

可编程控制器由硬件系统组成，由软件系统支持，硬件和软件共同构成了可编程控制器系统。PLC 的软件系统可分为系统程序和用户程序两大部分。

1. 系统程序

系统程序是用来控制和完成 PLC 各种功能的程序，这些程序是由 PLC 制造厂家用相应 CPU 的指令系统编写的，并固化到 ROM 中。它包括管理程序、用户指令解释程序和供系统调用的标准程序模块等。

系统管理程序的主要功能是运行时序分配管理、存储空间分配管理和系统自检等；用户指令解释程序将用户编制的应用程序翻译成机器指令供 CPU 执行；标准程序模块具有独立的功能，使系统只需要调用输入、输出、特殊运算等程序模块即可完成相应的具体工作。

系统程序的改进可使 PLC 的性能在不改变硬件的情况下得到很大的改善，所以 PLC 制造厂商对此极为重视，不断地升级和完善产品的系统程序。

2. 用户程序

用户程序是用户根据工程现场的生产过程和工艺要求、使用可编程控制器生产厂家提供的专门编程语言而自行编制的应用程序。它包括开关量逻辑控制程序、模拟量运算控制程序、闭环控制程序、工作站初始化程序等。

开关量逻辑控制程序是 PLC 用户程序中最重要的一部分，是将 PLC 用于开关量逻辑控制的软件，一般采用 PLC 生产厂商提供的如梯形图、语句表等编程语言编制。模拟量运算控制程序和闭环控制程序是大中型 PLC 系统的高级应用程序，通常采用 PLC 厂商提供的相应程序模块及主机的汇编语言或高级语言编制。工作站初始化程序是用户为 PLC 系统网络进行数据交换和信息管理而编制的初始化程序，在 PLC 厂商提供的通信程序的基础上进行参数设定，一般采用高级语言实现。

二、PLC 基本指令

布尔指令即位操作指令，是 PLC 常用的基本指令，运算结果用二进制数字 1 和 0 表示，可以实现基本的位逻辑运算和控制。

（一）触点线圈指令

1. 触点指令

触点指令代表 CPU 对存储器的读操作，常开触点和存储器的位状态一致，常闭触点和存储器的位状态相反，见表 3-1。

表 3-1　触点指令

梯形图 LAD	语句表 STL		功　能	
	操作码	操作数	梯形图含义	语句表含义
bit ─┤├─	LD	bit	将一常开触点 bit 与母线相连接	将 bit 装入栈顶
bit ─┤/├─	LDN	bit	将一常闭触点 bit 与母线相连接	将 bit 取反后装入栈顶
bit ─┤├─	A	bit	将一常开触点 bit 与上一触点串联，可连续使用	将 bit 与栈顶相与后存入栈顶
bit ─┤/├─	AN	bit	将一常闭触点 bit 与上一触点串联，可连续使用	将 bit 取反与栈顶相与后存入栈顶
bit ─┤├─	O	bit	将一常开触点 bit 与上一触点并联，可连续使用	将 bit 与栈顶相或后存入栈顶
bit ─┤/├─	ON	bit	将一常闭触点 bit 与上一触点并联，可连续使用	将 bit 取反与栈顶相或后存入栈顶

① 梯形图程序的触点指令有常开和常闭触点两类，类似于继电-接触器控制系统的电器接点，可自由地串并联。

② 语句表程序的触点指令由操作码和操作数组成。在语句表程序中，控制逻辑的执行通过 CPU 中的一个逻辑堆栈来实现，这个堆栈有九层深度，每层只有一位宽度。语句表程序的触点指令运算全部都在栈顶进行。

③ 表中操作数 bit 寻址寄存器 I、Q、M、SM、T、C、V、S、L 的位值。

2. 输出线圈指令

输出线圈指令见表 3-2。

表 3-2　输出线圈指令

梯形图 LAD	语句表 STL		功　能	
	操作码	操作数	梯形图含义	语句表含义
bit ───( )	=		bit	当能流流进线圈时，线圈所对应的操作数 bit 置"1"	复制栈顶的值到 bit

① 输出线圈指令的操作数 bit 寻址寄存器 I、Q、M、SM、T、C、V、S、L 的位值。

② 输出线圈指令对同一元件（操作数）一般只能使用一次。

（二）定时器指令及应用

定时器指令在控制系统中主要用来实现定时操作，可用于需要按时间原则控制的场合。

S7—200 系列 PLC 的软定时器有三种类型，它们分别是接通延时定时器 TON、断开延时定时器 TOF 和保持型接通延时定时器 TONR，其定时时间等于分辨率与设定值的乘积，见表 3-3。

① 定时器的分辨率有 1ms、10ms 和 100ms 三种，取决于定时器号码。

② 定时器的设定值和当前值均为 16 位的有符号整数（INT），允许的最大值为 32767。

③ 定时器的预设值 PT 可寻址寄存器 VW、IW、QW、MW、SMW、SW、LW、AC、AIW、T、C、*VD、*AC 及常数。

表 3-3　定时器指令

工作方式	时基（ms）	最大定时范围（s）	定时器号
TONR	1	32.767	T0，T64
	10	327.67	T1-T4，T65-T68
	100	3276.7	T5-T31，T69-T95
TON/TOF	1	32.767	T32，T96
	10	327.67	T33-T36，T97-T100
	100	3276.7	T37-T63，T101-T255

接通延时定时器见表 3-4。

表 3-4　接通延时定时器

梯形图 LAD	操作码	操作数	功　能
T?? IN　　TON ??-PT　　???ms	TON	T??，PT	TON 定时器的使能输入端 IN 为"1"时，定时器开始定时；当定时器的当前值大于预定值 PT 时，定时器位变为 ON（该位为"1"）；当 TON 定时器的使能输入端 IN 由"1"变"0"时，定时器复位

例：当按下启动按钮 SB1 后，继电器线圈 KM 通电，主电路中 KM 主触点闭合，电动机开始运行，同时控制电路中的 KM 辅助触点闭合形成自锁；当按下停止按钮 SB2 时，继电器线圈 KM 断电，电动机停止运行，如图 3-2 所示。

PLC 控制的接线图及控制程序如图 3-3 所示。

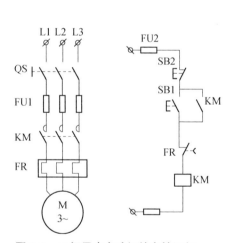

图 3-2　三相异步电动机的自锁运行

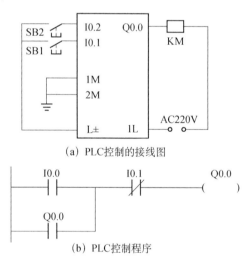

（a）PLC控制的接线图

（b）PLC控制程序

图 3-3　PLC 控制的接线图及控制程序

三、解决方案

三相异步电动机电气原理图如图 3-4 所示。

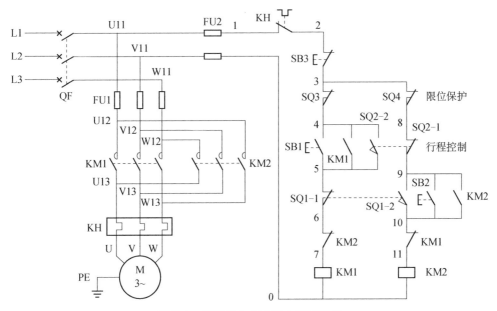

图 3-4　三相异步电动机电气原理图

I/O 分配表见表 3-5。

表 3-5　I/O 分配表

输入			输出		
输入元件	输入点编号	作用	输出元件	输出点编号	作用
SB1	I0.0	前进启动	KM1	Q0.0	前进
SB2	I0.1	后退启动	KM2	Q0.1	后退
SB3	I0.2	停止			
KH	I0.3	过载保护			
SQ1	I0.4	前进转后退			
SQ2	I0.5	后退转前进			
SQ3	I0.6	前限位			
SQ4	I0.7	后限位			

程序如图 3-5 所示。

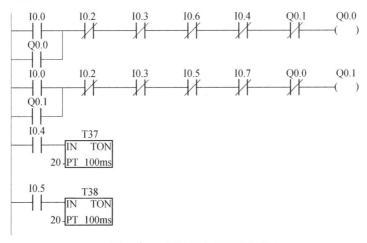

图 3-5　三相异步电动机控制程序

试验台一个、计算机一台、导线若干。

（一）STEP 7-Mirco/WIN *编程软件介绍*

STEP 7-Mirco/WIN 的一个基本项目包括程序块、数据块、系统块、符号表、状态表、交叉引用表的 PLC 编程软件。程序块、数据块、系统块须下载到 PLC，而符号表、状态表、交叉引用表不下载到 PLC。

程序块由可执行代码和注释组成，可执行代码由一个主程序和可选子程序或中断程序组成。程序代码被编译并下载到 PLC，程序注释被忽略。在"指令树"中右击"程序块"图标可以插入子程序和中断程序。

数据块由数据（包括初始内存值和常数值）和注释两部分组成。数据被编译后，下载到 PLC，注释被忽略。

系统块用来设置系统的参数，包括通信口配置信息、保存范围、模拟和数字输入过滤器、背景时间、密码表、脉冲截取位和输出表等选项。单击"浏览栏"上的"系统块"按钮，或者单击"指令树"内的"系统块"图标，可查看并编辑系统块。系统块的信息须下载到 PLC，为 PLC 提供新的系统配置。

STEP 7-Micro/WIN 编程软件的主界面如图 3-6 所示。

（二）STEP 7-Mirco/WIN *主要编程功能*

1. 建立项目

通过菜单命令"文件"→"新建"或单击工具栏中"新建"按钮，可新建一个项目。此时，程序编辑器将自动打开。

2. 输入程序

在程序编辑器中使用的梯形图元素主要有触点、线圈和功能块，梯形图的每个网络必须从触点开始，以线圈或没有 ENO 输出的功能块结束。线圈不允许串联使用。

3. 编辑程序

（1）剪切、复制、粘贴或删除多个网络

通过用 Shift 键+鼠标单击，可以选择多个相邻的网络，进行剪切、复制、粘贴或删除等操作。注意：不能选择网络中的一部分，只能选择整个网络。

（2）编辑单元格、指令、地址和网络

选中需要进行编辑的单元，单击右键，弹出快捷菜单，可以进行插入或删除行、列、垂直线或水平线的操作。删除垂直线时把方框放在垂直线左边单元上，删除时选"行"，或按

Del 键。进行插入编辑时，先将方框移至欲插入的位置，然后选"列"。

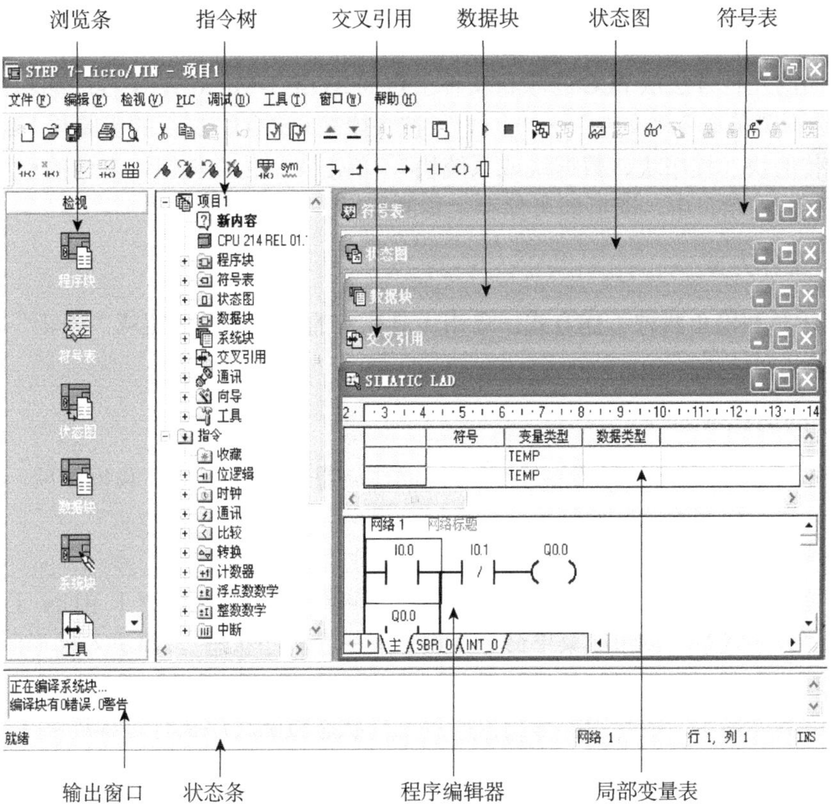

图 3-6　编程软件的主界面

4. 程序的编译

程序编译操作用于检查程序块、数据块及系统块是否存在错误。程序经过编译后，方可下载到 PLC。

单击"编译"按钮或选择菜单命令"PLC"→"编译"，编译当前被激活的窗口中的程序块或数据块。

单击"全部编译"按钮或选择菜单命令"PLC"→"全部编译"，编译全部项目元件（程序块、数据块和系统块）。使用"全部编译"，与哪一个窗口是活动窗口无关。编译的结果显示在主窗口下方的输出窗口中。

5. 下载

如果已经成功地在运行 STEP 7-Micro/WIN 的个人计算机和 PLC 之间建立了通信，就可以将编译好的程序下载至该 PLC。如果 PLC 中已经有内容将被覆盖。单击工具条中的"下载"按钮，或用菜单命令"文件"→"下载"，出现"下载"对话框。根据默认值，在初次发出下载命令时，"程序代码块"、"数据块"和"CPU 配置"（系统块）复选框都被选中。如果不需要下载某个块，可以清除该复选框。单击"确定"，开始下载程序。如果下载成功，将出现一个确认框会显示以下信息：下载成功。下载成功后，单击工具条中的"运行"按钮，或菜单命令"PLC"→"运行"，PLC 进入 RUN（运行）工作方式。注意：下载程序时 PLC 必须处于停止状态，可根据提示进行操作。

6. 上传

可用下面的几种方法从 PLC 将项目文件上传到 STEP 7-Micro/WIN 程序编辑器：单击"上载"按钮；选择菜单命令"文件"→"上载"；按快捷键 Ctrl+U。执行的步骤与下载基本相同，选择需要上传的块（程序块、数据块或系统块），单击"上传"按钮，上传的程序将从 PLC 复制到当前打开的项目中，随后即可保存上传的程序。

7. 选择工作方式

PLC 有运行和停止两种工作方式。单击工具栏中的"运行"按钮或"停止"按钮可以进入相应的工作方式。

8. 程序的调试与监控

在 STEP 7-Micro/WIN 编程设备和 PLC 之间建立通信并向 PLC 下载程序后，可使 PLC 进入运行状态，进行程序的调试和监控。

（1）程序状态监控

在程序编辑器窗口，显示希望测试的部分程序和网络，将 PLC 置于 RUN 工作方式，单击工具栏中"程序状态"按钮或菜单命令"调试"→"程序状态"，将进入梯形图监控状态。在梯形图监控状态，用高亮显示位操作数的线圈得电或触点通断状态。触点或线圈通电时，该触点或线圈高亮显示。运行中梯形图内的各元件状态将随程序执行过程连续更新。

（2）状态表监控

单击浏览条上的"状态表"按钮或使用菜单命令"检视"→"元件"→"状态表"，可打开状态表编辑器，在状态表地址栏输入要监控的数字量地址或数据量地址，单击工具栏中的"状态表"按钮，可进入"状态表"监控状态。在此状态，可通过工具栏强制 I/O 点的操作，观察程序的运行情况，也可通过工具栏对内部位及内部存储器进行"写"操作来改变其状态，进而观察程序的运行情况。

质量评价标准

实训考核及成绩评定（评分标准）见表 3-6。

表 3-6　评分标准

项目内容	要求	评分标准	得分
程序编写	（1）I/O 地址分配　10 分 （2）程序指令使用　20 分 （3）I/O 接线图　10 分	（1）不会判断　扣 10 分 （2）指令错误一处　扣 10 分 （3）接线图不正确　扣 10 分	
程序调试	（1）程序输入　10 分 （2）程序编译、下载　10 分 （3）程序运行正常　30 分 （4）实验台整理　10 分	（1）输入错一次　扣 5 分 （2）编译错一次　扣 5 分 （3）一次不成功　扣 10 分 （4）试验台不整理　扣 10 分	
安全文明操作	（1）工具的正确使用 （2）执行安全操作规定	（1）损坏工具　扣 50 分 （2）违反安全规定　扣 50 分	
工时	120 分钟	每超过 5 分钟扣 5 分	

复习题

1. 什么是 PLC？

2. PLC 硬件由哪几部分组成？

3. PLC 基本指令有哪些？

4. 定时器指令有哪几种？

5. 按下启动按钮，I0.0,Q0.0 以灭 2s、亮 3s 的工作周期运行；不论系统工作情况如何，按下停止按钮 I0.1,Q0.0 将立即停止工作。试编写上述控制程序。

任务二　剪板机的 PLC 控制

知识目标：

① 了解 PLC 程序的编写方式。

② 掌握顺序功能图的基本设计方法，熟悉顺序功能图在实际 PLC 编程中的应用。

能力目标：

① 培养学生编写 PLC 基本程序的能力。

② 培养学生解决中等难度问题的能力。

③ 培养学生独立解决 PLC 问题的能力。

情感目标：

培养学生严谨、认真的学习态度，安全、文明的操作习惯。

① 剪板机控制要求（见图 3-7）：开始时，压钳和剪刀在上限位置，限位开关 I0.0 和 I0.1 为 ON，按下启动按钮 I1.0。工作过程如下：首先板料右行（Q0.0 为 ON）至限位开关 I0.3；然后压钳下行（Q0.1 为 ON 并保持），压紧板料后，压力继电器 I0.4 为 ON，压钳保持压紧；剪刀开始下行（Q0.2 为 ON），剪断板料后，I0.2 变为 ON；压钳和剪刀同时上行（Q0.3 和 Q0.4 为 ON，Q0.1 和 Q0.2 为 OFF），它们分别碰到限位开关 I0.0 和 I0.1 后，停止上行；都停止后，又开始下一个周期的工作，剪完 10 块后停在初始状态。

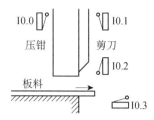

图 3-7　剪板机控制要求

② 根据控制要求找出相应的输入、输出信号。

③ 完成程序的编写。

④ 完成程序的验证调试。

在 PLC 应用的初期，大多数工程技术人员都保留设计继电接触控制电路的习惯，基本上还是沿用设计继电接触控制电路图的方法来设计 PLC 应用程序的梯形图，这种方法即称为梯形图的经验设计法。用经验法设计复杂系统的梯形图应用程序，存在以下问题：

① 设计方法不规范，难以掌握，设计周期长。

② 装置交付使用后维修困难。

功能图设计法又称状态流程图设计法，亦称 Grafacet 法，是专门用于顺序控制的一种程序设计法。

一、梯形图的功能图设计法

功能图是一种描述顺序控制系统功能的图解表示方法，主要由"步"、"转移"及"有向线段"等元素组成。

（一）顺序功能图的组成元件

① 步：系统的一个工作周期根据输出量的不同所划分的各个顺序相连的阶段，使用位存储器 M 和顺序控制继电器 S 来代表各步，在顺序功能图中用矩形方框表示，用数字或代表该步的编程元件 M 和 S 的地址作为步的编号。

② 初始步：系统等待启动命令的相对静止的状态，与系统初始状态相对应的步用双线方框表示。

③ 活动步：系统处于某一步所在的阶段，其前一步称为"前级步"，其后一步称为"后续步"，其他各步称为 "不活动步"。

④ 动作：系统处于某一步需要完成的工作，用矩形方框与步相连。某一步可以有几个动作，也可以没有动作，这些动作之间无顺序关系。

⑤ 有向连线：将代表各步的方框按照它们成为活动步的先后次序连接起来的线，有向连线在从上到下或从左到右的方向上的箭头可以省略。

⑥ 转换：步与步之间的有向连线上与之垂直的短横线，作用是将相邻的两步分开。

⑦ 转换条件：与转换对应的条件，是系统由当前步进入下一步的信号。可以是外部的输入条件，例如按钮、指令开关、限位开关的接通或断开等；也可以是 PLC 内部产生的信号，例如定时器、计数器等触点的接通；还可以是若干个信号的与、或、非的逻辑组合。

（二）顺序功能图的基本结构

① 单序列：由一系列相继激活的步组成，每一步后仅有一个转换，每一个转换后也只有一个步。

② 选择序列：系统的某一步活动后，满足不同的转换条件能够激活不同的步的序列。

③ 并行序列：系统的某一步活动后，满足转换条件能够同时激活若干步的序列。

顺序功能图的基本结构如图 3-8 所示。

（三）顺序功能图的基本原则

1. 转换实现的条件

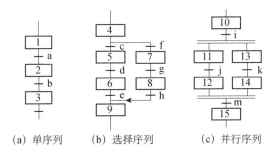

图 3-8　顺序功能图的基本结构

① 该转换所有的前级步都是活动步。

② 相应的转换条件得到满足。

2. 转换实现的操作

① 使所有由有向连线和转换条件相连的后续步变为活动步。

② 使所有由有向连线和转换条件相连的前级步变为不活动步。

3. 说明

① 选择序列的开始称为分支，其转换符号只能标在水平连线下方；选择序列的结束称为合并，其转换符号只能标在水平连线上方。

② 并行序列的开始称为分支，为强调转换的同步实现，水平连线用双线表示，水平双线上只允许有一个转换符号；并行序列的结束称为合并，在表示同步的水平双线之下只允许有一个转换符号。

二、PLC 基本指令

计数器利用输入脉冲上升沿累计脉冲个数。S7—200 系列 PLC 有 3 类计数器：加计数器 CTU、减计数器 CTD 和加减计数器 CTUD。

（一）加计数器 CTU

加计数器指令格式及功能见表 3-7。

表 3-7　加计数器指令格式及功能

梯形图 LAD	操作码	操作数	功　能
C??? CU　CTU R ???　PV	CTU	C???,PV	加计数器对 CU 的上升沿进行加计数；当计数器的当前值大于等于设定值 PV 时，计数器位被置 1；当计数器的复位输入 R 为 ON 时，计数器被复位，计数器当前值被清零，位值变为 OFF

说明：

① CU 为计数器的计数脉冲；R 为计数器的复位；PV 为计数器的预设值，取值范围为 1～32767。

② 计数器的号码 C××× 在 0～255 内任选。

③ 计数器也可通过复位指令复位。

【例】药片自动数粒装瓶控制程序如图 3-9 所示。

计数器扩展程序如图 3-10 所示。

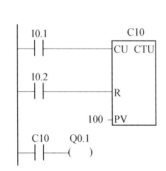

图 3-9　药片自动数粒装瓶控制程序

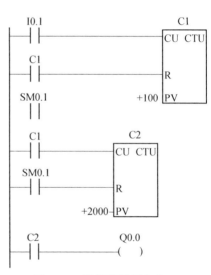

图 3-10　计数器扩展程序

（二）减计数器 CTD

减计数器指令格式及功能见表 3-8。

表 3-8　减计数器指令格式及功能

梯形图 LAD	操作码	操作数	功　能
C??? CD　CTD LD ???　PV	CTD	C???,PV	减计数器对 CD 的上升沿进行减计数；当当前值等于 0 时，该计数器被置位，同时停止计数；当计数装载端 LD 为 1 时，当前值恢复为预设值，位值置 0

说明：

① CD 为计数器的计数脉冲；LD 为计数器的装载端；PV 为计数器的预设值，取值范围为 1～32767。

② 减计数器的编号及预设值寻址范围同加计数器。

（三）加减计数器 CTUD

加减计数器指令格式及功能见表 3-9。

表 3-9　加减计数器指令格式及功能

梯形图 LAD	操作码	操作数	功　能
C??? CU　CTUD CD R ???　PV	CTUD	C???,PV	在加计数脉冲输入 CU 的上升沿，计数器的当前值加 1，在减计数脉冲输入 CD 的上升沿，计数器的当前值减 1，当前值大于等于设定值 PV 时，计数器位被置位。若复位输入 R 为 ON 时或对计数器执行复位指令 R 时，计数器复位

说明：

① 当计数器的当前值达到最大计数值（32767）后，下一个 CU 上升沿将使计数器当前值变为最小值（-32768）；同样在当前计数值达到最小计数值（-32768）后，下一个 CD 输入上升沿将使当前计数值变为最大值（32767）。

② 加减计数器的编号及预设值寻址范围同加计数器。

三、顺序功能图应用示例

锅炉的鼓风机和引风机控制原理如图 3-11 所示，其顺序功能图如图 3-12 所示。

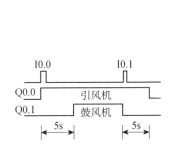

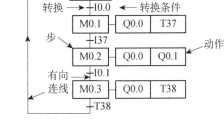

图 3-11　锅炉的鼓风机和引风机控制原理　　图 3-12　锅炉鼓风机和引风机控制的顺序功能图

冲床运动示意图如图 3-13 所示。初始状态时机械手在最左边，I0.4 为 ON；冲头在最上面，I0.3 为 ON；机械手松开（Q0.0 为 OFF）。按下启动按钮 I0.0，Q0.0 变为 ON，工件被夹紧并保持，2s 后 Q0.1 变为 ON，机械手右行，直到碰到右限位开关 I0.1。以后将顺序完成以下动作：冲头下行，冲头上行，机械手左行，机械手松开（Q0.0 被复位），延时 2s 后，系统返回初始状态，各限位开关和定时器提供的信号是相应步之间的转换条件。冲床运动控制的顺序功能图如图 3-14 所示。

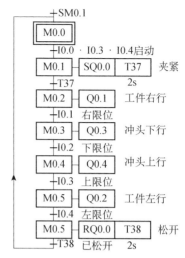

图 3-14　冲床运动控制的顺序功能图

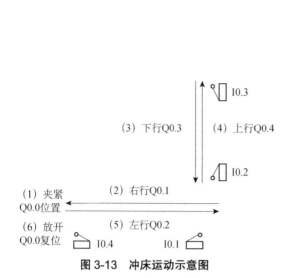

图 3-13　冲床运动示意图

液体混合装置示意图如图 3-15 所示。上限位、下限位和中限位液位传感器被液体淹没时为 1 状态，阀门 A、阀门 B 和阀门 C 为电磁阀，线圈通电时阀门打开，线圈断电时阀门关闭。开始时容器是空的，各阀门均关闭，各传感器均为 0 状态。按下启动按钮后，打开阀门 A，液体 A 流入容器，中限位开关变为 ON 时，关闭阀门 A，打开阀门 B，液体 B 流入容器。液面升到上限位开关时，关闭阀门 B，电动机 M 开始运行，搅拌液体。30s 后停止搅拌，打开阀门 C，放出混合液体，当液面下降至下限位开关之后再过 5s 容器放空，关闭阀门 C，打开阀门 A，又开始下一个周期的操作。按下停止按钮，当前工作周期的操作结束后，才停止操作，返回并停留在初始状态。

液体混合系统的顺序功能图如图 3-16 所示。

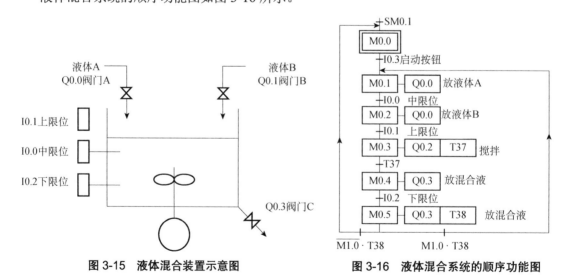

图 3-15　液体混合装置示意图

图 3-16　液体混合系统的顺序功能图

四、学会使用启保停电路设计顺序功能图的梯形图程序

学会画顺序功能图只是顺序控制设计法的第一步，S7—200 系列 PLC 提供的编程软件不

能使用顺序功能图直接进行控制，还需要转换成梯形图程序。

两台电动机控制的顺序功能图如图 3-17 所示。

转换实现的条件是它的前级步为活动步，并且满足相应的转换条件，如果步 M0.1 要变为活动步，条件是它的前级步 M0.0 为活动步，且转换满足转换条件 I0.0。在启保停电路中，将代表前级步的 M0.0 的常开触点和代表转换条件的 I0.0 的常开触点串联，作为控制 M0.1 的启动电路。

当步 M0.1 为活动步且满足转换条件 T37 时，步 M0.2 变为活动步，这时步 M0.1 应变为不活动步，因此可以将 M0.2 置 1 作为使步 M0.1 变为不活动步的停止条件。

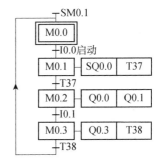

图 3-17　两台电动机控制的
顺序功能图

同时，在程序中将 M0.0 的常开触点与启动电路并联作为保持条件。

对于步的动作中的输出量的处理分以下几种情况：

① 某一输出量仅在某一步中为 ON 时，可以将它的线圈与对应步的存储器位的线圈并联。

② 某一输出量在几步中都为 ON 时，则将代表各有关步的存储器位的常开触点并联后一起驱动该输出的线圈。

③ 如果某些输出在连续的几步中均为 ON，可以用置位与复位指令进行控制。

电动机顺序启动逆序停止梯形图程序如图 3-18 所示。

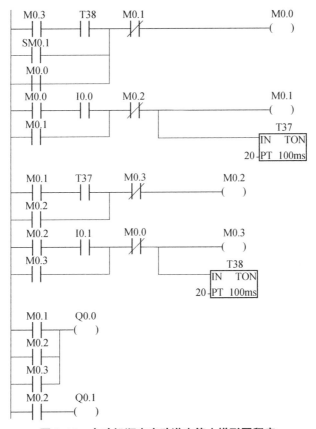

图 3-18　电动机顺序启动逆序停止梯形图程序

一、顺序功能图

剪板机顺序功能图如图 3-19 所示。

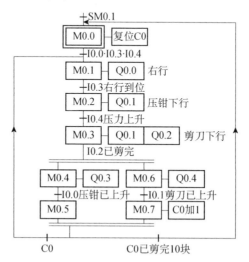

图 3-19　剪板机顺序功能图

二、剪板机程序

剪板机梯形图程序如图 3-20 所示。

PLC 试验台一个、计算机一台、导线若干。

实训考核及成绩评定（评分标准）见表 3-10。

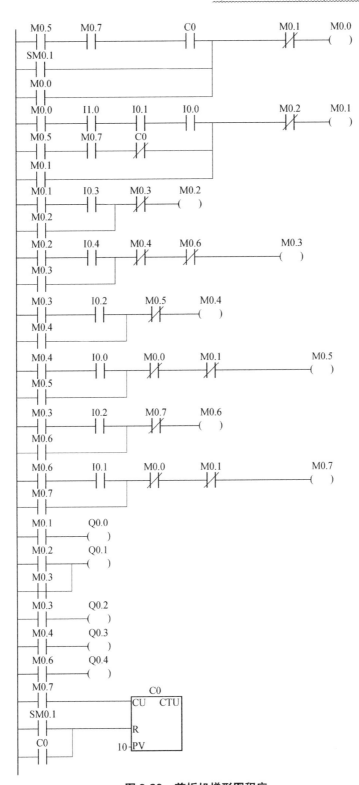

图 3-20　剪板机梯形图程序

表 3-10   评分标准

项目内容	要求	评分标准	得分
程序编写	（1）I/O 地址分配　　10 分 （2）程序指令使用　　20 分 （3）I/O 接线图　　10 分	（1）不会判断　　扣 10 分 （2）指令错误一处　　扣 10 分 （3）接线图不正确　　扣 10 分	
程序调试	（1）程序输入　　10 分 （2）程序编译、下载　　10 分 （3）程序运行正常　　30 分 （4）实验台整理　　10 分	（1）输入错一次　　扣 5 分 （2）编译错一次　　扣 5 分 （3）一次不成功　　扣 10 分 （4）试验台不整理　　扣 10 分	
安全文明操作	（1）工具的正确使用 （2）执行安全操作规定	（1）损坏工具　　扣 50 分 （2）违反安全规定　　扣 50 分	
工时	120 分钟	每超过 5min 扣 5 分	

复习题

1. 什么是计数器？计数器是如何工作的？

2. 顺序功能图由哪几部分组成？

3. 某专用钻床如图 3-21 所示，使用两只钻头同时钻两个孔，开始自动运行之前两个钻头在最上面，上限位开关 I0.3 和 I0.5 为 ON。放好工件后，按下启动按钮 I0.0，工件被夹紧后两只钻头同时开始工作，钻到由限位开关 I0.2 和 I0.4 设定的深度时分别上行，回到由限位开关 I0.3 和 I0.5 设定的起始位置时分别停止上行。两个钻头都到位后，工件被松开，松开到位后，一个工作周期结束，系统返回初始状态，编写控制程序。

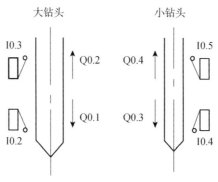

图 3-21　某专用钻床

4. 十字路口红绿灯控制，按下启动按钮后，南北方向绿灯亮 25s 后闪烁 3s 灭，黄灯亮 2s 灭，红灯亮 30s；对应东西方向红灯亮 30s，接着绿灯亮 25s 后闪烁 3s，黄灯亮 2s，程序往复循环运行，编写控制程序。

5. 机械手从原点开始，将工件从 A 点搬到 B 点，最后返回到初始状态的过程称为一个工作周期。在单步工作方式，从初始部位开始，每按一次启动按钮，系统只向下转换一步的操作，完成该步的动作后，自动停止工作并停留在该步，这种工作方式常用于系统的调试。在单周期工作方式时，若初始步为活动步，按下启动按钮 I2.6 后，从初始步 M0.0 开始，机械手按下降→夹紧→上升→右行→下降→放松→上升→左行的规定完成一个周期的工作后，返回并停留在初始步。试编写控制程度。